"十四五"普通高等教育本科部委级规划教材

新工科系列教材

高端产业用纺织品

李媛媛　主　编

魏真真　王　萍　权震震　副主编

中国纺织出版社有限公司

内 容 提 要

本书是"十四五"普通高等教育本科部委级规划教材，内容主要包括产业用纺织品的分类、特点和国内外发展现状，产业用纺织品常用高性能纤维与功能性纤维，产业用纺织品先进织造加工、后加工技术与测试技术，并对土工用纺织品、建筑用纺织品、过滤与分离用纺织品、生物医用纺织品、国防军事与航空航天用纺织品、交通运输用纺织品、安全防护用纺织品、文体与休闲用纺织品及其他常用产业用纺织品的分类、特殊要求与应用实例进行详细介绍。

本教材将理论知识与实践应用有效统一，聚焦产业用纺织品新技术与前沿研究，可作为普通高等院校相关专业学生的教材，也可作为纺织相关工程技术从业人员和研究人员的参考书籍。

图书在版编目（CIP）数据

高端产业用纺织品/李媛媛主编. --北京：中国纺织出版社有限公司，2021.5

"十四五"普通高等教育本科部委级规划教材. 新工科系列教材

ISBN 978-7-5180-8445-6

Ⅰ. ①高… Ⅱ. ①李… Ⅲ. ①高技术产业—工业用织物—高等学校—教材 Ⅳ. ①TS106.6

中国版本图书馆 CIP 数据核字（2021）第 048657 号

策划编辑：朱利锋 孔会云 责任编辑：朱利锋
责任校对：王蕙莹 责任印制：何 建

中国纺织出版社有限公司出版发行
地址：北京市朝阳区百子湾东里 A407 号楼 邮政编码：100124
销售电话：010—67004422 传真：010—87155801
http://www.c-textilep.com
中国纺织出版社天猫旗舰店
官方微博 http://weibo.com/2119887771
北京市密东印刷有限公司印刷 各地新华书店经销
2021 年 5 月第 1 版第 1 次印刷
开本：787×1092 1/16 印张：17
字数：346 千字 定价：68.00 元

2016 年，国家工信部、发改委联合发布了《产业用纺织品行业"十三五"发展指导意见》，对行业发展起到了有力的指导和推动作用。2020 年是"十三五"收官之年，也是编制行业"十四五"规划的重要节点。在 2020 年疫情爆发期间，对于产业用纺织品和非织造行业来说是极不平凡的，行业在短时间内充分发挥主观能动性，为全国抗疫做出了重要贡献。但是，产业用纺织品的应用领域远不止医疗卫生、安全防护，其在环境保护、土工建筑、交通运输、航空航天、新能源、农林渔业等领域也发挥着不可估量的作用。在"十四五"战略研究和发展规划中，产业用纺织品尤其是高端产业用纺织品表现出极大的活力和市场潜力。

本教材为"十四五"普通高等教育本科部委级规划教材，聚焦高端产业用纺织品前沿技术和实际应用，关注传统知识与新技术的碰撞与融合，以培养具有国际竞争力的高素质复合型"新工科"人才为目标。教材建设作为高等院校人才培养的基本工作，通过对新知识的编写和传递，助推新工科建设进程，提高人才培养与教学质量。目前关于产业用纺织品的前沿技术、研究和应用现状的书籍不多，尤其国内外发展现状对比的资料更少。鉴于此，我们组织专家编写本教材，为轻纺类高校学生及准备从事相关行业的工作人员和相关科研人员提供参考。

本教材由高端产业用纺织品相关理论知识与实际应用两部分组成，主要内容包括国内外产业用纺织品发展现状，高端产业用纺织品用高性能纤维，先进织造加工技术与测试技术，产业用纺织品在土工、建筑、过滤与分离、生物医用等重要领域的应用情况。重点关注新技术与新产品的融合，体现高端产业用纺织品行业的转型升级和发展方向。

本教材由苏州大学李媛媛组织编写并担任主编，魏真真（苏州大学）、王萍（苏州大学）和权震震（东华大学）担任副主编。全书由李媛媛和魏真真统稿和修改，李媛媛、王萍和权震震负责校对。本教材共十四章，第一章由李媛媛编写；第二章由李媛媛、魏真真编写；第三章由李媛媛、史宝会（青岛大学）、魏真真、刘胜凯（天津工业大学）编写；第四章由李媛媛、张曼（太原理工大学）编写；第五章由李媛媛、王萍编写；第六章由李媛媛编写；第七章由李媛媛、徐玉康（苏州大学）编写；第八章由李媛媛、高颖俊（苏州大学）编写；第九章由李媛媛、权震震编写；第十章由李媛媛、高哲（江南大学）编写；第十一章由李媛媛、苏云（东华大学）编写；第十二章由李媛媛、祁宁（苏州大学）编写；第十三章由李媛媛编写；第十四章由李媛媛、刘涛（西安工程大学）、高兴忠（西安工程大学）、刘洋（武汉纺织大学）、苏云编写。

本书编写过程中，得到了江苏省高校优势学科基金的资助，在此表示感谢。本书内容涉及面较广，但因编者水平有限和篇幅的限制，许多相关知识和技术未能介绍详尽，编写过程中也难免存在疏漏或不足之处，恳请读者批评指正，并提出宝贵意见，编者感激不尽。

编者

2021 年 4 月

目 录

第一章 绪论

第一节 高端产业用纺织品的定义

"产业用纺织品"的概念于 1984 年提出，产业用纺织品又称为"高性能纺织品""高技术纺织品""工程用纺织品""技术纺织品""特种纺织品"等，是纺织工业发展的重点领域之一，广泛应用于农牧业、环境保护、医疗卫生、安全防护、基础设施建设、航空航天和国防军工等行业。一般我们将专门设计的、具有工程结构特征的纺织产品称为产业用纺织品。产业用纺织品的另一种定义是指除服装和室内外装饰品以外的、用于非纺织行业的纺织产品。

产业用纺织品行业因其高性能、功能性和应用领域的广泛性等特点，成为我国工业体系中最具有活力的领域之一。随着科学技术的迅速发展，西方发达国家争相开发和发展高端产业用纺织品和纤维产品。根据联合国相关机构预测，到 2050 年，全球 68%的纺织纤维将用于产业用纺织品。我国发布的《产业用纺织品行业"十三五"发展指导意见》明确指出，产业用纺织品行业是纺织科技创新的重点领域，提高产业用纺织品创新水平，是我国纺织工业创造竞争新优势，迈向中高端的主要任务。

高端产业用纺织品是一般产业用纺织品与高新科学技术发展结合形成的产物，是具备多材料、多结构特征与高科技含量的纺织品，具有性能更优异、功能更强大和学科交叉更广泛的特点，重点发展方向集中在战略新材料产业用纺织品、环境保护产业用纺织品、医疗健康产业用纺织品、应急和公共安全产业用纺织品、基础设施建设配套产业用纺织品以及"军民融合"相关产业用纺织品。

第二节 产业用纺织品的分类和特点

一、产业用纺织品的分类

产业用纺织品可按加工过程中使用的原料、加工方式或生产技术、产业用纺织品的主要产品品种、最终用途四种方法分类。欧美国家将产业用纺织品分成 12 类：①农用纺织品；②建筑结构用纺织品；③纺织结构复合材料；④过滤用纺织品；⑤土工布；⑥医疗纺织品；⑦军事国防用纺织品；⑧造纸机用纺织品；⑨安全防护用纺织品；⑩运动及娱乐用纺织品；⑪交通运输用纺织品；⑫其他产业用纺织品。

我国在"考虑国际接轨，兼顾中国特色，遵循行业特点"的编制原则下，将产业用纺织品按照最终用途分为 16 大类，150 个系列。16 大类具体如下：

（1）农业用纺织品。主要包括温室用纺织品、土壤稳定用纺织品、种床保护用纺织品、农作物培育用纺织品、防虫与防鸟用纺织品、农业用防雹与防霜用纺织品、农业用防雨与防风用纺织品、农业用遮阳纺织品、防草纺织品、畜牧业用纺织品、园艺用纺织品、农业用覆盖纺织品、排水灌溉用纺织品、地膜、水产养殖用纺织品、海洋渔业用纺织品、其他农业用纺织品。

（2）建筑用纺织品。主要包括建筑用防水纺织品、建筑用膜结构纺织品、加固和修复用纤维增强与抗裂纺织品、建筑用填充和衬垫纺织品、建筑用隔热与隔音（吸声）纺织品、建筑安全网、建筑用减震纺织品、其他建筑用纺织品。

（3）篷帆类纺织品。主要包括帐篷布、仓储用布、机器防护罩、遮盖帆布、广告灯箱布和广告布帘、鞋帽箱包用帆布、遮阳篷布、液体存储袋、其他篷帆类纺织品。

（4）过滤与分离用纺织品。主要包括高温气体隔离和过滤用纺织品、中低温气体隔离和过滤用纺织品、液体隔离和过滤用纺织品、产品收集用纺织品、工业废水和废液处理用纺织品、食品工业过滤用纺织品、香烟过滤嘴用纺织品、筛网类纺织品、其他隔离与过滤用纺织品。

（5）土工用纺织品。主要包括土工布、土工格栅、土工网、土工网垫、土工格室、土工筋带、土工隔垫、防渗土工膜、土工复合材料、其他土工用纺织品。

（6）工业用毡毯（呢）纺织品。主要包括纺织工业用毡毯（呢）、造纸毛毯（呢）、过滤毡毯（呢）、印刷业用毡毯（呢）、电子工业用毡毯（呢）、隔音毡毯（呢）、密封毡毯（呢）、清污与吸油用毡毯（呢）、防弹与防爆毡毯（呢）、抛光毡毯（呢）、其他工业用毡毯（呢）纺织品。

（7）医疗、卫生用纺织品。主要包括医用缝合线、植入式医用纺织品、体外医用纺织品、手术室及急救室用纺织品、防护性医用纺织品、医用敷料、卫生用纺织品、其他医疗卫生用纺织品。

（8）隔离与绝缘用纺织品。主要包括电绝缘纺织品、电池隔膜、电容器隔膜、变压器隔膜、电缆包布、电磁屏蔽纺织品、其他隔离与绝缘用纺织品。

（9）安全与防护用纺织品。主要包括防弹与防爆纺织品、防割与防刺纺织品、高温热防护用纺织品、防电磁辐射纺织品、防生化纺织品、防核沾染纺织品、防火阻燃纺织品、防静电纺织品、抗电击纺织品、耐恶劣气候纺织品、安全警示用纺织品、救援与救生装备、其他安全防护用纺织品。

（10）体育、休闲用纺织品。主要包括运动防护用纺织品、运动场所设施用纺织品、运动器材用纺织品、户外休闲用纺织品、美术与音乐器材用纺织品、伞与旗类纺织品、其他体育休闲用纺织品。

（11）交通、运输用纺织品。主要包括交通工具内饰用纺织品、轮胎帘子线、安全带和安全气囊、车船用篷布与帆布、交通工具填充用纺织品、交通工具过滤用纺织品、其他交通运输用纺织品。

（12）结构与增强用纺织品。主要包括传输传动与管类骨架材料、增强橡胶用纺织品、增强轻质建筑材料用纺织品、增强汽车、船舶与机器部件用纺织材料、增强风力发电叶片用纺织材料、增强救生装备用纺织材料、其他结构增强用纺织品。

（13）包装用纺织品。主要包括食品包装用纺织品、日用品包装用纺织品、存储包装用纺织品、危险品与易碎品包装用纺织品、仪器与电子产品包装用纺织品、粉末包装用纺织品、礼品包装用纺织品、填充包装用纺织品、其他包装用纺织品。

（14）线绳缆带纺织品。主要包括工业用缝纫线、球拍弦线、安全带与传动带、吊钩带、打包带、输送带、消防水带（绳）、降落伞用带（绳）、装卸用绳、海洋作业缆绳、渔业用线绳、其他线绳缆带纺织品。

（15）合成革（人造革）用纺织品。主要包括机织革基布、针织革基布、非织造革基布、其他合成革（人造革）用基布类纺织品。

（16）其他产业用纺织品。

二、产业用纺织品的特点

（1）产业用纺织品的所用原料范围广泛。产业用除了使用服装和装饰的纺织品原料外，还大量使用碳纤维、芳纶、玻璃纤维等高性能纤维和导电纤维、抗静电纤维等功能性纤维。

（2）产业用纺织品所针对的领域和对象十分广泛。传统纺织品大部分用于服装和家庭装饰，多以提高生活品质为主要用途，而产业用纺织品主要用于非纺织行业，使用的对象一般都不是个体。

（3）产业用纺织品的各项规格指标及功能都十分严格。产业用纺织品一般用于环境比较恶劣的场合，各项规格指标必须达到工业用的特别要求，若是在使用过程中出现一些问题，将会导致很严重的后果。

（4）产业用纺织品不管是机织物、针织物、编织物，还是非织造物，其最终产品绝大部分要经过涂层、层压或复合处理，以便更好地发挥产品特性，弥补产品的各种缺陷。这些缺陷通常是不防水、不阻燃、不拒油、不防霉、不耐腐蚀、不抗辐射、不保温隔热、不够厚、缺乏整体性、稳定性差或缺乏多种功能等。

（5）产业用纺织品的寿命一般较长。通常来说，产业用纺织品的寿命比传统纺织品的寿命长，诸如楼房、公路、体育场以及飞机场等大型建筑中使用的产业用纺织品一般要持续使用很多年。此外，产业用纺织品一旦在实际场合使用，往往很难进行更换或更换代价很高，例如用于加固和稳定道路的土工布。

三、高端产业用纺织品与传统产业用纺织品的区别

我国从 20 世纪 50 年代开始对产业用纺织品展开研究，在 1984 年纺织工业部提出衣用、装饰用和产业用三类产品的分类方式。与传统的衣用和装饰用纺织品相比较，产业用纺织品是跨学科与高技术的结合，具有高技术、高附加值和高市场容量的特点，而新型高端产业用纺织品的出现和发展可以视为新一代的纺织革命，是传统产业用纺织品的进一步转型升级。

新型高端产业用纺织品比传统的产业用纺织品具有学科交叉性更广泛、性能更优、功能性更强的特点，是现代多种新型材料与新型结构结合的产物。

第三节　国内外高端产业用纺织品发展概况

一、国外高端产业用纺织品的发展情况

产业用纺织品自从 20 世纪 50 年代出现以来，发展速度一直非常迅猛，1985 年，世界产业用纺织品消费量为 606 万吨，1995 年增长至 932 万吨。从纤维消耗量看，消费量最大的两个地区，北美增长了 36.5%，亚洲增长了 113.6%，同期纺织工业总消耗纤维量增长 35%。2003 年，世界产业用纤维占全部纤维的 23%。美国是全球最大的产业用纺织品市场，同年其产业用纺织品纤维消耗量占全部纤维的 38.3%，西欧占 35.9%，日本占 45.2%。2013 年，全球仅玻璃纤维消耗量为 6246.5 千吨，到 2017 年增加至 7277.9 千吨，复合增长率为 3.89%，预计到 2025 年玻璃纤维消耗量可以达到 9937.2 千吨。产业用纺织品在 1985~1995 年世界平均增长速度为 4.4%，1995~2005 年的平均增长速度约为 3.5%，到 2014 年全球产业用纺织品增长约 2.6%，2017~2019 年全球产业用纺织品继续快速发展，德国、美国、日本依旧处于行业领先地位，中国紧随其后，印度市场发展动力十足，其中德国产业用纺织品占纺织总产值达到 60%。

从全球市场来看，美、欧、日等发达国家和地区对医疗卫生、结构增强、安全防护等高端产业用纺织品领域的需求仍保持稳定增长。从产品应用领域看，碳纤维增强复合材料、芳纶等高性能材料将进入应用面积扩张、产业化程度提升的最关键时期，换言之，高端产业用纺织品向更高端方向发展的速度会进一步加快，其中应用于汽车行业、航空航天行业的增强性材料逐步成为市场刚需。2020 年，新冠疫情的全球爆发和常态化也会使医疗卫生等非织造纺织品迅猛发展，同时也会拉动整个产业用纺织品行业的发展。

目前，国外产业用纺织品主要有以下几个发展动向。

（1）向化纤发展。产业用纤维一般要求具有高强度、耐高温、耐酸碱等特种功能。化学纤维性能优良、耐久性好、价格低，是产业用纺织品的最佳原料之一。此外，随着对绿色环保产品的需求越来越多，生物基化学纤维也成为关注的焦点，如聚乳酸纤维、聚对苯二甲酸丙二醇酯纤维、壳聚糖纤维、海藻纤维等。

（2）向针织、非织造布方向发展。随着非织造布工业的发展和经纬纱斜向定位的多轴向衬纬经编、立体多维编织技术的发展，产业用纺织品制造方法及产品的组织结构也发生了更大的变化。过去 25 年，美国非织造布行业的产能一直保持了 5.1% 的年均增速，其中干法成网工艺发展最快。2020 年新冠疫情的爆发使非织造布产能出现井喷式爆发，未来十年非织造布仍会迅猛发展。

（3）向功能化复合材料发展。为了更好地适应产业部门的需要，达到产品功能化，各种单面涂层、双面涂层、浸渍、布/膜复合、纺粘布/熔喷材料复合、不同非织造布复合以及层

压材料不断发展，各种基质的复合材料相继出现。

（4）向高性能、高技术纤维及产品发展。美国、日本和欧洲国家对工业和高技术、高性能纤维及纺织品的需求迅速增加，正在替代传统的工业材料。碳纤维增强热塑性复合材料依靠其优良的物理、化学性能和可精细化结构的特点，成为德国汽车厂商最受青睐的织物基复合材料。芳纶陶瓷基复合材料也逐渐受到德国航天机构的关注。美国是全球最大的产业用纺织品市场，也是一个高度需求高新技术产品的市场，凡一线防护如消防、医疗等纺织品，或者环境保护等新技术的应用都是市场需求度极高的产品。

（5）向功能性纺织新材料和新技术发展。功能性新材料能显著提高产业用纺织品的附加值，是传统产业用纺织品迈向中高端纺织品的重要支撑。目前功能性材料的主要特点是常规纤维的多功能化和高性能化，使其具备阻燃、抑菌、抗静电等功能，如硅—氮系阻燃黏胶短纤维、聚丙烯腈预氧化纤维、阻燃涤纶、阻燃锦纶、导电涤/棉复合纤维、导电间位芳纶，以及超细纤维、异形纤维等生态抑菌纤维等，可以应用于特种军服和消防服、飞机高铁内饰材料、医用卫生材料等领域，极大地提高了产品的使用价值和功能。

（6）向信息化和智能化发展。目前可以说处于新一轮的纤维产业革命中，西方发达国家除在纺织技术研究层面投入了大量的精力外，也将信息技术和管理信息系统提高到前所未有的重视程度，如美国的智能纺织计划，2016 年建立的革命性纤维与纺织品创造中心，旨在将传统纺织品升级为全新的集成化和网络化纺织品。

二、国内高端产业用纺织品的发展情况

从 20 世纪 90 年代开始，我国的产业用纺织品市场迅速发展，尤其进入 21 世纪后，年增长率都处于较高水平。据不完全统计，1988 年我国产业用纺织品的用量为 53 万吨，1998 年增加到 155.5 万吨，2005 年达到 366 万吨，2010 年产业用纺织品的纤维加工总量达到 821.7 万吨，占全行业纤维加工的比重超过 20%，占世界产业用纺织纤维总量近 1/5。2013～2018 年我国产业用纺织品纤维加工量如图 1-1 所示，从图中可以看到，纤维加工量一直维持稳步上升趋势，2018 年已经达到 1576.9 万吨，较上年增加 4.6%。从细分领域看，交通运输、医疗卫生、建筑等领域增长速度较快。目前我国产业用纺织品行业总体运行良好，产业规模、营业收入和经济效益仍处于快速增长阶段。

改革开放 40 多年来，我国的纺织行业在日新月异的变化之中不断创新发展，其中以高技术含量、高附加值为特征的高端产业用纺织品在医疗卫生、过滤、土工建筑、安全防护、航空航天等国民经济相关产业中发挥着重要作用。"十二五"期间，我国新材料产业发展取得了长足进步，新材料的产业总产值已由 2010 年的 0.65 万亿元增加至 2015 年的近 2 万亿元。"十三五"是我国建设成纺织强国的关键时期，是产业用纺织品行业应用快速拓展和向中高端升级的关键时期，2018 年我国产业用纺织品行业的工业增加值增速为 8.4%，高于制造业平均值，在纺织行业内也处于领先水平。2019 年我国积极推动产业用纺织品行业的转型升级和结构改革，充分开拓国外市场，全年行业实现营业收入 2359.3 亿元，比 2018 年增长1.87%。近年来我国也出台了一系列产业发展政策，如表 1-1 所示，这一系列政策为我国高

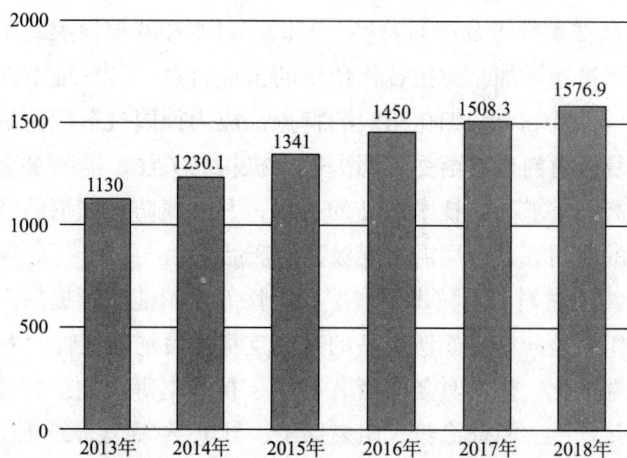

图 1-1　中国产业用纺织品纤维加工量（万吨）

端产业用纺织品的快速发展提供良好的发展氛围和空间。未来五年是国家实施《中国制造2025》、调整产业结构、推动制造业转型升级的关键时期，新一代信息技术、航空航天装备、海洋工程和高技术船舶、节能环保、新能源等领域也会快速发展。同时，随着民生事业的发展和城镇化进程的加速，高端产业用纺织品将渗透到百姓生活的各个方面，成为民生产业的一个重要组成部分。

表 1-1　近年来发布的产业用纺织品行业相关文件

文件名	发布单位	发布时间
《中国制造2025》	中华人民共和国国务院	2015.05.08
《中华人民共和国国民经济和社会发展第十三个五年规划纲要》	国家发展和改革委员会	2016.03.16
《"十三五"国家科技创新规划》	中华人民共和国国务院	2016.08.08
《中国科学院"十三五"发展规划纲要》	中国科学院	2016.09.02
《石油和化学工业发展规划（2016—2020）》	中华人民共和国工业和信息化部	2016.09.29
《化纤工业"十三五"发展指导意见》	中华人民共和国工业和信息化部、国家发展和改革委员会	2016.11.25
《"十三五"国家战略性新兴产业发展规划》	中华人民共和国国务院	2016.11.29
《新材料产业发展指南》	中华人民共和国工业和信息化部、国家发展和改革委员会、国家科学技术委员会、中华人民共和国财政部	2016.12.30
《战略性新兴产业重点产品和服务指南》	国家发展和改革委员会	2017.01.25

随着产业用纺织品行业的快速发展，相关的产业用纺织品企业也快速成长，2009年全国共有574家非织造布企业，平均每个企业的生产规模只有910吨，平均产量只有510吨，2010年末产业用纺织品行业中规模以上企业达到2500家左右，比2000年增加了1500家，产值超过4000亿，2016年我国非织造布产量增加至526.8万吨，15年间我国非织造布产量增速达到16%，在全球贸易中的份额由2.1%增长至17.6%。2020年由于疫情暴发，我国熔喷非织造布的产能迅猛扩张，带动了整个产业用纺织品行业的高速增长，据统计2020年1~4月产业用纺织品的工业增加值增速达到33.8%，同比增长26.1%。但是绳索缆、纺织带和帘子布、篷帆等领域的营业收入分别下降5.84%、22.03%和17.62%。

总体来说，随着新材料及新兴产业的快速发展，我国以科技创新为主的高端产业用纺织品发展潜力巨大。具体来说主要表现在以下几个方面。

（1）发展步伐持续加快。"十三五"期间，积极贯彻国家创新驱动发展战略，企业应变市场变化能力得到提高，探寻出特色的创新发展模式，空间布局日趋合理，产业集聚效应不断增强，同时相应的加工技术和装备也取得重大突破，原料多样化、非织造复合加工技术、高端编织成型技术、后整理技术应用和推广取得显著成效，助推高新产业用纺织品行业快速发展。

（2）创新能力稳步增强。以企业为主体、市场为导向、产学研相结合的新材料创新体系逐渐完善，新材料国家实验室、工程（技术）研究中心、企业技术中心和科研院所实力大幅提升，在重大技术研发及成果转化中的促进作用日益突出。在大飞机专用第三代铝锂合金、百万千瓦级核电用U型管、硅衬底LED（发光二极管）材料、大尺寸石墨烯薄膜等方面积极创新，一批先进产品填补了国内空白。

（3）应用水平明显提升。先进半导体材料、新型电池材料、稀土功能材料等领域加速发展，高性能纤维、工程塑料等产品结构不断优化，有效支撑了高速铁路、载人航天、海洋工程、能源装备等工程顺利实施。生物材料和纳米材料也取得快速发展。

三、国内外高端产业用纺织品发展的差距

1. 纺织品结构失衡

我国与美国、西欧、日本等工业发达国家和地区相比，产业用纺织品的比例偏小。2018年我国产业用纤维加工总量为1525万吨，与欧盟国家产值增加相近，但与美国、日本的生产水平仍有较大差距。

2. 工艺技术不足

我国产业用纺织品的加工工艺仍以传统工艺为主，高新技术采用不多，低端产品居多，高新技术和高附加值的产品少，如纺织结构复合材料、耐高温材料、高性能防护服、人工脏器、微孔膜技术、膜建筑材料、智能纺织品、高强高模材料等均未得到广泛的推广应用。我国非织造产业用纺织品虽然发展迅速，但有些技术尚未突破，如涤纶薄型纺粘布、丙纶厚型纺粘布、闪蒸法非织造布国内都还是空白。此外，一些已经在国民经济各部门应用的产品在性能上与国外产品差距较大，如合纤长丝涂层篷帆布的黏结强力问题，涂层篷布的"自洁

性"问题,灯箱布的印刷性能、抗芯吸问题等,有的还要依赖进口,膜结构建筑在材料、设计方面还存在很大的差距,需要我们努力跟上。

3. 化纤原料品种较少

我国是化纤生产大国,化纤原料比例占产业用纺织品的比例超过80%,但是主要为涤纶、丙纶、锦纶、维纶、黏胶纤维等,高性能纤维除有少量碳纤维外生产很少。美国在碳纤维、芳纶等高性能纤维及复合材料,生物基材料,地毯,非织造布产业用纺织品等方面的优势明显。德国纺织产业技术创新体系完备,与纺织相关的大学和研究机构有10多个,研发人员超过2000人。日本的高技术纤维和高端纺织服装技术的领先优势明显,其高性能纤维现有的水平几乎为世界第一,拥有碳纤维、对位芳纶和超高分子量聚乙烯纤维三大高性能纤维研发和生产核心技术,还有聚芳酯、PBO、超高强维尼纶等重要品种的研发技术。

4. 企业规模过小,竞争层次低

我国产业用纺织品中小企业数量多,但龙头企业少,产品同质化严重,发展资金实力薄弱,技术创新匮乏。产业用纺织品行业大多集群产业层次较低,导致大部分的中小企业没有定价能力。跟风模仿企业较多,自主创新企业较少,大部分为家族经营企业,而现代化管理的企业很少。

相对于普通产业用纺织品,我国高端产业用纺织品发展与国外差距更大,我国的新材料产业起步较晚,底子也薄,总体发展较为缓慢,大部分仍处于培育发展阶段。材料先行战略没有得到落实,核心技术与装备水平相对落后,关键的材料保障能力不足,产品的性能稳定性也亟待提高。此外,我国的高端产业用纤维及纺织品创新能力薄弱,高校和企业的产学研结合不紧密,人才团队的建设比较缺乏,相关的检测标准、检测体系不健全,标准国际化程度低导致企业标准的国际竞争力弱,不能满足市场和企业生产发展的需要。产业整体布局混乱,其中低水平的重复建设较多,导致低端的品种产能过剩,推广应用等难题没有得到解决,这些都是制约我国产业用纺织品行业转型升级的瓶颈。

四、高端产业用纺织品发展面临的机遇和挑战

产业用纺织品是纺织行业中最具潜力和高附加值的产品之一,不仅是新材料产业的重要组成部分,也是新能源、节能环保、高端制造等新兴产业不可或缺的配套材料,是衡量一个国家纺织工业综合竞争力的重要标志。"十三五"是我国从纺织大国向纺织强国转变的关键时期,是传统产业用纺织品迈向中高端产业用纺织品的重要阶段,首先国家从战略层面对高端产业用纺织品的开发和应用提供了强大的支撑,其次我国国民经济的高速发展要求提供更多的产业用纺织品。"十三五"期间我国非织造产业用纺织品保持了较高速度的增长,2001年非织造布的产量为56.9万吨,2018年非织造布产量达到593.2万吨,到2019年产量达到621.3万吨,同比增长4.73%。在出口方面,我国非织造布市场也保持了比较强劲的需求,2018年非织造布出口数量96.3万吨,2019年出口数量为105.1万吨,较2018年增长9.14%,我国成为亚洲乃至全球最大的非织造布生产国和消费国。2020年是"十三五"规划

的收官之年，产业用纺织品行业依然处于重要战略机遇期，产业用纺织品行业已经从高速增长向高质量发展的新阶段。未来，市场还是推动我国产业用纺织品发展的第一要素。全球来看，医疗卫生用高端产业用纺织品具有巨大的应用需求和发展空间，随着国家对环保投入的加大，绿色环保型高端产业用纺织品也会成为带动整个产业用纺织品行业发展和转型升级的重大机遇和契机。

但是我国产业用纺织品行业的发展也面临着严峻的挑战。首先，近年来我国经济增速的降低会使部分领域的需求放缓，甚至出现结构性下降；其次，世界形势更加复杂，欧洲、日本和美国的经济受新冠疫情影响复苏过程缓慢，行业出口形势比较严峻；最后，发达国家对于高端产业用纺织品的持续投入和高度重视，给我国产业用纺织品行业的升级带来更大的压力。目前我国产业用纺织品的主要优势集中在材料生产制造环节，自主和协同创新能力不足，高端产业用纺织品应用进展缓慢，整体技术水平和市场拓展能力与国际先进水平差距较大，这也是我国产业用纺织品行业所面临的巨大挑战。2004年起，我国政府开始实行新的出口退税政策。按照新的出口退税政策规定，纺织行业大部分产品的出口退税率将从17%降到13%，或从13%降到11%，对与出口依存度达30%的纺织行业影响深远，出口退税每下降一个百分点，纺织行业利润就会下降40亿元。2018年以来，中美贸易争端愈演愈烈，对我国经济乃至全球经济都会产生巨大的影响，直接结果是增加出口企业成本和减少对美出口，必然会影响到我国出口企业的经营，而我国纺织行业的出口贸易面临的形势更加严峻。但是从长远来看，挑战也是机遇，中美贸易战也会倒逼中国产业升级，加快中高端产业用纺织品的开发和发展，也会提升中国在世界贸易中的地位。在原来的贸易条件下，由于销售稳定，企业升级动机不够强烈，而在美国贸易压力制裁手段下，我国大部分纺织企业会加大技术领域的投入，以摆脱危机，同时提升核心竞争力。近年来，我国周边更多国家愿意参与"一带一路"，使我国在亚洲地区的出口贸易上迎来了新的机遇。随着"一带一路"倡议的顺利推进，我国在沿线国家的基础设施建设投资加大，发展中国家对我国的产业用纺织品的需求会持续增长，为我国产业用纺织品带来很好的贸易和直接投资机会，如2019年我国产业用纺织品实现营业收入2359.3亿，同比2018年微增1.87%。

目前，高端产业用纺织品开发和应用过程中正在经历新一轮的科技革命与产业变革，全球新材料产业竞争格局正在发生重大调整。新材料与信息、能源、生物等高技术加速融合，大数据、数字仿真等技术在新材料研发设计中的作用不断突出，"互联网+"、材料基因组计划、增材制造等新技术、新模式蓬勃兴起，新材料创新步伐持续加快，国际市场竞争将日趋激烈，但也为高端产业用纺织品的发展提供了更广阔、更快速的发展空间和方向。

五、高端产业用纺织品未来发展方向

产业用纺织品行业的发展不仅是衡量一个国家纺织工业综合实力的重要标志，也成为国家战略新兴产业的重要组成部分和横跨诸多领域的多元化高新技术产业。"十二五"期间的快速发展打下了坚实基础，"十三五"和"一带一路"战略的深入推进，推动了产业用纺织品转型升级的步伐。未来产业用纺织品行业会继续快速发展，特别是土工纺织品、纤维增强复合材料纺织品、应急卫生用和防护用纺织品，以高性能纺织纤维和新型功能性纺织纤维为主要原料的高端产业用纺织品将成为传统材料的替代品，未来发展前景十分广阔。在未来一段时间内，中国公共安全应急行业也将得到飞速发展，涉及装备、材料、医药、轻工、化工、电子信息、通信、物流、保险等十多个领域。在《中国制造2025》和德国"工业4.0"的推动下，智能化、绿色化和服务化将是高端产业用纺织品发展的重要方向和长期战略任务，坚持科技创新，增强多学科和多领域的交叉融合，早日实现纺织大国到纺织强国的转型升级。

"十三五"期间，产业用纺织品得到了快速发展，体现出产品更高端、技术更先进、专业更细分、应用更广泛等趋势。与国民经济各个领域紧密结合，提出六个未来新型高端产业用纺织品的重点发展领域。

（一）战略新材料产业用纺织品

1. 纤维基复合材料

重点推动增强用复合材料的研发应用，优化纤维基材料与树脂复合工艺，扩大纤维基复合材料在高端装备、国防军工、航空航天等高端领域的应用推广。

2. 其他新材料产业用纺织品

重点推动碳纤维增强输电导线等产品的研发应用。推动绿色环保、智能型、多功能复合车用内饰纺织材料的研发应用。加快生物基纺织新材料的研发、产业化及应用推广。

（二）环境保护产业用纺织品

1. 大气污染治理用纺织品

重点推动高效低阻长寿命、有害物质协同治理、功能化高温滤料和经济可行的废旧滤料回收技术的研发应用，发展袋除尘节能降耗应用技术，扩大袋式除尘应用范围。加快汽车滤清器、空气净化器、吸尘器等用途的非织造过滤材料的应用开发。

2. 水处理及污染治理用纺织品

重点推动中空纤维分离膜、纳米纤维膜、高性能滤布的产业化，加快发展饮用水安全分离膜及污水资源化利用分离膜等纺织基过滤材料。推动高效耐污染纺织基水处理材料的开发。

3. 土壤污染治理用纺织品

重点发展矿山生态修复用、重金属污染治理用、生态护坡加固绿化用等土工纺织材料。

（三）医疗健康产业用纺织品

1. 医疗卫生用纺织品

重点发展人造皮肤、可吸收缝合线、疝气修复材料、新型透析膜材料、介入治疗用导管、高端功能型生物医用敷料等产品。

2. 智能健康纺织材料

鼓励发展具有形状记忆、感温变色、相变调温等环境感应功能的纺织品，发展具有生物体征状态监测等功能的可穿戴智能纺织品，拓展相关产品的应用。

3. 康复护理用纺织品

支持发展针对老年多发性疾病的康复、缓解和护理类功能型纺织品，提高抗菌抑菌等功能性纺织品的性能及耐久性。

（四）应急和公共安全产业用纺织品

1. 预防和应对自然灾害用纺织品

重点发展大应力大直径高压输排水软管、高性能救援绳网、高等级病毒和疫情隔离服和险区加固纺织材料等产品。

2. 预防和紧急处置生产安全事故用纺织品

完善防护服结构设计、涂层开发和舒适性研究，加快研发和推广具有信息反馈、监控预警功能的智能型土工织物。加快发展复合型多功能纺织材料等产品。

3. 应对公共安全和卫生事件用纺织品

加快发展织物基、反恐防暴装备与生化防护装备等产品的开发应用，分类开发应对重大疫情的系列产品。

（五）基础设施建设配套产业用纺织品

1. 重点工程建设配套用纺织品

加强高性能和多功能土工用纺织材料的应用推广，扩大高性能双组分纺粘非织造产品在基础设施建设以及在生态保护、畜牧养殖等领域的产品研发和推广。

2. "一带一路"沿途产业转移配套用纺织品

重点鼓励土工建筑用、医疗卫生用、农业用、线绳（缆）带类等纺织品领域的骨干企业，以产品出口、工程服务、投资合资建厂等形式拓展"一带一路"沿线地区的海外业务。

（六）"军民融合"相关产业用纺织品

1. "军转民"用纺织品

积极推进军用科技成果向民用转化。

2. "民参军"用纺织品

协同推进军民融合有关科技任务，鼓励行业龙头企业与军队开展全产业链合作，在多个环节建立创新合作机制。开展武器封装与保护，提供个体与集体防护，提升单兵携行具性能，开发耐烧蚀材料等。

参考文献

[1] 晏雄，邓炳耀. 产业用纤维制品学 [M]. 2 版. 北京：中国纺织出版社，2019.

[2] 钟智丽. 高端产业用纺织品 [M]. 北京：中国纺织出版社，2018.

[3] 曹勇智，西康生，谭娴. 我国产业用纺织品的现状和发展建议 [J]. 济南纺织化纤科技，2007（4）：4-5.

[4] 李陵申. 我国产业用纺织品行业的机遇与挑战 [J]. 济南纺织服装，2013（1）：8-9.

［5］杨晔，田野，张一帆. 产业用纺织品的发展状况及市场趋势［J］. 辽宁丝绸，2014（2）：33-33.

［6］蔡倩. 提升产品和服务品质是关键［J］. 纺织服装周刊，2015（17）：37-37.

［7］宋雪薇，郝燕，姚冰坤. 产业用纺织品特点及与传统纺织品的区别［J］. 辽宁丝绸，2016（3）：26-26.

［8］中国产业用纺织品行业协会. 2016/2017 中国产业用纺织品技术发展报告［M］. 北京：中国纺织出版社，2017.

［9］李雅倩. 产业用纺织品产值稳定增长［J］. 国际纺织导报，2019，47（12）：1.

第二章　高端产业用纤维

第一节　高性能纤维

高性能纤维通常是指具有高强度、高模量特征，或者材料本身具有突出的耐热、耐腐蚀等功能的纤维材料。高性能纤维种类多，已实现工业化生产与应用的有 20 多种。高性能纤维可以按材料属性分为金属纤维、无机纤维和有机纤维。金属纤维占比较小。无机纤维通常具备耐高温、耐腐蚀、高强度、高模量等性能，包括碳纤维、碳化硅纤维、氮化硼纤维、硅硼氮纤维、氧化铝纤维、玄武岩纤维、玻璃纤维等，在航空航天、军事装备等领域应用广泛。有机高性能纤维一类是柔性分子，分子链高度取向、结晶，具备优异的力学性能，如超高分子量聚乙烯纤维、高强聚乙烯醇纤维等；一类是分子中含有大量芳环或芳杂环的刚性链分子，赋予纤维优异的力学性能、耐热性、耐腐蚀性，如芳香族聚酰胺纤维、芳香族聚酯纤维、聚酰亚胺纤维等。也可以依据性能、功能将有机高性能纤维分为高强度高模量纤维、耐高温纤维、耐腐蚀纤维等。

下面针对具体的高性能纤维就纤维性能与应用一一介绍。

一、碳纤维

碳纤维是由聚丙烯腈、黏胶、沥青等有机纤维原丝经过预氧化、低温碳化、高温碳化、石墨化等一系列物理化学变化得到的含碳量大于 93% 的纤维材料。其拉伸强度≥3500MPa，拉伸模量≥220GPa，伸长率为 1.5%～2%。主要应用于航空航天、碳芯电缆、建筑加固、压力容器、体育用品、风电叶片、汽车等。20 世纪 50 年代，美国研发大型火箭和人造卫星以及全面提升飞机性能，急需新型结构材料及耐腐蚀材料，使碳纤维重新出现在新材料的舞台上，并逐步形成了黏胶基碳纤维、聚丙烯腈基碳纤维和沥青基碳纤维的三大原料体系。

（一）黏胶基碳纤维

1891 年，美国人克洛斯和贝文发明了黏胶纤维；1909 年，黏胶纤维产业化，为 20 世纪 50 年代黏胶纤维的发展创造了必要的原料条件；1950 年，Muller 采用稀硫酸和硫酸盐作为凝固剂，使黏胶纤维性能得到大幅度提，奠定了近代制造高性能黏胶纤维的基础，同年，美国帕斯空军基地开始研制黏胶基碳纤维，最早上市的商品化碳纤维 Thornel-25 就是美国联合碳化物公司的黏胶基产品。

1. 黏胶基碳纤维的主要性能

（1）相比 PAN 基或沥青基碳纤维，黏胶基碳纤维的比重小，所制构件的轻量化效果更显著。

（2）黏胶丝转化的碳属于难石墨化碳，层间距大，石墨微晶不发达，取向度低，耐烧蚀。碳纤维或石墨纤维的取向对烧蚀性能有极大影响。

（3）由于黏胶基碳纤维的三维石墨结构不发达，导热系数小。石墨化程度越高，热传导速度越快。黏胶基碳纤维的石墨化程度比较低，是较理想的隔热及热防护材料。

（4）黏胶基碳纤维的模量低，断裂伸长大，具有一定的韧性，深加工的工艺性好。

（5）黏胶基碳纤维是由天然纤维素木材或棉绒转化而来，与生物的相容性极好。这是PAN基或沥青基碳纤维无法与其比拟的。

2. 黏胶基碳纤维的主要应用

世界黏胶基碳纤维产量仅有数百吨，主要由俄罗斯和美国生产。这两个国家也是军事大国，黏胶基碳纤维主要保证军事工业的需要。俄罗斯除军用外，民用产品也相当普及，主要用于以下几个方面。

（1）各种规格的黏胶基碳纤维束丝或细绳制成具有导电性能的导线，再深加工成各种柔性电热器。

（2）各种规格的黏胶基碳纤维带或布与热塑性塑料或热固性树脂复合制成多种加热板材，用于保温或取暖设施。

（3）柔式或硬式黏胶基碳纤维毡作为高温保温绝热材料。

（4）黏胶纤维、布或毡经活化处理制成活性碳纤维制品，用于环保及新能源材料。

（5）黏胶基碳纤维系列产品广泛用于医疗卫生领域。

（二）沥青基碳纤维

沥青基碳纤维的研究开发始于20世纪50年代末期，60年代初由日本群马大学研制成功，在日本吴羽化学公司实现工业化生产，美国联合碳化物公司于1970年也成功开发出了以石油沥青为原料的沥青基碳纤维。我国对沥青基碳纤维的研制已有40年的历史，发展较慢，但由于生产成本较低，价格为聚丙烯腈基碳纤维的1/4～1/3，这将为我国沥青基碳纤维的发展提供良好的机遇。

通用级沥青基碳纤维的性能：一般情况下，通用级沥青基碳纤维的强度都小于1GPa，生产厂家有日本的吴羽化学、大阪瓦斯、日本石墨和中国的鞍山塞诺达等，产品形式为碳纤维毡（包括硬毡和软毡两类）、短切碳纤维和碳纤维粉等；通过活化处理制成活性碳纤维可以用于水处理、空气净化等领域。高性能沥青基碳纤维由于是由中间相沥青制备的，通常要制备成连续长丝，因而难度极高。目前有美国的cytec公司、日本的三菱和日本石墨等几家公司能够生产高性能沥青基碳纤维（中间相沥青基碳纤维）。我国也建成了一条中试生产线，目前正处在试生产阶段。

通用级沥青基碳纤维的主要应用领域包括高温炉的保温材料、高温密封材料、橡胶塑料的填料等；高性能沥青基碳纤维有两个主要的应用领域，一是在工业上的应用，利用沥青基碳纤维的轻质高刚度、低变形、低震动、热稳定（零热膨胀系数）等特点，在大尺寸罗拉、机械臂、驱动轴、建筑工程、钓鱼竿、自行车等的应用；二是在卫星上的应用，利用中间相沥青基碳纤维的轻质高刚度、热稳定（零热膨胀系数）、高热导率等特点，在天线/反射器、太阳能电池阵列、光学仪器底座、热管理材料等取得应用。

（三）聚丙烯腈基碳纤维

聚丙烯腈（PAN）在 1961 年通过 Shindoin 首次被认定作为碳纤维合适的先驱体。为了制造出高性能碳纤维并提高生产率，工业上常采用共聚聚丙烯腈纤维为原料。对原料的要求是：杂质、缺陷少；细度均匀，并越细越好；强度高，毛丝少；纤维中链状分子沿纤维轴取向度越高越好，通常大于80%；热转化性能好。

因 PAN 基碳纤维是目前工业化生产的主流产品，且生产工艺比较简单，制成的碳纤维具有高强度、高刚性、质量轻、耐高温、耐腐蚀及优异的电性能等特点。我国从 20 世纪 70 年代即开始了聚丙烯基碳纤维及原丝的研究工作，国家组织了各方力量对某些型号碳纤维进行攻关。在过去十年间我国的碳纤维产业进入了蓬勃发展阶段，已实现了从无到有的突破，工艺技术不断提升，工艺装备不断优化，应用领域不断拓展。T300、T700、T800、T1000 级碳纤维已全部实现产业化，M40、M40J、M55J 等高强高模碳纤维已具备了小批量制备的能力，已经涵盖高强、高强中模、高模、高强高模四个系列，其中 T300、T700 级碳纤维实现千吨级产业化，T800、M40J 级碳纤维已实现百吨级工程化。国内产品与日本东丽的产品性能基本相当。

2017 年国内 PAN 基碳纤维产量约为 5400 吨，较 2016 年增长 1400 吨，生产显著好转并实现大幅增长。国内市场对碳纤维的需求持续增长，总消费量超过 20000 吨，其中建筑补强领域用量保持稳定，体育休闲、复合芯电缆等领域用量有小幅增长，压力容器、风力发电等领域用量增长较快，特别是风力发电碳纤维用量达到 2600 吨左右。汽车零部件、大飞机和军工领域用量也有一定增长。

二、芳纶

芳纶是一种高强度、高模量、低密度和耐磨性好的有机合成高科技纤维。它的全称是芳香族聚酰胺纤维，是当今世界三大高科技纤维（碳纤维、芳纶、高强高模聚乙烯纤维）之一。芳纶强度≥20cN/dtex，模量≥700cN/dtex。由于芳纶大分子链中以芳香基取代脂肪基，链的柔性减小，刚性增大，反映在纤维的性能方面是其耐热性和初始模量显著增大。芳纶中已经实现工业化的纤维，主要是对位芳纶（PPTA）和间位芳纶（PMIA），其中 PPTA 又称芳纶 1414，PMIA 又称芳纶 1313，数字表示高分子链节中酰胺键和亚酰胺键与苯环上的碳原子相连接的位置。下面就这两种芳纶的性能和应用一一介绍。

（一）芳纶 1414

纤维外观呈金黄色，如图 2-1 所示，貌似闪亮的金属丝线，是由刚性长分子构成的液晶态聚合物。由于其分子链沿长度方向高度取向，并且具有极强的链间结合力，从而赋予纤维空前的高强度和高模量。芳纶 1414 拉伸强度是钢丝的 6 倍；拉伸模量是钢丝和玻璃纤维的 2~3 倍，密度却只有钢丝的 1/5。在个体防护、防弹装甲、力学橡胶制品（MRG）、高强缆绳、石棉替代品等方面取得广泛应用。

图 2-1　芳纶 1414 和芳纶 1313 的外观形貌

1. 芳纶 1414 的主要性能

（1）具有较高的强度和模量，强伸性能对于温度是不敏感的，耐热性优于芳纶 1313，且具有良好的绝缘性。

（2）耐高温特性。在 200℃时其强度保持率为 80%，模量保持率为 70%。

（3）优越的绕曲性、抗化学腐蚀性及极好的纺织加工性，其尺寸稳定性比任何有机纤维都高，耐疲劳性高于钢丝帘子线。

（4）对橡胶的黏合性介于锦纶和涤纶之间，被认为是一种比较理想的帘子线纤维。

2. 芳纶 1414 的应用领域

芳纶 1414 强度高，韧性和编织性好，能将子弹冲击的能量吸收并分散转移到编织物的其他纤维中去，其首先被应用于国防军工等尖端领域。在航空航天方面，芳纶树脂基增强复合材料用作宇航、火箭和飞机的结构材料，可减轻重量，增加有效负荷，节省大量动力燃料。由于芳纶 1414 比重小，强度高，耐热性好，并且对橡胶有良好的黏附性，所以成为理想的帘子线纤维。目前世界几大轮胎巨头米其林、固特异、倍耐力等公司都已采用芳纶 1414 作为轮胎帘子线，大量用于高级轿车领域。总之，凡要求高强度、耐拉伸、抗撕裂、防穿刺及耐高温的场合，都是芳纶 1414 大显身手的领域，具有不可替代的优越性。

（二）芳纶 1313

芳纶 1313 最早由美国杜邦公司研制成功，并于 1967 年实现了工业化生产。芳纶 1313 是一种柔软洁白、纤细蓬松、富有光泽的纤维，如图 2-1 所示。最突出的性能是耐高温、阻燃和绝缘性，主要应用于电绝缘、高温防护服、高温过滤、高温传送带等领域。

1. 芳纶 1313 的主要性能

（1）最突出的特点是耐高温，可在 220℃高温下长期使用而不老化，而且尺寸稳定性极佳，在 250℃左右的热收缩率仅为 1%。

（2）阻燃性。极限氧指数大于 28%，属于难燃纤维，所以不会在空气中燃烧，也不助燃，具有自熄性。

（3）电绝缘性。芳纶 1313 介电常数很低，固有的介电强度使其在高温、低温、高湿条件下均能保持优良的电绝缘性。

（4）化学稳定性。耐酸、耐碱性好，但长期置于强酸和强碱中，强度有所下降，耐大多数漂白剂和溶剂，在次氯酸钠中强度略有损失，对氟化物稳定。

（5）可纺性。芳纶1313系柔性高分子材料，低刚度高伸长特性使之具备与普通纤维相同的可纺性，可用常规纺机加工成各种织物或非织造布，而且耐磨抗撕裂，适用范围十分广泛。

2. 芳纶1313的应用领域

芳纶1313织物遇火时不燃烧、不滴熔、不发烟，具有优异的防火效果，因此在飞行服、防化作战服、消防战斗服、炉前工作服、电焊工作服、均压服、防辐射工作服、化学防护服、高压屏蔽服等各种特殊防护服装上广泛应用。除此之外，在发达国家，芳纶织物还普遍用作宾馆纺织品、救生通道、家用防火装饰品、熨衣板覆面、厨房手套以及保护老人儿童的难燃睡衣等。芳纶1313的耐高温性、尺寸稳定性以及耐化学性，使其在高温滤材领域占据主导地位。

三、超高分子量聚乙烯纤维

超高分子量聚乙烯纤维（UHMWPE）又称高强高模聚乙烯纤维，是由黏均分子量100万以上的超高分子量聚乙烯树脂通过溶液纺丝方法制备而成。该纤维是目前世界上比强度和比模量最高的纤维材料。通常纤维强度≥39cN/dtex，模量≥1550cN/dtex，在防弹装甲与防弹衣、航空母舰、新型战机、电缆罩、轻质应急路面、跨海大桥、防切割和导热纺织品等领域取得广泛应用。

1. 超高分子量聚乙烯纤维的主要性能

（1）力学性能。强度在2.5~3.8GPa，断裂伸长在3%~6%，与碳纤维、玻璃纤维和芳纶相比，纤维的断裂功较大。

（2）耐疲劳性。纤维断裂时所能承受的往复次数比芳纶（PPIA）高一个数量级，特别适用于耐疲劳要求高的场合。

（3）耐冲击性。纤维的冲击强度几乎与尼龙相当，在高速冲击下的能量吸收是芳纶（PPTA）和尼龙的两倍。

（4）耐光性。芳纶不耐紫外线，使用时必须避免阳光直接照射，而聚乙烯纤维由于化学结构上的优势，是有机纤维中耐光性最优异的纤维。

2. 超高分子量聚乙烯纤维的应用领域

用超高分子量聚乙烯纤维制成的绳索、缆绳、船帆和渔具适用于海洋工程，是该纤维的最初用途。该纤维制成的绳索，在自重下的断裂长度是钢绳的8倍，是芳纶的2倍。该绳索解决了以往使用钢缆遇到的锈蚀和尼龙、聚酯缆绳遇到的腐蚀、水解、紫外降解等引起缆绳强度降低和断裂，需经常进行更换的问题。同时，由于超高分子量聚乙烯纤维的耐冲击性能好，比能量吸收大，在军事上可以制成防护衣料、头盔、防弹材料，如直升飞机、坦克和舰船的装甲防护板、雷达的防护外壳罩、导弹罩、防弹衣、防刺衣、盾牌等，其中以防弹衣的应用最为引人注目。

四、玻璃纤维

玻璃纤维是一种以叶蜡石、石英砂、石灰石、白云石、硼钙石、硼镁石等矿石为原料经高温熔制、拉丝等工艺制成的无机纤维材料。玻璃纤维具有质量轻、强度高、耐高低温、耐腐蚀、隔热、阻燃、吸音、电绝缘等优异性能以及一定程度的功能可设计性，是一种优良的功能材料和结构材料。其拉伸强度≥2800MPa，模量≥80GPa。玻璃纤维广泛应用于建筑建材、电子电器、轨道交通、石油化工、汽车制造等传统工业领域及航空航天、风力发电、过滤除尘、环境工程、海洋工程等新兴领域。

1. 玻璃纤维的主要性能

（1）外观和密度。玻璃纤维具有独特的光泽，其表面越光洁，外形越接近圆柱形，光泽也越好。

（2）耐热性。有碱玻璃纤维的软化点为450℃，无碱玻璃纤维的软化点为600~700℃。

（3）导电性。玻璃纤维是不良导体，在电气工业中作绝缘材料，在织造过程中，经摩擦能产生静电，引起纤维分裂起毛，甚至断裂。

（4）隔音性。由于玻璃纤维具有较大的吸声系数，其有着优良的隔音、吸声性能，因此其制品可以在各种声学设备中应用。

2. 玻璃纤维的应用领域

（1）用玻璃纤维拧成的玻璃绳，可称为"绳中之王"，一根手指那样粗的玻璃绳，可以吊起一辆载满货物的卡车。

（2）玻璃纤维经过织造，能织出各式各样的玻璃织物——玻璃布。玻璃布既不怕酸，也不怕碱，所以用作化学工厂的滤布。同时，不少工厂纷纷采用玻璃布代替棉布和麻袋布，制作包装袋。

（3）玻璃纤维既绝缘，又耐热，是非常优秀的绝缘材料。目前，我国多数电机和电器厂都已大量采用玻璃纤维做绝缘材料。

（4）玻璃纤维和塑料复合，制造各种玻璃纤维复合材料。譬如，将一层层的玻璃布浸在热熔的塑料中，加压成型后就成了大名鼎鼎的"玻璃钢"。玻璃钢甚至比钢还坚韧，既不会生锈，又耐腐蚀，而重量只有同体积钢铁的1/4。

（5）如果玻璃熔化后，用高速气流或火焰把它吹成又细又短的纤维，这就成了玻璃棉。玻璃棉具有极强的保温性质，3cm厚的玻璃棉，其保温能力相当于1m厚的砖墙。

（6）近年来玻璃纤维用作纤维内窥镜，使医生能够直接观察胃、十二指肠、心脏等内脏情况。利用玻璃纤维制成的光导纤维进行电话通信，目前也已完全取得成功。

五、玄武岩纤维

玄武岩纤维是以天然玄武岩矿石为原料，将其破碎后加入熔窑中，在1450~1500℃熔融后，通过铂铑合金拉丝漏板制成的纤维，是继碳纤维、芳纶、超高分子量聚乙烯纤维之后的第四大高技术纤维。

1. 玄武岩纤维的主要性能

玄武岩纤维与碳纤维、芳纶、超高分子量聚乙烯纤维（UHMWPE）等高技术纤维相比，除了具有高强度、高模量的特点外，还具有耐高温性、抗氧化、抗辐射、绝热隔音、过滤性好、抗压缩强度和剪切强度高、适应于各种环境下使用等优异性能，且性价比高，是一种纯天然的无机非金属材料。一般情况下，玄武岩纤维的拉伸强度是普通钢材的 10~15 倍，是 E 型玻璃纤维的 1.4~1.5 倍，其纤维的强度远远超过天然纤维和合成纤维，所以是理想的增强材料。玄武岩纤维的弹性模量与昂贵的 S 玻璃纤维相近，强度相当；用于织造织物克重在 $150~210g/m^2$ 的产品时，织造性能良好；可用以代替 S 玻璃纤维制造绝热制品和复合材料，制造硬质装甲和各种玻璃钢（GFRP）产品。

玄武岩纤维在 400℃ 下工作时，其断裂强度能够保持 85%；在 600℃ 下工作时，其断裂强度仍能够保持 80%；如果玄武岩纤维预先在 780~820℃ 下进行处理，还能在 860℃ 下工作而不会出现收缩，而即使耐温性优良的矿棉此时也只能保持 50%~60% 的强度，玻璃棉则强度完全丧失。玄武岩连续纤维的体积电阻率和表面电阻率比 E 玻璃纤维还要高一个数量级，玄武岩纤维的介电损耗角正切与 E 玻璃纤维相近，应用专门的浸润剂处理过的玄武岩纤维，其介电损耗角正切比一般玻璃纤维还低 50%，可用其制造高压（达 250kV）电绝缘材料、低压（500V）装置、天线整流罩以及雷达无线电装置等。

2. 玄武岩纤维的应用领域

玄武岩纤维布具有高强度、永久阻燃性，短期耐温在 1000℃ 以上，可长期在 760℃ 温度环境下使用，是顶替石棉、玻璃纤维布的理想材料。由于玄武岩纤维布的断裂强度高、耐温高、永久阻燃性，其是 Nomex（芳纶 1313）、Kevlar（芳纶 1414）、Zylon（PBO 纤维）、碳纤维等高性能纤维和先进纤维的低价替代品。将玄武岩纤维布可以染色和印花。经功能性整理，例如有机氟整理可做成防油拒水永久阻燃布。玄武岩纤维布可制造的服装有消防员灭火防护服、隔热服、避火服、炉前工防护服、电焊工作服、军用装甲车辆乘员阻燃服。

六、聚酰亚胺纤维

聚酰亚胺是指主链含有酰亚胺环的一类聚合物，刚性的酰亚胺环使其具有很好的耐热性及优异的力学、电学等性能，且耐辐照、耐溶剂。此外，它还具有优良的化学稳定性、坚韧性、耐磨性、阻燃性、电绝缘性以及其他力学性能。芳香族聚酰亚胺（PI）纤维主要由聚酰胺酸（PAA）或 PI 溶液纺制而成的高性能纤维。

1. 聚酰亚胺纤维的主要性能

（1）高强高模。聚酰亚胺纤维具有高强高模的特性，据理论计算，由均苯二酐和对苯二胺合成的纤维的模量可达 410GPa，仅次于碳纤维。

（2）热稳定性。由联苯二酐和对苯二胺合成的聚酰亚胺，热分解温度达到 600℃，是迄今聚合物中热稳定性最高的品种之一，可在超音速航空和航天设备上安全地使用。

（3）耐辐照性。聚酰亚胺纤维具有很高的耐辐照性能，实验表明，该纤维经 $1×10^{10}rad$

电子照射后其强度保持率仍为 90%，因此它是航空航天首选的材料之一。

（4）良好的介电性能。芳香族聚酰亚胺纤维的介电常数为 314 左右，含氟的聚酰亚胺纤维其介电常数可降到 215 左右。

（5）生物相容性。聚酰亚胺纤维对生物无毒，可用在医用器械上，并经得起数千次消毒。

2. 聚酰亚胺纤维的应用领域

由于具有耐高低温特性、阻燃性、不熔滴、离火自熄以及极佳的隔温性，聚酰亚胺纤维隔热防护服穿着舒适，皮肤适应性好，永久阻燃，而且尺寸稳定、安全性好、使用寿命长，和其他纤维相比，由于材料本身的导热系数低，也是绝佳的隔温材料。聚酰亚胺纤维织成的非织造布是制作装甲部队的防护服、赛车防燃服、飞行服等防火阻燃服装非常理想的纤维材料。这种纳米纤维非织造布还可用来制造舒适且保暖的功能性服装。

七、PBO 纤维

PBO 纤维是聚对亚苯基苯并双噁唑纤维的简称，是一种高性能的芳香族杂环聚合物，是继 Kevlar 纤维之后出现的又一合成的高性能纤维，为当今世界高性能纤维之冠。PBO 纤维最显著的特征是大分子链、晶体和微纤/原纤均沿纤维轴向呈现几乎完全取向的排列，形成高度取向的有序结构。微纤由几条分子链通过分子间力结合在一起构成。PBO 纤维直径一般为 $10 \sim 15 \mu m$。

1. PBO 纤维的主要性能

（1）耐热及阻燃性能。PBO 纤维没有熔点，即使在高温下也不熔融，是迄今为止耐热性最高的有机纤维。PBO 纤维的极限氧指数为 68，在有机纤维中仅次于聚四氟乙烯纤维（为 95）。

（2）力学性能。PBO 纤维的拉伸强度为 5.8GPa，拉伸模量可达 280~380GPa，抗压强度仅为 0.2~0.4GPa。研究表明，造成这种现象的原因是 PBO 的微纤结构在压应力的作用下，产生纠结带使纤维变弯曲。PBO 纤维复合材料的最大冲击载荷和能量吸收均高于芳纶和碳纤维。PBO 比对位芳纶的耐磨性优良。PBO 在 300℃ 热空气中无张力处理 30min，收缩率只有 0.1%，比共聚对位芳纶和对位芳纶在同样条件下的热收缩率（分别为 0.7% 和 0.45%）低许多。

（3）化学稳定性。PBO 纤维具有优异的耐化学介质性，在几乎所有的有机溶剂及碱中都是稳定的。但能溶解于 100% 的浓硫酸、甲基磺酸、氯磺酸、多聚磷酸。此外，PBO 对次氯酸也有很好的稳定性。

（4）耐光性及染色性。PBO 纤维耐日晒性能较差，暴露在紫外线中的时间越长，强度下降越多。染色性能差，一般只可用颜料印花着色。

2. PBO 纤维的应用领域

（1）耐热垫材及高温滤材。利用 PBO 纤维的耐热的特点，可用于制造温度超过 350℃ 以上的耐热垫材。用 PBO 纤维制造的高温过滤袋和过滤毡，高温下长期使用仍可保持高强度、高耐磨性。

（2）消防服。PBO 纤维阻燃性好，在火焰中不燃烧、不收缩，非常柔软，可用于高性能的消防服和炉前工作服、焊接工作服等处理熔融金属现场用的耐热工作服以及军服。

（3）增强材料。利用 PBO 纤维高模量的特性，可用于光导纤维的增强，可减小光缆直径，使之易于安装，并减少通信中的噪声。PBO 纤维可代替钢丝作为轮胎的增强材料，使轮胎轻量化，有助于节能。

八、涤纶工业丝

涤纶工业丝是以精对苯二甲酸（PTA）或对苯二甲酸二甲酯（DMT）和乙二醇（EG）为原料经酯化或酯交换和缩聚反应而制得的成纤高聚物——聚对苯二甲酸乙二醇酯（PET），经纺丝和后处理制成的纤维。根据其性能可分为高强低伸型（普通标准型）、高模低收缩型、高强低缩型、活性型，其性能特点和主要用途见表 2-1。其中高模低收缩型涤纶工业丝由于具有断裂强度大、弹性模量高、延伸率低、耐冲击性好等优良性能，在轮胎和机械橡胶制品中有逐步取代普通标准型涤纶工业丝的趋势；高强低伸型涤纶工业丝具有高强度、低伸长、高模量、干热收缩率较高等特点，目前主要用作轮胎帘子线及输送带、帆布的经线以及车用安全带、传送带；高强低缩型涤纶工业丝由于受热后收缩小，其织物或织成的橡胶制品具有良好的尺寸稳定性和耐热稳定性，能吸收冲击负荷，并具有锦纶柔软的特点，主要用于涂层织物（广告灯箱布等）、输送带纬线等；活性型涤纶工业丝是一种新型的工业丝，它与橡胶、PVC 具有良好的亲和力，可简化后续加工工艺，并大大提高制品的质量。

表 2-1 涤纶工业长丝的性能特点和主要用途

产品分类	性能特点	应用领域
普通型/标准型	高强度、低伸长、高收缩	输送带骨架材料、三角带线绳、各类胶管、箱包带、吊装带、牵引带、消防水带、渔网、缆绳、工业缝纫线、土工织物、土工格栅
低收缩型	高伸长、低收缩	灯箱广告布、篷盖布等涂层织物，膜结构材料，特斯林布
超低收缩型	高伸长、超低收缩	防水布、灯箱广告布、过滤材料、泳池面料
高模低收缩型	高强度、高模量、低伸长、低收缩	轻卡和轿车子午线轮胎、三角带硬线绳、高档土工格栅
耐磨型	高强度、低伸长、高收缩、孔数少	汽车安全带、飞机安全带、高档吊装带、牵引带
抗芯吸型	高强度、高伸长、低收缩、不吸水	高档灯箱广告布、泳池面料、防水布
活化型	高强度、低伸长、高收缩、表面活化	一浴法浸胶的三角带线绳、输送带帆布、子午线轮胎帘子线

九、蜘蛛丝纤维

蜘蛛丝由一些被称为原纤的纤维素组成，而原纤又是几个厚度为 120nm 的微原纤的集合体，微原纤则是由蜘蛛丝蛋白构成的高分子化合物，蜘蛛丝蛋白则是由各种氨基酸组成的多肽链按一定方式组合而成。

1. 蜘蛛丝的主要性能

（1）蜘蛛丝的力学性能。蜘蛛丝最吸引人的地方是其具有优异的力学性能，即高强度、高弹性、高柔韧性、高断裂能。蜘蛛丝的断裂强度虽然不及钢丝和用于制造防弹衣的高性能纤维 Kevlar，但是其断裂伸长是钢丝的 5~10 倍，是 Kevlar 的 10~20 倍，其断裂功比钢丝和 Kevlar 大得多。此外，纤维有较高的干湿模量，在干湿态下都具有高拉伸强度和高延伸度。蜘蛛丝具有良好的弹性，当伸长至断裂伸长率的 70% 时，弹性回复率仍可高达 80%~90%。

（2）蜘蛛丝的耐热性。蜘蛛丝有良好的耐高温、低温性能。据报道，蜘蛛丝 200℃ 下表现出很好的热稳定性；在 300℃ 以上才变黄，并开始分解；在零下 40℃ 时仍有弹性，只有在更低的温度下才会变硬。

（3）蜘蛛丝的化学性能。蜘蛛丝是一种蛋白质纤维，具有独特的溶解性，不溶于水、稀酸和稀碱，但溶于溴化锂、甲酸、浓硫酸等。对蛋白水解酶具有抵抗性，不能被其分解。遇高温加热时可以溶于乙醇。

2. 蜘蛛丝的应用领域

（1）纺织制品。蜘蛛丝弹性好、柔软，穿着舒适，是很好的纺织纤维。利用基因技术将绿色荧光蛋白质与丝蛋白分子相融合生产出荧光丝，可与普通丝交织制成织物，在紫色、蓝色灯光下会发出荧光图案，成为全球时装展示会上最时尚的纺织面料。

（2）军事及航天航空领域。蜘蛛丝的强度高，韧性大，有一定的热稳定性，可用于降落伞布、降落伞索，这种降落伞重量轻、防缠绕、展开力强大、抗风性能佳，坚牢耐用。蜘蛛丝还可用于织造太空服、防弹背心和防弹衣等高强度面料。

（3）其他领域。蜘蛛丝的优越性还在于它是天然的蛋白质纤维，与人体有很好的相容性，因而可以通过转基因技术制成伤口封闭材料和生理组织工程材料。还可用作结构材料和复合材料，应用于桥梁、高层建筑和民用建筑等，起增强作用。

第二节　功能与生物基纤维

一、功能纤维

功能纤维是一个总体概念，是指纤维自身具备特定的性质和功能，并且由于纤维的这些特点，赋予了纺织品、复合材料等制品特定的性质和功能。按照纤维自身的性质，功能纤维分为四类：一是物理性功能纤维，如导电性、抗静电性、光电性、记忆性、耐高温性、阻燃性、热敏性、蓄热性、蓄光性、光导性、光折射性、光干涉性以及异型截面纤维、超细纤维、表面处理纤维等；二是化学性功能纤维，如光降解性、光交联性、催化活性等；三是物质分离性功能纤维，如中空分离性、微孔分离性、反渗透性、离子交换性、高吸水性、高吸油性及选择吸附性等；四是生物适应性、能纤维，如抗菌性、芳香性、生物适应性、人工透析性、生物吸收性和生物相容性等。下面就三种常用的功能纤维进行性能和应用方面的介绍。

(一) 阻燃纤维

1. 阻燃纤维的定义

阻燃纤维是指通过化学改性，使纤维在与火源接触后不燃烧，或仅以较小火焰燃烧，火源撤走后，火焰能较快地自行熄灭的聚酯、再生纤维素等通用纤维。通用阻燃纤维主要包括阻燃聚酯纤维、阻燃再生纤维素纤维、阻燃聚酰胺纤维、阻燃聚丙烯腈纤维等。通常这些纤维的极限氧指数≥28%，这些纤维不仅可应用于消防、军警和特种行业防护服，而且还可应用于交通运输用纺织品、公共场所装饰用纺织品、家纺产品及填充物等。

2. 几种常用的阻燃纤维

（1）聚苯并咪唑（PBI）纤维。有独特的耐热、耐化学品和纺织性能，受热和火焰作用在空气中不燃烧、不熔解、不熔滴、不收缩或脆化。在高温作用下仅散发少量烟，但不散发毒气，在300℃或更高温度下仍保持强力和完整性。

（2）聚氯乙烯（PVC）纤维。因有一定阻燃性且成本较低，被广泛用于电力和通信工业。在正常使用温度范围时要加入增塑剂和稳定剂，以改善加工性能，其限氧指数为32.5，燃烧时会冒烟。

（3）聚对苯二甲酰对苯二胺（PPTA）纤维。有优良的热稳定性，在371℃时不熔融，但会分解。常用于石油化学、公用事业和消防服。

（4）聚四氟乙烯（PTFE）纤维。聚四氟乙烯为长链含氧聚合物（在高温下不熔融），在高达260℃连续作用下稳定，能短时间经受290℃高温，290℃以上开始升华，每小时重量损失0.0002%，在327℃时达到凝胶态。纤维本身无毒，但在高温下使用可能产生有毒气体。

（5）阻燃涤纶。添加阻燃剂也是聚酯纤维最初的阻燃改性方法。可用于聚酯纤维的反应型阻燃剂包括卤素和磷系阻燃剂。目前国际上最常用的是磷系共聚型阻燃剂。磷系阻燃剂对聚酯纤维具有良好的阻燃效果，且燃烧过程中没有毒性气体的生成，属于环境友好型阻燃体系。

（6）阻燃锦纶。可用作聚酰胺6及聚酰胺66共聚阻燃改性的阻燃剂主要有红磷和二羧酸乙基甲基磷酸酯等。用于聚酰胺共混改性的阻燃剂比较多，如低相对分子质量的含磷化合物、氯代聚乙烯、溴代季戊四醇及三氧化二锑等。

（7）阻燃腈纶。共聚阻燃改性方法主要是在聚丙烯腈纤维中引入含有卤素或磷元素等的共聚单体，如氯乙烯、二氯乙烯、烯丙基磷酸烷基、乙烯基双（2-氯代乙基）磷酸等。目前世界上已经工业化生产的阻燃聚丙烯腈纤维大多采用共聚法制造。由于共混阻燃聚丙烯腈纤维中阻燃剂的含量不能太高，因而要选用高效的阻燃剂，且阻燃剂在纺丝原液中的溶解性和均匀稳定分散性要好，与聚丙烯腈的相容性好，纺丝过程中的阻燃剂保留率高，耐洗涤性好，毒性低等，因此阻燃剂的选择难度较大，目前已工业化的共混阻燃聚丙烯腈纤维的品种很少。

（8）阻燃丙纶。聚丙烯纤维的阻燃改性主要是通过添加改性和阻燃后整理的方法制备。目前，聚丙烯主要利用卤素阻燃剂和三氧化二锑等协效剂共同作用来获得阻燃效果，磷—溴协效阻燃体系用于聚丙烯纤维的阻燃具有良好的阻燃效果，环境污染小，而磷—氮协效阻燃体系用于聚丙烯纤维具有更好的阻燃效果，但是在聚丙烯纤维中的应用条件相对较高。

（二）导电纤维

导电纤维具体指电导率大于 10^{-7} $(\Omega \cdot cm)^{-1}$ 的纤维。因有良好的导电性能，工作、日常生活等领域中利用传导电子和电磁波而减少静电对生产生活的负面影响，且具有耐久性，甚至在空气湿度低的环境中仍保持较好的抗静电性，从而提高生产率，提升人们的生活质量。抗静电织物和抗电磁波辐射的导电织物是现在导电纤维制备成型后的主要用途，日后将会在更多领域展现导电纤维的魅力。近年来，可穿戴式电子产品由于在能量采集、微型机器人、电子纺织品、表皮及植入式医疗设备等方面有潜在的应用，使导电纤维可穿戴电子产品的研究取得迅速的发展。

1. 导电纤维的分类

导电纤维按材料的性质分为有机导电纤维和无机导电纤维，下面就每种类型中的具体纤维简要介绍。

（1）有机导电纤维。有机导电纤维主要为高分子类。最初是白川英树等在合成聚乙炔薄膜时经过掺杂，赋予了该物质导电性，然后，发现了掺杂聚苯胺而转变为导电材料。聚吡咯能在一定的改性作用后降低电阻率，聚噻吩也摆脱了绝缘体这顶帽子成为导电有机纤维的一员。通过各类研究使高聚物加工后，具有了低的电阻率，制成纤维后也保持了这种优良的特性。此类新型纤维拓宽了人类对纤维材料的认知，并为高聚物的应用提供了更多的可能性。

①聚苯胺纤维。聚苯胺所用原料单体是易得的化学物质，单体聚合成高分子的方法简易，制得的高聚物在电磁微波吸收性能测试中表现优良，由于分子内部的掺杂现象而具有良好的电化学性能。以导电聚苯胺为基底，然后加工成丝，是主要的合成导电聚苯胺纤维的方式。聚苯胺是绝缘体，通过掺杂改性才使绝缘体转变成半导体或导体。掺杂其实是一个氧化还原过程，不同的掺杂方式和方法结果差异很大，直接影响着聚苯胺的导电性能。

②聚吡咯纤维。聚吡咯相较聚苯胺研发内容较少，有研究利用化学氧化原位聚合法，采用表面活性剂蒽醌-2-磺酸钠盐（AQS）作为辅助剂，成功制备了聚吡咯（PPY），并且纤维材料达到了纳米级。表面活性剂 AQS 不仅是反应的推动者，也是调控者。使用工业生产成熟的 PET 非织造布作为反应基体，在特定的反应时间与搅拌速率下，制备得到的 PPY 纳米纤维材料具有最佳的微观形貌及电导率综合性能。

③聚噻吩纤维。p 型掺杂与 n 型掺杂是聚噻吩的主要掺杂类型。目前研究较多的噻吩均聚物是聚 3,4-亚乙基二氧噻吩（PEDOT），测量结果显示，除了较低的氧化还原电位，电导率也很高，同时良好的热化学稳定性也为其增色，当作为电极材料使用时，比电容的数值一般低于 200F/g，是很好的制造原料。这类导电聚噻吩主要的合成方法是电化学聚合，通过这一简单方法制备出 PEDOT。

（2）无机导电纤维。无机导电纤维以碳纤维及其衍生物为主。聚合物纳米复合材料是指纳米颗粒嵌入有机聚合物，成为一类新材料。导电纳米复合材料的应用有很多种，如传感器、执行器、触摸屏等。

①碳纤维。纯碳纤维具有导电性，多为混合多组分纤维，煤酸处理后溶解于有机溶剂中，利用静电纺丝方法喷出纳米级的纤维，经过炭化去除杂质元素，提高碳含量，再经过活化后得到煤基碳纤维，测试其电化学性能并进行研究，所得产品为碳纳米纤维毡，可用来制作柔性超级电容器的电极。高强度高模量石墨烯纤维现已被成功制备，其电导率可与金属相媲美。

②导电型金属化合物纤维。电导率较高的金属有铜、银、镍和镉等，其氧化物、硫化物或碘化物做成导电纤维，材料强度较好，还具有一些生物学功用，但由于成本和导电性能原因，主要应用于抗静电方面。

③金属纤维。除了金属化合物，金属单质如不锈钢、铜、铝等经过纤维化，制备成纤维材料，其自带耐热耐化学腐蚀性，导电性能优良。但制备成纤维的过程复杂困难，成本高，抱合力小可纺性能差，也很难与普通纤维混纺加工，成品色泽受限制。

2. 导电纤维的应用

（1）抗静电纺织品。在日常生活和工业生产中，由机械仪器、摩擦作用产生的静电降低社会生产效率，无法释放，产生电波干扰信号，造成电子仪器的损坏或是运转故障，对生物环境造成不良影响，工作人员服装因携带静电易沾染灰尘固体小颗粒，在生产中造成电路多种问题，以上的负面影响，都可由抗静电纺织品来解决。导电纤维应用在工作服上，防止了静电荷的积蓄，减少了电路短路、元件击穿等问题的发生。

（2）防辐射纺织品。在工业生产、工作中，一些精密仪器需要防电磁波的干扰才能精准工作，航天航空中也需要无辐射的环境，将含有导电纤维的织物用作电磁波屏蔽材料，会大大提升工作效率。某些工作人员的工作环境无时无刻伴有电磁辐射，对身体健康产生极大的危害，这时导电纤维可运用在防辐射工作服，在人体表面形成保护层。当电子产品遍布生活的每个角落，防辐射纺织品应运而生。

（3）柔性电极。当前智能服装通过将智能或特种纤维编织于面料之中或直接织成面料用于服装来实现其智能化。超级电容器可被视为具有结构和电池功能的性能优异的下一代储能器件。通过氧化锌改性的碳纳米管能够在编织碳纤维电极上生长。固体聚合物电解质是由混合离子液体（EMIMBF$_4$）、锂盐（LiTf）与聚酯树脂基聚苯胺纳米纤维。

（三）抗菌抑菌纤维

抗菌抑菌纤维是指对微生物具有灭杀或抑制其生长作用的纤维。它是借助螯合技术、纳米技术、粉末添加技术等，将抗菌抑菌剂在化纤纺丝或改性时加到纤维中而制成的。其对金黄色葡萄球菌及大肠杆菌的抑菌率≥70%，对白色念珠菌的抑菌率≥60%。抗菌抑菌纤维广泛用于家纺用品、内衣、运动衫等，特别是老年、孕产妇及婴幼儿服装。使用抗菌抑菌纤维制成的衣服，具有良好的抗菌抑菌性能，能够抵抗细菌在衣物上附着，从而可有效降低细菌疾病交叉传播和感染的威胁。

1. 抗菌抑菌纤维的分类

（1）本身带有抗菌功能的纤维，如某些麻类纤维、甲壳素纤维及金属纤维等。

（2）用抗菌剂进行整理的纺织品，此法加工简便，但耐洗性略差。

（3）将抗菌剂在化纤纺丝时加到纤维中而制成的抗菌纤维，这类纤维抗菌性、耐洗性好，易于织染加工。

2. 抗菌抑菌纤维的典型品种

（1）金属纤维。指银、铜及镍铬合金等金属丝经拉拔、电镀、分解等特殊工艺加工制成的截面直径为 $2\sim20\mu m$ 纤维束。它不仅有较好的防静电、防微波辐射功能，也具有良好的抗菌性。试验证明，镍铬合金及银纤维的抑菌效果较好，但镍铬合金价格较低。用金属纤维与棉按 10∶90 的比例混纺后，所制成的金属/棉混纺纱可应用于针织物，制成永久抗菌针织物。

（2）纳米抗菌涤纶。由于涤纶熔融温度较高，对抗菌剂的选择首先要考虑耐高温、不易分解、安全卫生。为了使纳米抗菌剂能均匀分散在聚合物中，除将抗菌粉体进行表面处理外，需用共混法制成的纳米抗菌母粒进行纺丝。

（3）Amicor 抗菌纤维。Amicor 纤维是 Courtaulds 公司生产的抗菌纤维系列。其基纤维是聚丙烯腈系纤维。产品主要有 Amicor AB（抗菌型）和 Amicor AF（抗霉菌）两种。这两种产品可分别使用。为了赋予产品双重（抗菌和抗霉）的活性，也可以作为混纺纱联合使用，称为 Amicor Plus。Amicor 可以和许多其他纤维进行混纺，如棉、毛、尼龙、Tencel、黏胶及聚酯。其中与棉混纺时纱线既有棉的吸收能力和手感，又有 Amicor 产生的抗微生物作用。由于 Amicor 中的抗菌剂是以固体颗粒的形式分散于纤维结构中，作为储存器的颗粒将化学品缓慢释放出来，因此由 Amicor 混纺纱制成的织物具有优良的水洗稳定性。

Amicor AB 抗菌纤维中含有一种 riclosan 抗菌剂，它能有效地抑制许多细菌的繁殖。Amicor AF 抗真菌纤维能有效抑制真菌的繁殖，Amicor 抗菌剂以颗粒状分布在纤维内，即使抗菌剂颗粒熔化也不会离开母体纤维，所以耐洗性较好。纤维强度大，韧性强，吸湿放湿性好，富有光泽且手感柔软。利用该两种纤维的优良性能开发面料，符合生态环保和人们追求色彩多元化的需求，能满足消费者对面料的功能性、保健性、卫生性及舒适性的要求，是一种极具发展前景的新型纺织原料。

（4）天然抗菌纤维。竹纤维具有独特的天然抗菌性能，24h 内抗菌率可达到 70%。甲壳素纤维是从蟹、虾等甲壳纲类动物的壳制得的，用该类纤维织成的织物不仅具有良好的力学特性，而且由于它的抗菌性而具有奇特的医学特性。

3. 抗菌抑菌纤维的应用

（1）抗菌长丝产品。可广泛应用于针织内衣裤、运动服、袜子，各种装饰织物、过滤织物、地毯、运动鞋内衬材料。

（2）抗菌短纤维。可混纺或纯纺用于各种床上用品、家具布、装饰织物、卫生敷料，医院专用床单、被褥、手术衣，食品行业专用服装、鞋。

（3）抗菌非织造布。无菌手术衣、手术帽、口罩、卫生包敷材料、鞋垫、过滤材料等，还可用于妇女卫生用品。

二、生物基纤维

所谓生物基纤维（Bio-based fiber），是指利用生物体或生物提取物制成的纤维，即利用大气、水、土壤等通过光合作用而产生的可再生生物基纤维。生物基纤维的品种很多，为了研究和使用上的方便，可以从不同角度对它们进行分类。根据原料来源和生产过程，生物基纤维可分为三大类：生物基原生纤维，即用自然界的天然动植物纤维经物理方法处理加工成的纤维；生物基再生纤维，即以天然动植物为原料制备的化学纤维；生物基合成纤维，即来源于生物基的合成纤维。生物基化学纤维原料是以天然动植物为来源，用生物法生产的应用于生产生物基化学纤维的"四醇、四酸、一胺"。下面就常用的两种生物基纤维的性能和应用做简单介绍。

（一）聚乳酸纤维

聚乳酸纤维（polylacticacid fiber，PLA），又称为玉米淀粉纤维，是以聚乳酸为主要原料经缩聚反应得到的聚合物，属于聚酯类纤维。主要将从玉米、木薯等一些植物中提取的淀粉经酸分解后得到的葡萄糖，经乳酸菌发酵分解生成乳酸，然后乳酸分子中的羟基和羧基在适当的条件下缩聚得到聚乳酸，在经过一定的纺丝工艺生产出聚乳酸纤维。聚乳酸纤维是由聚乳酸经常规纺丝工艺制得的生物基合成纤维，其物理性能接近锦纶和涤纶，透气性和手感都好于涤纶，不易起静电，舒适性好，具有极佳的使用性能、生物可降解性、良好的肌肤触感、天然抑菌、导湿速干、回弹性等优良性能。

1. 聚乳酸纤维的主要性能

（1）聚乳酸纤维具有较好的力学性能，较高的断裂比强度和断裂伸长率，较好的弹性回复和卷曲保持性，较好的抗皱性和形态稳定性。

（2）聚乳酸纤维具有优良的生物降解性和生物相容性，它是一种完全可生物降解的纤维。

（3）聚乳酸纤维燃烧时具有可燃性差、燃烧热低、发烟量小等特性。

（4）聚乳酸纤维的回潮率比较低，其吸湿性能较差，与聚酯纤维相接近，但其导湿性能优于聚酯纤维。

（5）聚乳酸纤维具有良好的抗紫外线功能，还具有一定的抑菌性能和抗污性能，较好的化学惰性，对许多溶剂、干洗剂等稳定，耐酸性较好但耐碱性较差；有极好的悬垂性、滑爽性、芯吸性、吸湿透气性、耐晒性、抑菌和防霉性，还具有丝绸般的光泽、良好的肌肤触感等。

2. 聚乳酸纤维的应用领域

目前的用途主要为医用和服装用等领域。在医疗方面，用聚乳酸纤维做手术缝合线，既能满足缝扎强度的需要，又能被人体缓慢分解吸收，免除了病人拆线的麻烦和痛苦。在服装方面，聚乳酸纤维可制成纱线、织物、编织物、非织造布等，具有良好的可染性和生物相容性；有优异的悬垂性和很好的滑爽性，穿着舒适，尤其适合于内衣和运动衣。聚乳酸纤维还可以应用于农业、林业、渔业、土木、建筑、造纸等领域。在土木工程中用作网、垫子、沙袋等；在种植业中作养护薄膜等；在农业、林业中作播种织物、薄膜、防虫防兽害盖布、防草袋等；在渔业中作渔网、渔具、钓鱼线等。

（二）壳聚糖纤维

纯甲壳素是一种无毒无味的白色或灰白色透明的固体，在水、稀酸、稀碱以及一般的有机溶剂中难以溶解。经浓碱处理脱去其中的乙烯基就变成可溶性甲壳素，又称甲壳胺或壳聚糖。它的化学名称为（1,4）-2-氨基-2-脱氧-O-D-葡萄糖。壳聚糖因其含有游离氨基，能结合酸分子，具有许多特殊的物理化学性质和生物性能。甲壳素、壳聚糖和纤维素均属天然高分子多糖，通常是以高结晶微原纤有序排列，其化学结构差别在于各自的葡萄糖单元的 C2 上的基团不同而已，在甲壳素中是乙酰胺基（—NH—COCH$_3$），在壳聚糖中是氨基（—NH$_2$），而纤维素中则是羟基（—OH）。三种纤维的结构比较如图 2-2 所示。

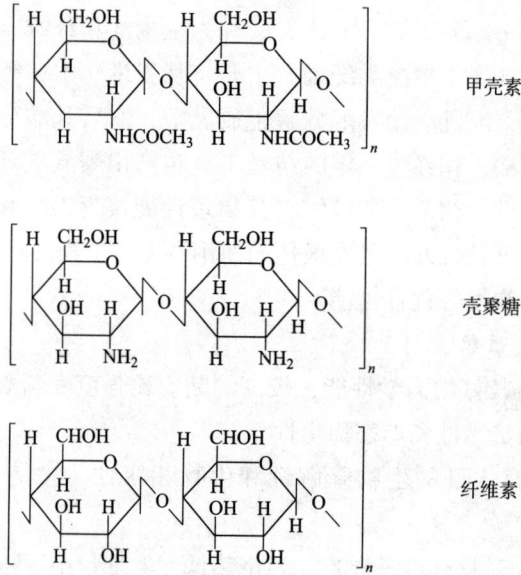

图 2-2　甲壳素、壳聚糖与纤维素结构图

壳聚糖纤维的主要性能与应用领域如下：

（1）在医学方面的应用。由于壳聚糖纤维不仅具有良好的生物相容性、无免疫原性、生物活性，而且具有消炎、广谱抑菌、止血促愈、减少伤疤和镇痛等作用，在医疗卫生领域可作为医用敷料、灭菌消毒防护等，目前已经成功生产出了手术缝合线、医用纤维纸、人工肾、医用非织造布等。

（2）在织物方面的应用。壳聚糖具有许多天然的优良性能，如良好的吸湿透气性、生物活性、吸附性、抗菌性以及黏合性等。通过不同的混纺加工工艺，壳聚糖纤维应用的范围包括贴身服装、童装、工作服、袜子、床上用品、巾被、女性卫生用品、医用纺织品等。

（3）在军工方面的应用。壳聚糖纤维在军工方面也有大量的用途。比如根据战士的作训和战斗需求，开发设计了战士作训、作战内衣、急救纱布、战靴里衬等军需品等。

参考文献

［1］贺福，赵建国，王润娥. 黏胶基碳纤维［J］. 化工新型材料，1999（1）：3-5.

［2］张清华，陈大俊，丁孟贤. 聚酰亚胺纤维［J］. 高分子通报，2001（5）：66-72.

［3］姚军义，王玉合，吴旭华，等. 国内涤纶工业丝发展现状［J］. 合成技术及应用，2017，32（2）：26-30.

［4］胡雅琪，郭荣辉. 导电纤维的研究进展［J］. 纺织科技进展，2017（9）：1-5.

［5］秦丽娟，陈夫山，王高升，等. 抗菌纤维的用途与加工方法［J］. 中华纸业，2004（1）：53.

［6］李达，马建伟. 壳聚糖纤维的生产现状及展望［J］. 现代纺织技术，2009，17（3）：66-68，72.

第三章 产业用纺织品织造加工技术

产业用纺织品用途不同，其采用的织造加工技术也不同，主要分为机织加工、针织加工、编织加工和非织造加工技术。

第一节 机织加工技术

机织物是指在织机上由相互作用的多个系统纱线按一定的规律交织而成的织物。用于产业用纺织品的机织物，按照其组织结构在空间的交织规律可以分为正交二维机织物、斜交三相二维机织物和三维机织物。

一、普通机织加工技术

机织物是由经纬纱在织机上交织而形成的。在织造过程中，经纱与经纱之间、经纬纱之间、经纱与织机上各种物件之间，反复发生着纵向、横向的摩擦和弯曲。为了使纱线有足够的强度、耐磨性和弹性，确保纱线在织造过程中不致因上述各种破坏力的作用而发生断裂；为了使纱丝减少疵病，提高光洁度，以确保织造生产效率，获得优良的产品；为了增加纱线的卷装长度，利于连续生产，必须对经、纬纱进行织前准备，以提高经纬纱的工艺性能。

经过织前准备的经纱、纬纱，要在织机上进行交织，最后形成织物。织机的品种、规格非常多。按织机的开口机构来分，可分为盘踏（凸轮）式织机、多臂式织机和提花织机三种。踏盘织机一般用于织制平纹、斜纹等简单组织的织物，多臂织机则可以用于织制花纹稍复杂的小花纹织物，而提花织机则可以织制复杂的大花纹织物。

二、三维机织加工技术

三维机织物是指纱线系统在三维的空间上相互穿插交织成一定的几何形状，形成一定的空间网络。换言之，三维机织物也是三维纤维集合体，通过在平面机织物结构叠加的基础上，把纤维或者纱线织成三维立体织物，将结构纱面从厚度方向引入而使得织物一次成型。三维机织物具有如下优良特性，常作为纺织结构预制件。

（1）与传统的二维机织物相比，三维机织物在抗冲击性、抗层间剪切强度、损伤容限、断裂韧性、可靠性等综合力学性能方面更胜一筹，整体性十分突出，因此是非常理想的结构复合材料。

（2）三维机织物因为具有紧密的结构和良好的整体性，因此在注入基体时产生的流动压力不易使纤维变位或者纱线变形，这使得三维机织物增强复合材料的成型工艺的选择范围更大。

（3）三维机织物的截面可采用机下变形制造异型件，也可以用计算机进行辅助设计成多种形状，目前设计出的有蜂窝状织物、箱状织物、管材、中空双层壁织物、"I"形梁、"L"形梁、"T"形梁等。

（4）在较大幅宽织物及规模化生产方面，与多轴向经编针织物及三维整体异型编织物相比，三维机织物更容易实现。

（一）三维机织物的分类

三维机织物可以分为正交、角联锁和三向立体交织物。正交和角联锁组织可以在传统织机上织造。三向交织物必须使用两向开口功能的三向织机才能生产。

正交组织由三组相互正交系统的纱线构成，如图 3-1 所示，三组系统纱线分别与三组坐标轴平行，分别为经纱、纬纱和接结纱。织物的长度由经纱长度决定，织物的幅宽由纬纱控制。接结纱控制织物的高度，相比于织物长度和宽度，织物的高度尺寸较小。

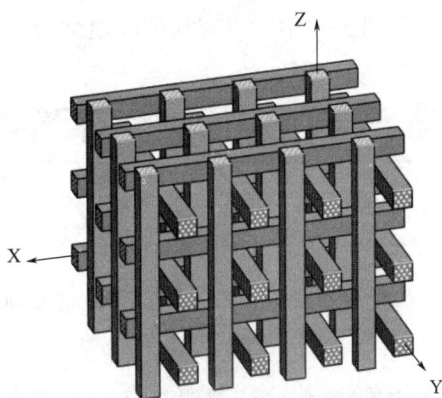

图 3-1 三维正交机织物

角联锁织物由接结经纱、纬纱、衬经、经纱以及接结纬纱系统组成。如图 3-2 所示，角联锁织物由多层经纱和纬纱组成，接结纱以一定的角度将经纱和纬纱固结在一起，接结纱可以由经纱引入，也可以由纬纱引入。角联锁织物主要包括贯穿角联锁、层间角联锁、带衬经和衬纬的角联锁组织。在贯穿角联锁织物中，接结纱以一定的角度贯穿整个织物厚度，与各层经纱进行交织，织物整体性较好。层间角联锁组织是接结纱以一定的倾角只与若干层纬纱进行交织，构成角联锁织物。斜交角联锁组织主要分为贯穿斜交角联锁组织和正交角联锁组织。

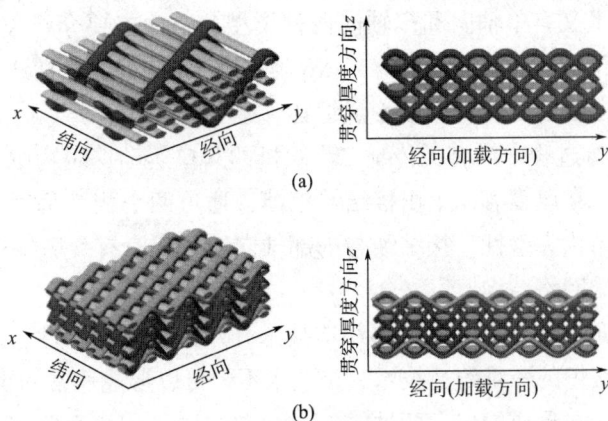

图 3-2 三维角联锁结构

（二）三维机织物织造技术

1. 二维织造法

传统的二维织机可以生产两种结构特征的三维机织物：多层织物和管状织物。

多层织物采用三组纱线即多层经纱、多层纬纱和一组接结纱（经纱或纬纱）织制而成，接结纱穿过多层织物的各层或几层进行交织，形成实心结构或夹心结构。传统多层织造加工技术的特点是经纱做上下开口运动，由此形成的三维织物的特点是经纬纱以某种规律相互交织。如图 3-3 中的正交和角联锁结构。

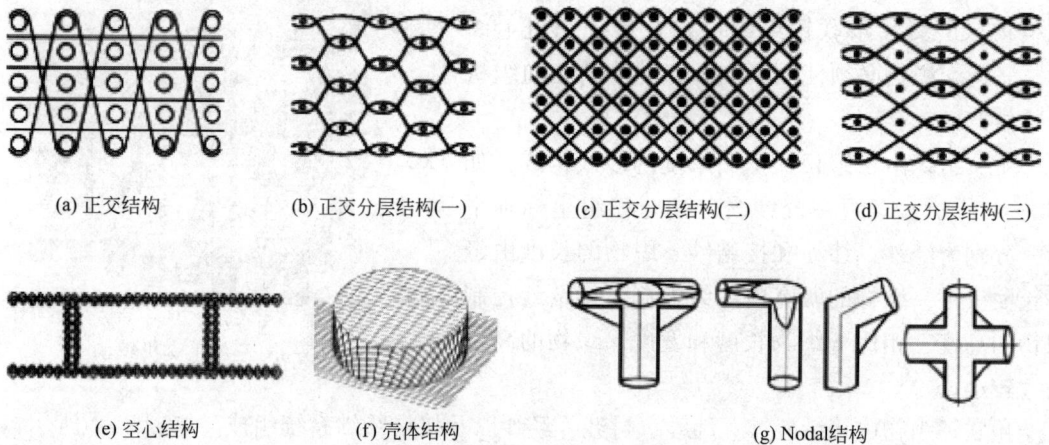

(a) 正交结构　　(b) 正交分层结构(一)　　(c) 正交分层结构(二)　　(d) 正交分层结构(三)

(e) 空心结构　　(f) 壳体结构　　(g) Nodal 结构

图 3-3　不同结构的三维机织物

2. 三维织造法

（1）Noobing 织造法。Noobing 是一种三维无交织织物的生产方法，是专为预型件制作而发展起来的。Noobed 织物有三组互相垂直的纱线，即多层经纱、多层纬纱和固接经纱，通过固接经纱将多层排列的经纬纱连接成相互不交织的整体结构三维织物。Noobing 是无交织、垂直取向与接结的英文缩写，因其织造过程中纱线间没有交织，不具备常规意义上的"织造原理"。Noobing 加工技术又有单轴向和多轴向两种类型，下面主要介绍单轴向 Noobing 加工技术。如图 3-4 所示，两组接结纱导纱器 X1~X6 与 Y1~Y6 交替着分别从横行与纵列两个方向穿过预先排列好的轴向纱 Z 之间，直接形成织物。

Noobed 织物在织造过程中没有了传统二维织机的开口运动，织物中三个方向的纱线相互正交而不交织，织物只在厚度方向上由接结纱束缚，通过两个相互垂直的接结纱与最外端的纱交联保证了织物的结构完整性，接结纱与内部轴向纱之间没有交联。也就是说，Noobed 织物不具有全交织织物的网络结构。

（2）双向梭口织造法。为了克服二维织造技术开口方式的局限性，研究人员开发了一种可以使三组纱线充分交织的三维织造技术。该技术不但可以形成通常的织物幅宽方向的梭口，而且可以在织物厚度方向形成梭口，两种梭口（双向梭口）相继而非同时形成，从而使得横向纱 X、纵向纱 Y 与地经纱 Z 相互垂直地交织成完全交织的三维织物，如图 3-5 所示。

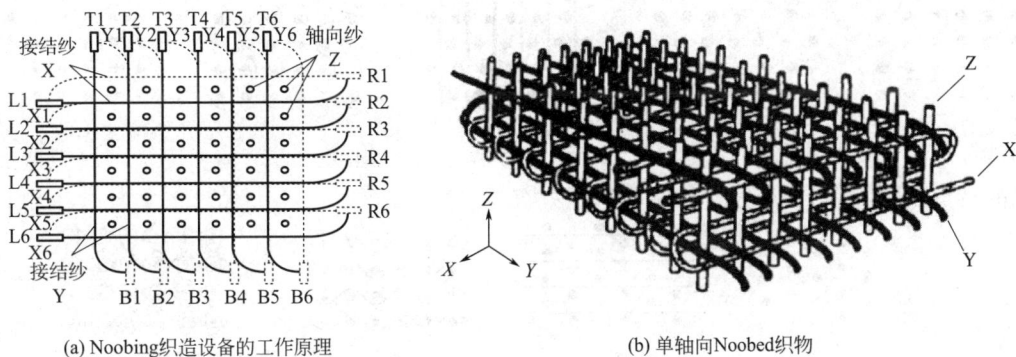

(a) Noobing织造设备的工作原理　　　　　　(b) 单轴向Noobed织物

图 3-4　Noobing 织造设备的工作原理和单轴向 Noobed 织物

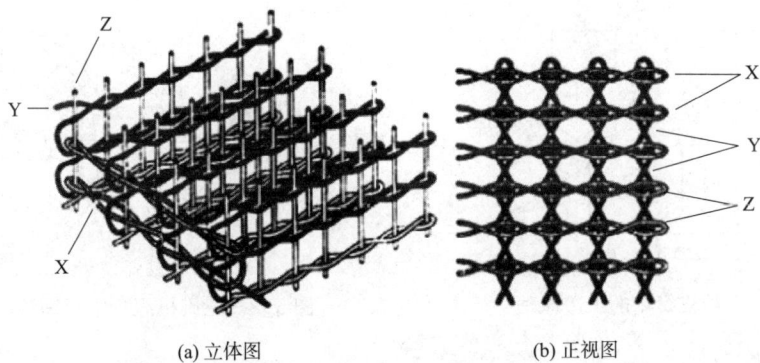

(a) 立体图　　　　　　　　　　(b) 正视图

图 3-5　三维织物结构示意图

　　为使网格状的地经纱 Z 形成纵向和横向的梭口，开口时地经纱 Z 间必须彼此分开。图 3-6 为双向梭口的形成过程。首先地经纱 Z 水平方向分开形成垂直方向的梭口，垂直梭口中引入纵向纬纱 Y 后与地经纱 Z 形成交织；然后，经纱 Z 垂直方向分开形成水平方向的梭口，水平梭口中引入横向纬纱 X 后与地经纱 Z 形成交织。如此交替进行，不断地织成三维织物。

　　（3）圆织法。

　　①三维曲面织物的圆织法。三维曲面织物的圆织机主要由送经和张力控制、提综机、环形箘齿、梭子、举升机、芯模等装置构成。其织造原理如图 3-7 所示。经纱从四周的送经装置上引出，经过综框、环形箘，与纬纱交织形成的圆形织物包卷在位于织机中心的芯模上。环形箘用于控制经密，构成梭道，举升机上升以控制织物纬密。由于梭子做圆周引纬运动，其引纬张力和向心力可自动拉紧纬纱，故没有打纬机构，如图 3-8 所示。

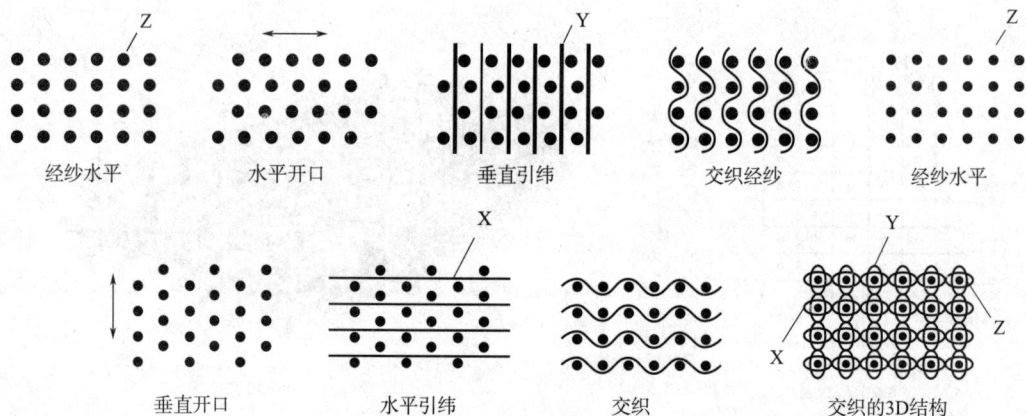

经纱水平　　　水平开口　　　垂直引纬　　　交织经纱　　　经纱水平

垂直开口　　　水平引纬　　　交织　　　交织的3D结构

图 3-6　双向梭口形成过程

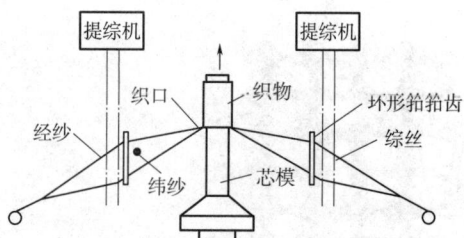

图 3-7　三维机织物的织造原理

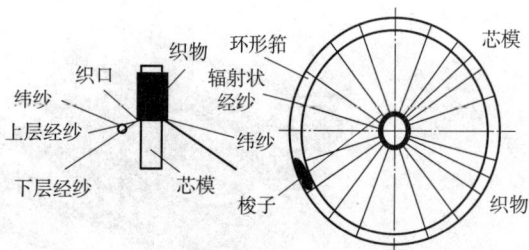

图 3-8　三维机织物中经纬纱的交织

②立体管状织物的圆织法。立体管状织物的圆织法主要用于复合材料立体管状构件的纺织成型方法。这种管状织物织制过程中经纱沿圆周轴向排列，而纬纱则沿圆周方向连续引入梭口，因此在织物中纬纱呈螺旋状分布。

立体管状织物的显著特点是其厚度方向上有用于连接和增强的固结纱，固结纱可以是经纱也可是纬纱。图 3-9 所示为两种立体管状织物的表面组织形态。若用经纱作固结纱，固结经纱也要和普通经纱一样由综框控制开口顺序，且经纱张力也比普通经纱小很多，送经机构也应不同。相对而言，采用纬纱作固结纱，固结纬纱可与普通纬纱一样采用引纬器引纬，极

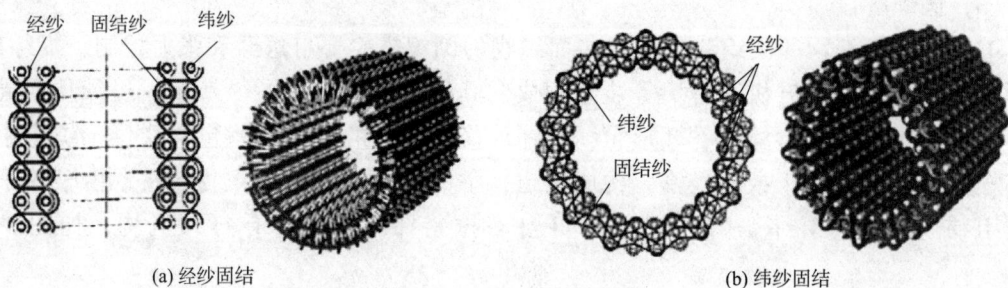

(a) 经纱固结　　　　　　　　　　　　(b) 纬纱固结

图 3-9　两种立体管状织物的结构形态

大地简化了设备结构。故该圆织机采用了固结纬纱织造法。

第二节　针织加工技术

针织是利用织针将纱线弯成线圈，然后将线圈相互串套而成为针织物的一门工艺技术。根据编织时纱线的走向不同分为经编和纬编。经编是一组或几组平行排列的纱线由经向喂入平行排列的工作织针，同时成圈的工艺过程 ［图 3-10 （a）］。纬编是将纱线沿纬向喂入针织机的工作织针，顺序地弯曲成圈并相互穿套而形成针织物的一种工艺 ［图 3-10 （b）］。在纬编中，一根或若干根纱线从纱筒上引出，沿着纬向顺序地垫放在纬编针织机各相应的织针上形成线圈，并在纵向相互串套形成纬编针织物。根据纱线喂入是单向还是双向，纬编又可以分为两种，一种是纱线沿一个方向喂，编织成圈，形成织物的是圆机编织；另一种是纱线沿正、反两个方向变换编织成圈，形成织物的是横机编织。因此，在纬编针织物中一根纱线可以形成一个线圈横列，而在经编针织物中则由很多根纱线形成一个线圈横列。

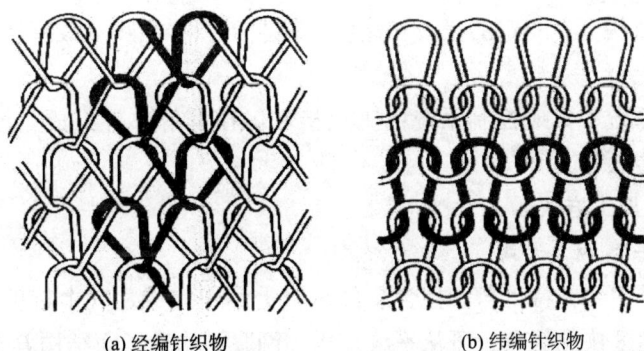

(a) 经编针织物　　　(b) 纬编针织物

图 3-10　经编与纬编针织物

针织物一般具备以下特点：

（1）脱散性。即在针织物中因某根纱线断裂引起线圈与线圈彼此分离和失去串套的性能。纱线的摩擦系数与抗弯刚度越大，线圈长度越短，针织物的脱散性也就越小。

（2）卷边性。即在自由状态下针织物边缘出现包卷的性能。这是由于边缘线圈中弯曲纱线力图伸直所引起的。纱线越粗，弹性越好，线圈长度越短，卷边性也越显著。一般双面针织物，因为在边缘处正反面线圈的内应力大致平衡，所以基本不卷边。

（3）延伸性。即在外力拉伸下针织物尺寸伸长的性能。由于线圈能够改变形状和大小，所以针织物具有较大的延伸性。改变组织结构能减小针织物的延伸性。

（4）弹性。即在外力去除后针织物恢复原来尺寸的能力。它取决于纱线性质、线圈长度和针织物组织。

（5）勾丝和起毛起球。针织物遇到毛糙物体，会被勾出纤维或纱线，抽紧部分线圈，在织物表面形成丝环，叫作勾丝。织物在穿着、洗涤中不断经受摩擦，纱线中的纤维端露出织物表面，形成毛绒，叫作起毛。在以后的穿着中如果毛绒相互纠缠在一起，揉成球粒，叫作起球。除了使用条件外，影响勾丝与起毛起球的因素主要有原料品种、纱线结构、针织物组织以及染整加工等。

一、经编针织加工技术

（一）经编机的一般结构

经编机的主要结构包括以下五部分：

（1）成圈机构。将经纱形成相互串套的线圈而形成经编织物的机构。主要的成圈机件有织针、沉降片及导纱针等。它们从主轴经各自的机构传动，互相配合做成圈运动。

（2）送经机构。送经机构将经轴上的纱线输送给成圈机构进行编织。送经机构通常有两大类：一类是以机械和电气传动装置主动输送经纱的积极式送经机构；另一类是靠经纱编织过程中产生的张力拉动经轴退绕的消极式送经机构。

（3）横移机构。控制导纱梳栉按照组织结构的要求做针前和针后横向垫纱的机构。由于不同经编机所需的起花特性和能力不同，梳栉横移机构有多种类型。

（4）牵拉卷取机构。在一定的张力和速度的控制下，将织物从成圈区域引出，并卷成布卷的机构。

（5）集成控制系统。集成控制系统由工控机和触摸屏等部件组成，控制经编机的送经、横移、成圈和牵拉卷取等运动。

（二）经编产品加工方式

1. 少梳栉经编产品加工方式

少梳栉经编产品主要在特里科和拉舍尔经编机上编织完成。其中特里科经编机具有高机号、梳栉少和编织速度快的特点，可从平纹结构、网眼结构和绒面结构着手，生产各种平纹、网眼、绣纹和毛绒类经编产品。拉舍尔经编机主要生产各类弹性经编织物，梳栉数一般为4把，根据使用的织针动程可分为高速型（短动程）和通用型（中动程）弹性拉舍尔经编机。

2. 贾卡经编产品加工方式

衬纬型贾卡经编机有早先的 RJ4/1 经编机，现在这种类型的贾卡经编机一般不再单独使用。衬纬贾卡原理还应用在 MRPJ 25/1、MRPJ 43/1、MRPJ 73/1、MRPJF 59/1/24 多梳经编机和 RDPJ6/2 双针床贾卡经编机中。RJ4/1 为衬纬型的贾卡经编机，可以利用化纤长丝、涤棉混纺纱等原料，采用提花衬纬工艺，编织具有大提花风格、多种层次厚薄、多种孔眼花型的窗帘、台布、窗罩等室内装饰织物，也可采用偏置技术，使一把贾卡提花梳栉具有两条横移工作线，使用两种不同颜色的提花纱线生产双色提花织物。在卡尔迈耶公司生产的贾卡拉舍尔经编机中，RJ4/1 是最通用、最简单的一种机型，其成圈机件有舌针、栅状脱圈板、握持沉降片、防针舌反拨钢丝、地梳导纱针、贾卡导纱针、移位针，机前配置三把地梳栉，由经轴供纱，其后配置一把贾卡梳栉和相应的移位针床。贾卡梳栉通常作衬纬偏移变化垫纱，因此所构成的织物花纹结构是"纬花"。因各贾卡导纱针按花纹需求垫纱，耗量不一，故用筒子架供纱。此种机器车速较高，结构较简单，价格较低廉，但织物花纹的层次较少、平坦、无立体感。

3. 多梳经编产品加工方式

在拉舍尔经编机上，配置的梳栉数在18把以上的，一般称为多梳拉舍尔经编机，简称多梳经编机，它是经编机中起花能力非常强的一类机器。主要用于生产网眼类提花织物，例如网眼窗帘、网眼台布、弹性和非弹性的网眼服装以及花边织物。多梳与压纱板、多梳与贾卡经编技术的复合代表多梳拉舍尔经编机发展上的一个巨大进步，SU 电子梳栉横移机构、匹艾州（Piezo）贾卡提花系统和新一代钢丝花梳的使用，使得多梳经编技术更趋完善，其产品更加精致和完美。

4. 双针床经编产品加工方式

配置两列相对面又相互平行的针床的经编机，一般称为双针床经编机。它可以在各个针床上单独编织成圈，然后用局部或全部连接的方式生产出具有与单针床不同风格和不同花纹效应的织物，在双针床经编机上生产的主要产品有辛普莱克斯织物、围巾和条带织物、短毛绒织物、长毛绒织物、间隔织物、筒型织物以及成形产品等，这些产品在服装、装饰以及各种产业用方面都有着广泛的应用。

间隔型双针床间隔织物是增大两针床脱圈板间距，最前和最后的几把梳栉分别在前、后针床上编织单片织物，中间的几把梳栉轮流在两针床上垫纱成圈，将两片织物联结成一体，则形成的织物中间夹有连接纱。如果连接纱采用刚性较大的纱线，则可形成具有三维结构的间隔织物（spacer fabric），又称"三明治"织物（sandwich fabric）。间隔织物的间隔距离由两针床脱圈板之间的距离决定，这类机型有 RD4N、RD6N。

由于经编间隔织物具有透气、导湿、缓冲、过滤、抗压和可成形等性能，使得这类织物可以开发出很多新的用途。该类织物设计和编织时易于变换原料、门幅、间隔高度和结构，后加工中可以进行树脂浸渍、涂层、层合等，而且经编工艺的高生产率、优越的劳动条件以及电子计算机起花设备的发展，为经编间隔织物广泛应用提供了优越的条件。现在，经编间隔织物除了常规的服用以外，已经进入了汽车、建筑、航空航天、医疗等诸多特殊领域，新的应用领域也在继续开发之中，经编间隔织物无疑是一种具有广阔发展前景的经编产品。

5. 轴向经编产品加工方式

近年来，随着我国经编工业的迅速发展，许多经编企业引进了大量先进的高档经编机，带全幅衬纬机构的单轴向型、双轴向型和多轴向型经编机便是其中的一类。这类全幅衬纬经编机技术先进、产品独特、产品性能好、附加值高，对提高我国经编工业加工水平、拓宽经编产品用途起到了积极推动作用。全幅衬纬经编机的生产具有工序流程短、效率高、原料适应性广等特点，能使用涤纶、锦纶、棉等常规长丝纤维，也能使用诸如玻璃纤维、碳纤维等特殊纺织材料。

单轴向经编织物是在织物的横向或纵向衬入纱线，按衬入方向分为单向衬经经编织物和单向衬纬经编织物，但通常所指的单轴向经编织物即为单向衬纬经编织物。图 3-11

（a）所示为单向衬纬经编织物的结构，为纬向衬纬的单轴向经编结构，图3-11（b）为实物照片，地组织为编链组织。纱线一律呈纬向排列，采用经编编链组织的结构，把纬纱连结起来。

双轴向织物是指在织物的经向和纬向（或纵向和横向）有相同或相似力学性能的一类织物，如机织物中的$\frac{2}{2}$方平组织。与机织物不同的是，经编双轴向织物有三个系统的纱线，如图3-11（c）所示，即衬经纱、衬纬纱和编织纱。实物图如图3-11（d）所示，衬经纱处于衬纬纱和成圈纱的延展之间，与衬纬纱之间没有交织，能够平行伸直地形成两个纱片层并相互垂直排列，再由第三系统的纱线，即编织纱绑缚在一起。

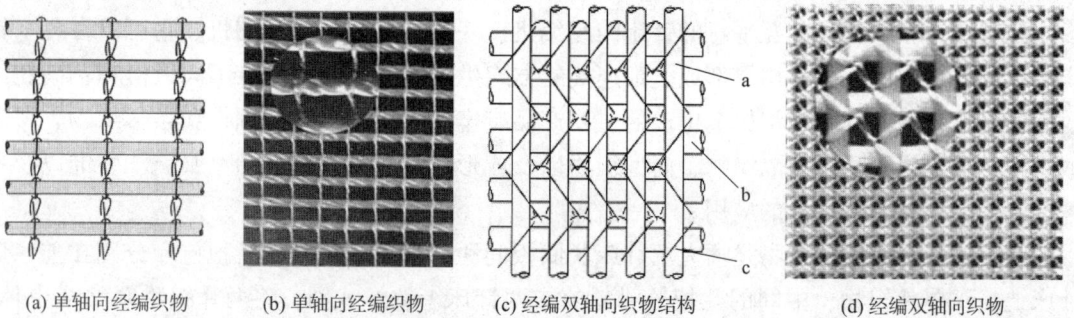

(a) 单轴向经编织物　　(b) 单轴向经编织物　　(c) 经编双轴向织物结构　　(d) 经编双轴向织物

图3-11　单轴向与多轴向经编织物

多轴向经编织物结构如图3-12所示，由纬纱、经纱、两个斜向衬纬的纱线和成圈纱组成。注意它们之间的层次关系，经纱处于最底层，其次是纬纱，然后为两个斜向衬纬的纱线，即自下而上分别为0°/90°/+45°/-45°的纱线。图3-13为带有纤维网的多轴向织物。长纤维增强复合材料越来越多地被用于生产。纱层的整齐排列使多轴向衬入的织物特别适用于塑料增强织物。

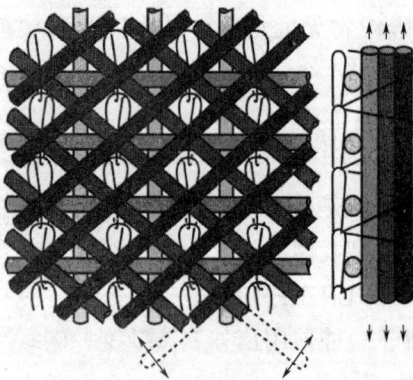

图3-12　多轴向经编织物结构

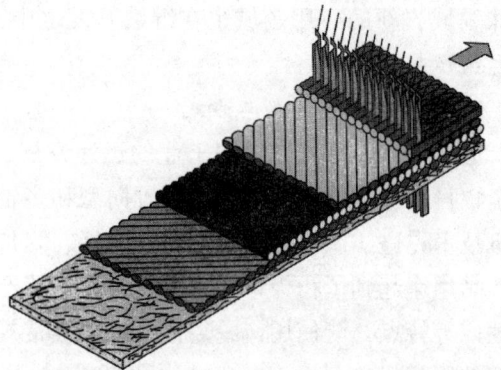

图3-13　带纤维网的多轴向经编织物

二、纬编针织加工技术

（一）纬编机的一般结构

纬编针织机种类与机型很多，一般主要有以下几部分组成：成圈机构、给纱机构、牵拉卷取机构、传动机构、选针机构、辅助装置和电气控制机构等。

（1）成圈机构。成圈机构通过成圈机件的工作将纱线编织成针织物。成圈机构由织针、导纱器、沉降片等成圈机件组成。能独自把喂入的纱线形成线圈而编织成针织物的编织机构单元称为成圈系统。纬编机一般都配置较多的成圈系统，成圈系统数越多，机器一转所编织的横列数越多，生产效率越高。

（2）给纱机构。给纱机构的作用是将纱线从筒子上退解下来，不断地输送到编织区域，使编织能连续进行。纬编机的给纱机构一般有积极式和消极式两种类型。一般均匀吃纱采用积极式给纱，不均匀吃纱采用消极式给纱。目前生产中常采用积极式给纱机构，以固定的速度进行喂纱，控制针织物的线圈长度，使其保持恒定，以提高针织物的质量。

（3）牵拉卷取机构。牵拉卷取机构把刚形成的织物从成圈区域中引出后，绕成一定形状的卷装，以使编织过程能顺利进行。牵拉卷取量的调节对成圈过程和产品质量有很大的影响，为了使织物密度均匀、门幅一致，牵拉和卷取必须连续进行，且张力稳定。此外，卷取坯布时还要求卷装成形良好。

（4）传动机构。传动机构将动力传到针织机的主轴，再由主轴传至各部分，使其协调工作。传动机构要求传动平稳、动力消耗小、便于调节、操作安全方便。

（5）选针机构。根据花纹要求选择织针，使其进行成圈、集圈或浮线编织的机构，亦称提花机构。根据机构的类型和特点，分为机械式选针和电子式选针两类，机械式选针包括提花轮式、滚筒式、插片式、圆齿片式、纹板滚筒式等，电子式选针又分为电磁式和压电式两种。电子式选针机构具有花纹范围大，变换花型方便、省时、省工的特点，在圆纬机上已得到广泛的应用。

（6）辅助装置。辅助装置是为了保证编织正常进行而附加的，包括自动加油装置、除尘清洁装置、漏针与坏针自停装置、粗纱节自停装置、断纱自停装置、张力自停装置等。

（7）电气控制机构。电气控制机构由微型计算机以及高度集成的控制电路组成。它不仅能输入某些工艺参数和生产指令，而且能够显示实时的运转数据和故障原因。先进的电气控制系统具有联网功能，可以远程传输花型控制数据到机器上，且能把生产数据实时地传输到云端服务器供企业生产管理使用。

（二）纬编机的分类

纬编机主要分类方式见表3-1，按针床数可分为单针床纬编机与双针床纬编机；按针床形式可分为平形纬编机与圆形纬编机；按用针类型可分为舌针机、复合针机和钩针机等。

表 3-1　纬编机的分类

纬编针织机	单针床（筒）	平型	钩针	全成形平型针织机
			舌针	手摇横机
		圆型	钩针	台车、吊机
			舌针	多三角机、提花机、毛圈机等
			复合针	复合针圆机
	双针床（筒）	平型	钩针	双针床平型钩针机
			舌针	横机、手摇机、手套机、双反面机
		圆型	舌针	棉毛机、罗纹机、提花机、圆袜机等

在针织行业，一般是根据编织机构的特征和生产织物的类别，将纬编机分为圆纬机、横机两大类。圆纬机根据针筒直径和用途分为大圆机、无缝内衣机和圆袜机。横机根据传动和控制方式的不同可分为手摇横机、机械半自动横机、机械全自动横机和电脑横机等几类。

第三节　编织加工技术

编织工艺叠层速度快并且原料浪费少，是生产复合材料用纤维预制体的最通用、最经济的工艺之一。常规编织可以用现在术语表述为：将三条或更多的线交织在一起以制造具有非正交纤维取向的连续无缝纺织品结构。编织物可以是线性产品（绳索）、弯曲或平面外壳或实心结构，具有恒定或可变的横截面，并且具有闭合或开放的外观。从纯几何的角度来看，编织物可以分为"一维"（1D）和"二维"（2D）。通常，鞋带、绳索或电缆被视为一维编织物，而薄的平板织物或薄壁管被视为二维编织物。编织不同于针织和机织两种经典的纺织工艺，其区别在于：①纺织工业将纱线加工成织物的方法；②由这些方法产生的特定纤维结构。编织和其他织物加工方法的主要区别在于，机织物是由纱线正交交织而成，针织物是由交织纱线形成的，而传统的编织方式则是不带任何环的非正交、多向（通常是两个或三个方向）织物。需要注意的是，三向编织制造的织物仍然可以是一维或二维的。

一、二维编织加工技术

二维编织机原理示意图如图 3-14 所示，二维编织机由携纱器、提取装置、齿轮、编织环等组成，芯模由前后支撑臂固定在编织环中央位置，编织纱线由携纱器引出，一组编织纱线顺时针转动，另一组逆时针转动，两者速度相同，相互交织，在成形环处聚集，缠绕在芯模表面，形成一个封闭的双轴向织物。轴线由后方纱轴引出，通过轴向孔穿到机器前方，同编织纱交织贴附在芯模表面。

二维编织物在厚度方向上没有纤维穿过。二维编织物中，编织纱线与主轴的夹角称为编织角。定义纺织结构的最小重复单元为单胞，编织物的几何结构是由其单胞决定的。二维编织物的性能主要由单胞、编织角以及材料性质所决定。二维编织结构示意图如图 3-15 所示。

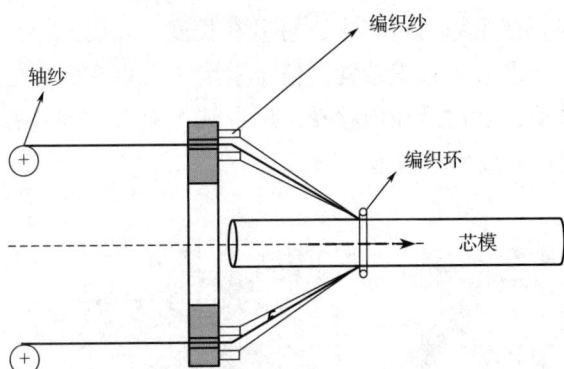

图 3-14　二维编织机原理示意图　　　　图 3-15　二维编织结构示意图

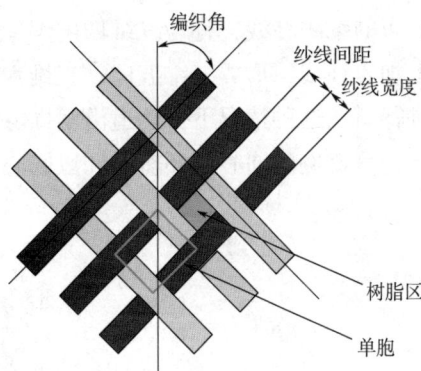

二维编织物可以制成开口或闭合网格结构两种形式。在复合材料固化过程中，由于开口网格结构编织物中间区域被树脂填充，因此开口网格结构编织复合材料的纤维体积含量很低（纤维体积占整个结构体积的百分比），通常低于 35%，因此开口网格编织复合材料的刚度相对较低。开口网格结构一般被用于柔顺结构的场合。编织增强柔性水管和编织医用导管通常使用开口结构的编织物，在这种结构的编织物中，增强体可防止过度塌陷，增加轴向和扭转刚度，但不能防止弯曲。闭合式网状结构编织复合材料由于纱线交织紧密，因此这种结构复合材料的纤维体积含量大于 50%，通常用于航空航天和其他高性能应用的结构材料。

二、三维编织加工技术

三维编织技术是二维编织技术的拓展，主要应用于复合材料增强织物的织造。三维结构编织物与二维结构编织物区别是三维编织物在厚度方向有增强体存在，即纤维在整个厚度方向上取向，二维编织物没有厚度方向增强体。因此，二维和三维编织的定义与实际几何结构无关，但取决于编织结构本身。美国最先致力于多向增强复合材料在航天上的应用研究。20世纪 70 年代初，美国通用电气公司根据常规的编织绳原理发明了万向编织机；20 世纪 70 年代中期，法国欧洲动力公司也发明了类似的编织机；20 世纪 80 年代初，美国 Gumagna 公司发明了磁编技术，自此三维编织技术得到了迅速发展。随着三维编织技术的不断进步，多种编织工艺相继出现。

（一）笛卡尔编织

笛卡尔编织，也称为圆柱编织或行列编织，分为两步法编织、四步法编织和多步编织工艺。

1. 四步法编织工艺

如图 3-16 所示，基本的行列编织过程包括纱线载体组成的四个连续运动。在第一步中，轨道（或列）以交替的方式移动指定的距离（到指定的位置）。在第二步中，列（或轨道）交替移动。第三步和第四步只涉及第一步和第二步的反向移位顺序。在这四个步骤之后，轨道和立柱已经移动到它们的初始位置。用四步法编织工艺制备的预成型体内包含四种空间倾斜分布的编织纱线，称为三维四向编织结构。在编织的过程中，可以在长度、宽度、厚度方向上加入纱线，形成三维五向、三维六向和三维七向编织结构。笛卡尔编织可以在圆形织机上进行。在这种情况下，轨道沿圆周方向移动，立柱沿径向移动。圆形编织轨道排列的方式为半径呈比例的同心圆环轨道和以圆心为端点的放射状轨道。

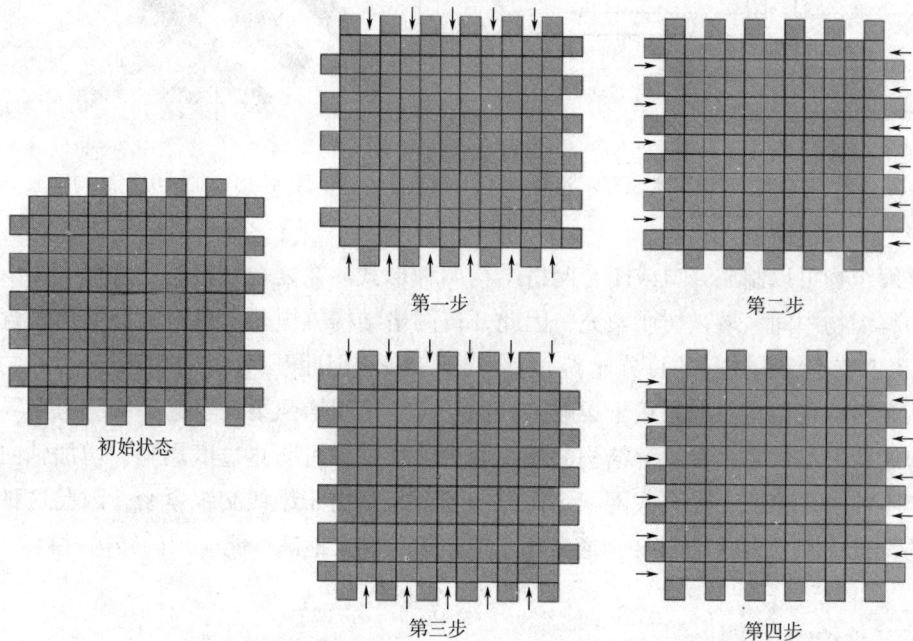

图 3-16　行列四步法编织工艺示意图

2. 二步法编织工艺

与四步法编织工艺相比，二步法编织工艺发明较晚。杜邦公司的 Popper 和 Mc Connell 于 1987 年首先研究了二步法编织工艺。该方法采用两组基本纱线，一组是固定不动的纱，另一组是编织纱线。固定不动的纱线沿立体编织物的成形方向（轴向）在结构中基本呈一条直线，并按其主体编织物的横截面形状分布，而编织纱线以一定的式样在固定不动的纱线之间运动，靠其张力束紧固定不动的纱线，以稳定三维编织物的横截面形状。二步法形成的结构与四步法形成的结构相比，其差别在于该结构对轴向纱线有较大的依赖性。

四步法编织工艺制成的编织物整体结构好。在三维编织过程中，可以通过改变携纱器的排列形状和增减编织纱线的数量，灵活编织出各种形状的预制体；但纱线从内向外往复编织，预制件的外表面受到摩擦或是切割会使结构解体，编织速度较慢，需要复杂的机械装置来实现，执行机构以离散的方式运动。二步法编织工艺需要的编织运动最少，因此结构制造最简单，易于实现自动化，而且该工艺比较适合编织较厚的制件，但其执行机构以间断的离散方式运动。

（二）多层联锁编织

多层联锁编织是 Albany 国际研究协会研制的一种独特的生产三维编织物的方法。主要结构特点是邻近薄层之间相互连接。生产多层联锁编织物用的典型机械装置是相对旋转的四位置角齿轮组成的网格。每当奇数列时，编织机执行机构就横穿相邻的两个薄层，不同于四步法和二步法的来自织物一侧薄层外表面的纱线到达织物另一侧薄层的外表面，而是把两薄层的内侧面连接起来。当织物一个表面受到损伤时，用这种方法制成的织物仍可以保持较大的力学性能，且这种方法的机械运动是平稳和连续的，与四步法和二步法的不连续运动形成了鲜明的对比。Albany 国际研究公司已经制造出多层联锁编织机，能够生产相邻层交织的预制件，与二步法编织工艺、四步法编织工艺相比，多层联锁编织工艺着重于生产复杂的三维预制件，如截面形状为字母"C""I""J""L""Z""X"等形状的三维预制件。

（三）3D 旋转编织

3D 旋转编织源自传统的 2D 圆形编织方案，在该方案中，两组纱线沿着圆形路径在相反的方向上运动。两个纱线组的交织是通过在径向上叠加一个循环运动来实现的，该运动向两个纱线组偏移 180°。圆周运动和叠加的正弦/蛇形运动是通过连续驱动的角齿轮来驱动的，角齿轮使携纱器沿其移动，并通过一个槽口将其传送到下一个角齿轮。这也称为 2D Maypole 编织运动，并且采用相同的方法来开发 3D 编织算法。在 3D 旋转编织机中，在编织机上以特定的行和列配置组装了多个角齿轮单元。为了使携纱器灵活运动，每个角齿轮可以单独被控制。根据角齿轮和槽口设计不同，可以实现携纱器不同的路径设计，从而使在编织机上的携纱器有不同的轨迹。

（四）六角形立体编织工艺

为了满足立体编织物对高纤维填充密度的需求，加拿大英属哥伦比亚大学和德国亚琛工业大学合作开发了一种新型编织方法，即六角形立体编织工艺。有多种动机推动这种 3D 六角形编织机的发展。首先，由于角齿轮的新布置和编织机尺寸的减小可以提高纱架的堆积密度。其次，编织机上的携纱器移动平缓增加，因此这种编织方法可以处理更细的长丝。最后，角齿轮和携纱器的六角形排列可以实现复杂纤维体系的排列。含有六角形角轮的编织底盘在面积相同的情况下，能够比 3D 旋转编织机多容纳约 38% 的携纱器。

第四节　非织造加工技术

根据国标定义（GB/T 5709—1997），非织造定义如下：定向或随机排列的纤维通过摩擦、抱合、黏合或者这些方法的组合而相互结合制成的片状物、纤网或絮垫，不包括纸、机织物、簇绒织物、带有缝编纱线的缝编织物以及湿法缩绒的毡制品。所用纤维可以是天然纤维或化学纤维；可以是短纤维、长丝或直接形成的纤维状物。

非织造材料一般具备以下特点：

（1）介于传统织品、塑料、皮革和纸四大柔性材料之间。不同的加工技术决定了非织造材料的性能，有的非织造材料像传统纺织品，如水刺非造材料有的像纸，又有的像皮革等。

（2）非织造材料的外观、结构多样性。非织造材料采用的原料、加工工艺技术的多样性，决定了非织造材料的外观和结构的多样性。从结构上看，大多数非织造材料以纤网状结构为主，有纤维呈二维排列的单层薄网几何结构，有纤维呈三维排列的网络几何结构，有的是纤维与纤维缠绕而形成的纤维网架结构，有的是纤维与纤维之间在交接点相黏合的结构，有的是由化学黏合剂将纤维交接点予以固定的纤维网架结构，还有的是由纤维集合体形成的几何结构；从外观上看，非织造材料有布状、网状、毡状、纸状等。

（3）非织造材料性能的多样性。由于原料选择的多样性，加工技术的多样性，必然产生非织造材料性能的多样性。有的材料柔性很好，有的很硬；有的材料强度很高，而有的却很低；有的材料很密实，有的松散；有的材料的纤维很粗，而有的却很细。这就是说，可根据非织造材料的用途，进而选择确定相应的工艺技术和纤维原料。

一、三维正交非织造布加工技术

当机织三维织物开发很久并投入生产时，人们又开发出一种正交非织造三维织物，主要用于航天工业作特种复合材料。开发正交非织造三维织物的先驱者是航天公司，诸如通用电气公司和 AVCO。纤维材料公司在此基础上进一步开发了正交非织造织物。法国欧洲动力公司、Borchier 及日本聚合物和纺织品研究所都致力于研究正交三维非织造织物生产工艺的自动化。正交三维非织造技术与三维机织技术不同，正交三维非织造技术是以束纱为材料，通过保持一个恒定的轴线，同时预先放置好纱束或者放置好推动纱束往复运动的隔离棒织制三维织物，束纱正交有多种方法。

（一）传统的三维非织造布织制工艺——置换法

这种工艺的主要原理是，在复数段、复数列预先设置的经纱群各段间插入顶部曲折形成圈状的两根一组的纬纱，此纱圈通过充当边纱的固定纱固定纬纱后，经纱群的各列间插入垂直纱，同样地实行边部固定。以上动作反复进行，经纱、纬纱、垂直纱就形成立体。

（二）管状正交三维非织造布成形工艺

这种工艺是把树脂固化的纤维束纱棒移植到圆筒形与圆锥形的砧辊表面，从纱棒间卷取束纱，纤维按圆周方向、半径方向、长度方向排列，制得圆锥座形织物，国外把这种工艺制得的织物叫三元长丝络纱。根据这几种工艺可获得不同的几何结构预制件。可以是三个方向都为单根束纱组成的矩形和圆柱形，各个方向的纱束可以是多层的，也可以在某一平面内多方面增强。正交三维非织造结构绝大部分是所有方向上的纱线都是刚性纤维棒增强，也有一部分以非直线状形式引入平面纱，蛇行缠绕在其他纱上构成挠性结构或者构成多孔状晶格结构。

二、产业用非织造布设计要求

当选择一种加工方法时，首先要考虑其最终产品的物理和化学性质，而非织造布的物理和化学性质又与所使用的原料密切相关，因此，加工方法必须与所用原料相适应。如果加工方法选择不当，很可能会出现事倍功半的情况。例如，适合短纤的加工工艺与适合长丝的加工工艺在组成上就有很大的差异。短纤非织造布表面会有松散的纤维末端伸出，而长丝非织造布则没有。短纤非织造布通常比长丝非织造布更蓬松、柔软，更容易产生各种各样的表面效应。短纤加工工艺更易于实现纤网内不同种类、不同细度和不同性质纤维的混合。与长丝加工工艺相比，短纤加工工艺在控制上也有更大的灵活性，可以方便地实现启动、变更工艺参数和停车。

（一）成网方法对原料的要求

对于干法和湿法成网加工来说，主要应当考虑纤维的长度、细度、密度、卷曲度、耐热性、导电性、均匀度与影响摩擦和形成静电的表面特性等。不同成网方法对纤维长度有不同要求。例如，梳理成网工艺对纤维长度要求比较宽泛，在 20~150mm 皆可；气流成网工艺则局限于 4~60mm；而湿法成网工艺能加工的最大纤维长度只有 30mm。在成网过程中纤维要经受多次机械力的作用，对梳理成网和气流成网来说尤其如此，因此纤维必须具有一定的强度和伸长。在气流成网和湿法工艺中，纤维密度还会影响纤网的均匀度。

在梳理成网工艺中，纤维细度是反映梳理能力的一个重要指标，梳理机梳理能力主要取决于纤维细度。细度过细的纤维，例如 1.1dtex（1D）以下的纤维，一般难以梳理，这时必须调节梳理环配比以及采用更细更密的针布才能实现正常梳理，否则便缠绕锡林，梳出大量毛粒，致使成网困难。另外，粗且纤维有脱离主锡林与道夫并向梳理区下方聚集的趋势，这种趋势严重时会磨损道夫并引起输出纤网产生破洞。如果纤维细度过细，也易产生堵塞且引起不均匀输出，造成纤网重量不匀和过量毛粒等问题。

（二）加固方法对原料的要求

纤维成网后要经过机械、化学与热黏合三种加固方式中的一种或几种。在机械加固工艺中，主要应当考虑纤维的强度、伸长、表面性状、静电特性等。在化学加固工艺中，应当主要考虑纤维的表面性状、吸湿性、与黏合剂的黏合效果以及烘燥阶段纤维的耐热性等。在热黏合加固工艺中，对作为黏合介质的纤维，主要应当考虑其热熔特性，如热熔温度、熔融范围、时间、热熔后纤维的形态变化等要求；对作为主体结构的纤维，则应当考虑其耐热性、热收缩性、受热后机械特性的变化等。

参考文献

［1］ Behera B K, Hari P K. Woven Textile Structure: Theory and Applications ［M］. Elsevier, 2010.

［2］ Das S, Kandan K, Kazemahvazi S. Compressive response of a 3D non-woven carbon-fibre composite ［J］. International Journal of Solids and Structures, 2018, 136: 137-149.

［3］ Yu B, Bradley R S, Soutis C. 2D and 3D imaging of fatigue failure mechanisms of 3D woven composites ［J］.

Composites Part A：Applied Science and Manufacturing，2015，77：37-49.

［4］胡雨. 三维机织物在多综眼织机上的设计与织造［D］. 武汉：武汉纺织大学，2018.

［5］杨婷婷. 三维筒状织物的织造技术研究［D］. 上海：东华大学，2015.

［6］王美红. 三维机织预型件的织造技术［J］. 产业用纺织品，2013，31（4）：1-9，37.

［7］董卫国，崔俊芳. 三维机织物的织造技术和工艺［C］. //中国复合材料学会. 复合材料：生命、环境与高技术：第十二届全国复合材料学术会议论文集. 中国复合材料学会，2002，4：1053-1056.

［8］严佳，李刚. 医用纺织品的研究进展［J］. 纺织学报，2020，41（9）：191-200.

［9］Li W，Xiong D，Zhao X，et al. Dynamic stab resistance of ultra-high molecular weight polyethylene fabric impregnated with shear thickening fluid［J］. Materials & Design，2016，102：162-167.

［10］陈晓钢. 纺织基防弹防穿刺材料的研究回顾［J］. 纺织学报，2019，40（6）：159-165.

［11］Dong K，Peng X，Zhang J，et al. Temperature-dependent thermal expansion behaviors of carbon fiber/epoxy plain woven composites：Experimental and numerical studies［J］. Composite Structures，2017，176：329-341.

［12］Ferreira L M. Study of the behaviour of non-cromp fabric laminates by 3D finite element models［D］. 2012.

［13］李香林. 大型风电叶片整体成型工艺设计与优化［D］. 武汉：武汉理工大学，2019.

［14］Arold B，Gessler A，Metzner C，et al. 1-Braiding processes for composites manufacture［C］. // Braiding processes for composites manufacture. 2015.

［15］Carey J P，Melenka G W，Hunt A，et al. Advanced Composite Materials for Aerospace Engineering：Braided composites in aerospace engineering［M］. 2016：175-212.

［16］尚自杰，吴晓青，诸利明. 二维编织在复合材料中的应用研究［J］. 天津纺织科技，2016，214（2）：6-7，10.

［17］Sontag T. Advances In3D Textiles：Recent advances in 3D braiding technology［M］. 2015：153-181.

［18］杨超群，王俊勃，李宗迎，等. 三维编织技术发展现状及展望［J］. 棉纺织技术，2014，42（7）：1-5.

［19］Carey J P. Handbook of Advances in Braided Composite Materials：Introduction to braided composites［M］. 2017：1-21.

［20］Kyosev Y. Braiding Technology for Textiles：Introduction：the main types of braided structure using maypole braiding technology［M］. 2015：1-25.

［21］Bogdanovich A E. Advances in Braiding Technology：An overview of three-dimensional braiding technologies［M］. 2016：3-78.

［22］蒋高明. 针织学［M］. 北京：中国纺织出版社，2012.

［23］宋广礼. 电脑横机实用手册［M］. 2版. 北京：中国纺织出版社，2013.

［24］蒋高明. 经编针织物生产技术：经编理论与典型产品［M］. 北京：中国纺织出版社，2010.

［25］宋广礼，杨昆. 针织物组织与产品设计［M］. 3版. 北京：中国纺织出版社，2016.

［26］Senthilkumar P，Damayanthi M，贺春霞. 非织造布生产中的机械固结工艺［J］. 国际纺织导报，2018，46（10）：40-42.

［27］黄景莹. 改性熔喷聚丙烯非织造布的制备和性能研究［D］. 上海：东华大学，2012.

［28］周凤飞. 三维纺织技术发展现状［J］. 产业用纺织品，1996（3）：8-11，3.

［29］陈廷. 非织造布加工方法浅析［J］. 纺织导报，2004（4）：4-7.

第四章　产业用纺织品后加工技术

产业用纺织品在使用功能上比服装、装饰用纺织品有着更高的要求。除需具备良好的机械强度和整体稳定性外，还要求防水、防霉、防腐、阻燃、抗辐射和保温隔热等多种防护功能。但是无论是机织物、针织物、编织物，还是非织造布，单纯的纺织品大多不具备上述功能，需要经过复合、热定形、化学处理、涂层等后加工处理，才能获得产业领域中多种用途所需的使用功能。

以用途为主要依据的产业用纺织品分类中，包含一大类：结构增强用纺织品，即应用于复合材料中作为增强骨架材料的纺织品。聚合物基复合材料制备技术，即纺织品复合技术，是产业用纺织品后加工技术中极其重要的一环。

第一节　复合技术

一、复合材料的定义与分类

所谓复合材料，是指把两种及两种以上宏观上不同的材料，合理地进行复合而制得的一种材料，目的是通过复合来提高单一材料所不能发挥的各种特性。复合材料可以是由一个连续物理相与一个分散相的复合，也可以是两个或多个连续相与一个或多个分散相在两个连续相中复合的材料。因此，复合材料是多相材料，它包括增强相和基体相。

一般来说，复合材料常用的分类方法有以下几种。

（一）按增强材料的形态分类

（1）颗粒增强复合材料。增强材料以粒状、碎片状材料以及其他不规则形状分散于复合材料基体中。

（2）纤维增强复合材料。增强材料以纤维状态分散于基体中，可以有长纤维（连续纤维）复合和短（切断）纤维或晶须状复合两种类别。

（3）织物增强复合材料。以无纬布、二维织物和三维织物作为增强材料与基体复合。

（4）非织造布增强复合材料。增强材料为毡类、纸类、非织造布类等。

（二）按增强纤维种类分类

（1）无机纤维（如玻璃纤维、碳纤维、矿物纤维等）复合材料。

（2）有机纤维（如芳香族聚酰胺纤维、芳香族聚酯纤维、超高分子量聚乙烯纤维等）复合材料。

（3）金属纤维（如钨丝、不锈钢丝等）复合材料。

（4）陶瓷纤维（如氧化铝纤维、碳化硅纤维、硼纤维等）复合材料。

（5）其他，如各种天然植物纤维增强复合材料等。

此外，如果用两种或两种以上纤维增强同一基体制成的复合材料称为混杂纤维复合材料。

（三）按基体材料种类分类

（1）聚合物基复合材料。以有机聚合物（主要为热固性树脂、热塑性树脂及橡胶）为基体制成的复合材料。

（2）金属基复合材料。以金属为基体制成的复合材料，如钢基复合材料、铝基复合材料、钛基复合材料等。

（3）陶瓷基复合材料。以陶瓷材料（也包括玻璃和水泥）为基体制成的复合材料。

（4）碳基复合材料。用易于在高温下烧制成碳质材料的物质为基体，和沥青纤维等复合的材料。

（四）按材料作用分类

（1）结构复合材料。用于制造受力构件的复合材料。

（2）功能复合材料。具有各种特殊性能（如阻尼、导电、导磁、摩擦、屏蔽等）的复合材料。

二、聚合物基复合材料的制造技术

（一）预浸料及其制造方法

预浸料按增强体物理性状可分为单向预浸料和织物预浸料；按宽度分类有宽、窄带（几毫米或几十毫米）预浸料；按增强纤维种类分为碳纤维增强预浸料、玻璃纤维增强预浸料和芳纶增强预浸料等；按基体品种分则有热塑性预浸料和热固性预浸料；按固化温度可分为低温（80℃）、中温（120℃）和高温（180℃）固化预浸料。其中，热塑性预浸料和热固性预浸料是最常用的分类方式，两者性能对比见表4-1。

表4-1　热塑性预浸料和热固性预浸料性能对比

热塑性预浸料	热固性预浸料
室温长期储存	低温储存
没有运输限制	冷藏运输
高黏度（浸渍需高压）	低黏度（易浸渍）
高熔融/固结温度（>300℃）	低温到中温固化温度（<200℃）
能回收重复使用（熔融）	限制的回收利用（焚烧、磨碎）

1. 热固性预浸料制备工艺

按照浸渍树脂状态，热固性纤维增强树脂预浸料的制备工艺分湿法（溶液预浸法）和干法（热熔预浸法）。

湿法也称溶液法，即将树脂溶于一种低沸点的溶剂中，形成一种具有特定浓度的溶液，然后将纤维束或织物按规定速度浸渍树脂溶液，并用刮刀或计量滚筒控制树脂含量，再通过烘箱干燥并使低沸点的溶剂挥发，最后收卷。溶液法又分为滚筒缠绕法（图4-1）和连续浸渍法（图4-2），前者工艺效率低，产品规格受限，目前仅用于教学或新产品开发。连续浸渍法生产效率高、质量稳定性好，更适于大规模生产。

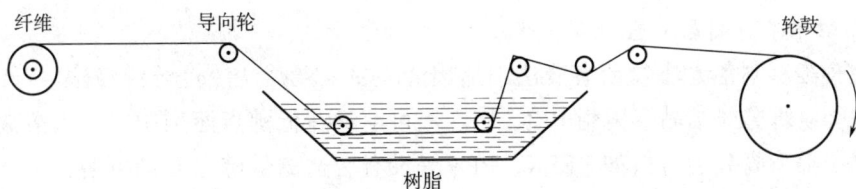

图4-1　滚筒缠绕法工艺示意图

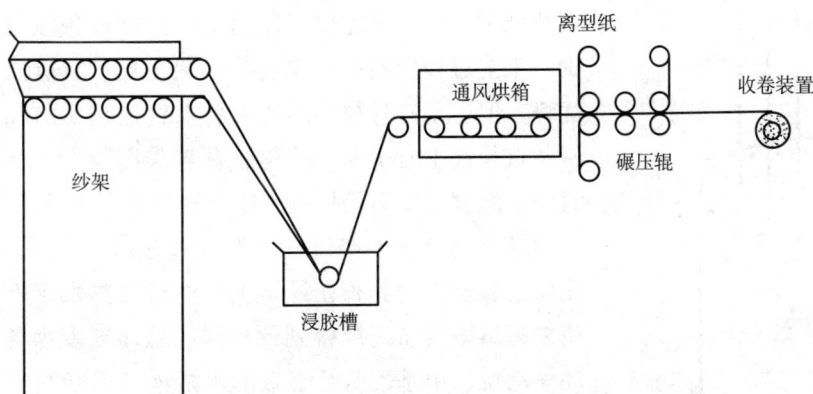

图4-2　连续浸渍法制备预浸料工艺

　　湿法设备简单、操作方便、通用性大，但增强纤维与树脂基体比例难以精确控制，树脂基体材料的均匀分布不易实现，挥发成分含量控制较困难。此外，湿法工艺过程中溶剂挥发会造成环境污染，对人体健康有一定危害，因此在国外已被逐步淘汰。

　　干法工艺是将树脂在高温下熔融，然后通过不同方式浸渍纺织增强体制成预浸料，该方法也称热熔法。按树脂熔融后的加工状态可分为一步法和两步法。一步法是直接将纤维通过含有熔融树脂的胶槽浸胶，然后烘干收卷。两步法又称胶膜法，是先在制膜机上将熔融树脂制成薄膜，然后与纺织增强体叠合经高温处理。为保证预浸料树脂含量的稳定，树脂胶膜与纤维束通常以"三明治"结构叠合，如图4-3所示，在高温下使树脂熔融嵌入纤维中形成预浸料。

　　热熔法的优点是预浸料树脂含量控制精度高，挥发成分少，对环境、人体危害小，制品表面外观好，制成的复合材料孔隙率较低，对胶膜质量控制较方便，可以随时监测树脂凝胶时间、黏性等。但设备复杂、工艺烦琐，要求热固性树脂熔点较低，且在熔融状态下黏度较低，无化学反应，对于厚度

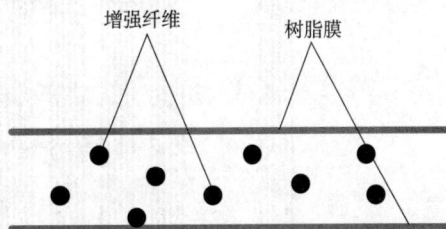

图4-3　纤维与胶膜叠合的"三明治"结构

较大的预浸料，树脂容易浸透不均匀。

溶液法和热熔两步法工艺所制备的预浸料工艺性能相似，但在制品外观和复合材料力学性能方面，热熔法优于溶液法，热熔法复合材料的湿热力学性能优于溶液法复合材料。

2. 热塑性预浸料制备工艺

热塑性预浸料制备方法包括溶液法、热熔法、粉末浸渍法、悬浮浸渍法、纤维混杂法、原位聚合法等。部分非结晶型树脂 PEI、PES 等可溶解在低沸点溶剂中，可用溶液法制备预浸料；但高结晶型高分子材料如 PEEK、PPS 等没有合适的低沸点溶剂可溶，不宜使用溶液法制备。热塑性树脂的热熔法与热固性树脂类似。

粉末法是制备热塑性树脂预浸料比较典型的方法。如图 4-4 所示，它是指将带静电的树脂粉末沉积到被吹散的纤维上，经过高温处理使树脂熔融嵌入纤维中。该工艺能快速连续生产热塑性预浸料，纤维损伤少，工艺过程历时少，聚合物不易分解，具有成本低的潜在优势。但适于这种技术的树脂粉末直径在 $5 \sim 10 \mu m$ 为宜，而制备直径在 $10 \mu m$ 以下的树脂颗粒难度较大，且浸润所需的时间、温度、压力均依赖于粉末直径的大小及其分布状况。

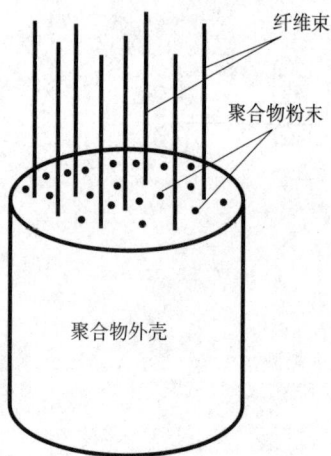

图 4-4　粉末浸渍丝束断面

悬浮预浸法主要过程是纤维通过事先配制好的悬浮液，使树脂粒子均匀分布在纤维上，然后加热烘干悬浮剂，同时使树脂熔融浸渍纤维得到预浸料。悬浮剂多为含有增稠剂聚环氧乙烷、甲基乙基纤维素的水溶液。树脂粉末应尽可能细小，直径最好在 $10 \mu m$ 以下并小于纤维直径，以便均匀分布并使纤维浸透。这种方法生产的片材纤维分布均匀，成型加工时预浸料流动性好，适合制作复杂几何形状和薄壁结构的制品。但与熔融法一样，该法技术难度高，设备投资大。

纤维混杂法是先将热塑性树脂纺成纤维或纤维膜带，再根据含胶量的多少将增强纤维与树脂按一定比例紧密地并合成混合纱，然后将混合纱织制成一定的产品形状，最后通过高温作用使树脂熔融，嵌入纤维中。几种典型的混杂方法如图 4-5 所示。纤维混杂法制备预浸料时树脂含量易于控制，纤维能得到充分浸润，可以直接缠绕成型得到复杂外形的制件。但在树脂浸润过程中，树脂难以实现均匀浸润。此外，制取直径极细（$<10 \mu m$）

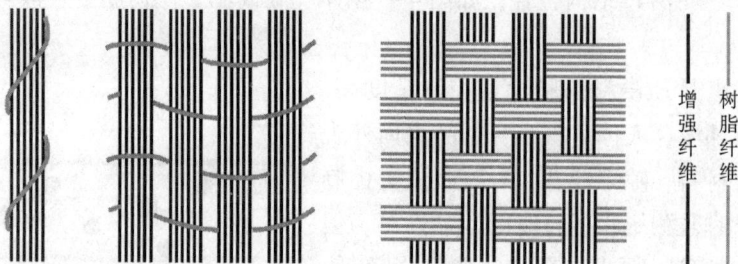

图 4-5　几种混杂纤维形式

的热塑性树脂纤维非常困难，同时织造过程中易造成纤维损伤，因而限制了这一技术的应用。

（二）手糊成型工艺（hand lay-up）

手糊工艺是聚合物基复合材料中最早采用和最简单的方法。其工艺过程是先在模具上涂刷含有固化剂的树脂混合物，再在其上铺贴一层按要求裁剪好的纤维织物，用刷子、压辊或刮刀挤压织物，使其均匀浸胶并排除气泡后，再涂刷树脂混合物和铺贴第二层纤维织物，反复上述过程直至达到所需厚度为止。然后热压或冷压成型，最后得到复合材料制品。其具体工艺流程如图4-6所示。

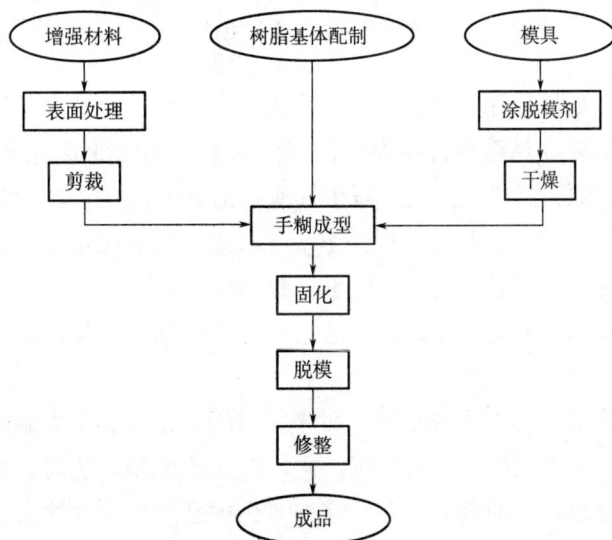

图4-6 手糊成型工艺流程

手糊成型法可制作汽车车体、各种渔船和游艇、储罐、槽体、卫生间、舞台道具、波纹瓦、大口径管件、机身蒙皮、整流罩、火箭外壳、隔音板等复合材料制品。

由聚合物基复合材料手糊成型工艺改进开发出一种半机械化成型技术，叫喷射成型工艺（spray-up）。喷射成型对所用原材料有一定要求，例如，树脂体系的黏度应适中，容易喷射雾化、脱除气泡、润湿纤维以及不带静电等。最常用的树脂是在室温或稍高温度下即可固化的不饱和聚酯等。喷射法使用的模具与手糊法类似，而生产效率却可以提高数倍，劳动强度降低，能够制作大尺寸制品。用该方法虽然可以成型形状比较复杂的制品，但其厚度和纤维含量都较难精确控制，树脂含量一般在60%以上，孔隙率较高，制品强度较低，施工现场污染和浪费较大。利用喷射法可以制作浴盆、汽车壳体、船身、广告模型、舞台道具、储藏箱、建筑构件、机器外罩、容器、安全帽等。

（三）袋压成型工艺（bag-molding）

袋压成型是最早及最广泛用于预浸料成型的工艺之一。将纤维预制件铺放在模具中，盖上柔软的隔离膜，在热压下固化，经过所需的固化周期后，材料形成具有一定结构的构件。

袋压成型可分为三种：真空袋压成型［图4-7（a）］、压力袋压成型［图4-7（b）］和热压罐成型［图4-7（c）］。

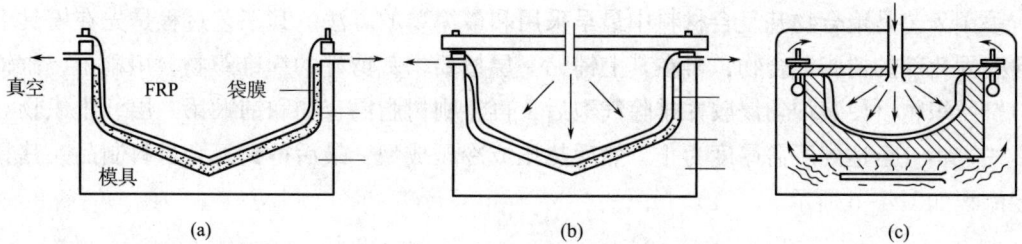

图4-7　袋压成型方法

真空袋压法是在纤维预制件上铺覆柔性橡胶或塑料薄膜，并使其与模具之间形成密闭空间，将组合体放入热压罐或热箱中，在加热的同时对密闭空间抽真空形成负压，进行固化。大气压力的作用可以消除树脂中的空气，减少气泡，排除多余的树脂，使制品表面更加致密。由于真空袋压法产生的压力小，只适于强度和密度受压力影响小的树脂体系如环氧树脂等。对于酚醛树脂等固化时有低分子物质逸出的聚合物基体，利用此方法难以获得结构致密的制品。如果向真空袋内通入压缩空气或氮气等对预制件进行加压固化，则真空袋压法就成为压力袋压法。

热压罐法相当于将真空袋压法的抽气、加热及加压固化放在压力罐中进行。一般热压罐是圆筒形的压力容器，可以产生几个大气压。采用热压罐成型工艺时，加热和加压通常要持续整个固化工艺的全过程，而抽真空是为了除去多余树脂及挥发性物质，只是在某一段时间内才需要。用热压罐法制成的纤维复合材料制品，具有孔隙率低，增强纤维填充量大，致密性好，尺寸稳定、准确，性能优异，适应性强等优点，但该方法也存在生产周期长、效率低、袋材料和设备昂贵、制件尺寸受热压罐体积限制等缺点。因而该法主要用于制造航空航天领域的高性能复合材料结构件。

（四）模压成型工艺（compression molding）

在封闭的模腔内，借助加热和压力固化成型复合材料制品的方法称为模压成型。具体地讲，将定量的片状模塑料（SMC）或颗粒状树脂与纤维增强体的混合物放入敞开的金属模中，闭模后加热使其熔化，并在压力作用下充满模腔，形成与模腔形状相同的模制品，再经加热使树脂进一步发生交联反应而固化，或者冷却使热塑性树脂硬化，脱模后得到复合材料制品。模压成型是广泛使用的对热固性树脂和热塑性树脂都适用的纤维复合材料的成型方法。

用SMC成型制品时，装入模内的SMC由于与模具表面接触加热，黏度迅速减小，在3～7MPa成型压力下就可以平滑地流到模具的各个角落。SMC遇热之后迅速凝胶和固化。依据制品的尺寸和厚度，成型时间从几秒到几分钟不等。SMC模压工艺一般包括在模具上涂脱模剂、SMC剪裁、装料、热固化成型、脱模、修整等几个主要步骤。关键步骤是热压成型，要控制好模压温度、模压压力和模压时间三个工艺参数。SMC 和坯料模压制品性能受纤维类型、含量、分布、长度及树脂类型等因素影响，一般使用碳纤维或环氧树脂的制品性能好，长纤维比短纤维的制品性能好。

（五）树脂传递模塑成型工艺（resin transfer molding）

树脂传递模塑成型（RTM）属于复合材料的液体成型工艺，其基本原理是在设计好的模具中放置经合理设计和制备的预成型增强体，闭合模具后，将所需的树脂注入模具内。当树脂充分浸润纤维增强材料后固化成型，最后脱模获得产品。RTM 成型工艺过程如图 4-8 所示。

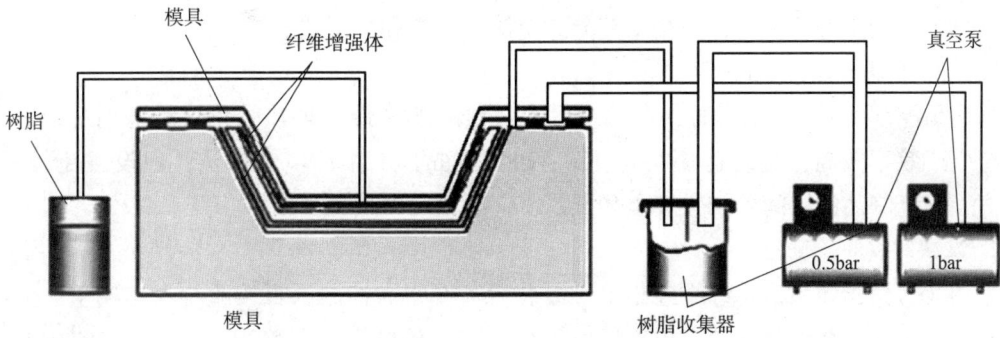

图 4-8　RTM 工艺过程示意图

树脂传递模塑成型工艺分为预制件制造、充模、固化和开模四个过程。预制件的尺寸不应超过模具密封区域以便模具闭合和密封。增强纤维在模腔内的密度需均匀一致，一般是整体织物结构或三维纺织结构以及纤维毡和组合缝纫件等。因此，树脂传递模塑成型是非常适合制备纺织复合材料的工艺之一。在模具闭合锁紧后，在一定条件下将树脂注入模具，树脂在浸渍纤维增强体的同时将空气赶出。注胶过程可对树脂罐施加压缩空气，对模具抽真空以排尽制件内的气泡。在模具充满后，通过加热使树脂发生反应，交联固化。固化通常在一定压力下进行。当固化反应进行完全后，打开模具取出制件，为使制件固化完全可进行后处理。RTM 成型控制的主要工艺参数有注胶压力、注胶速率和注胶温度等。

树脂传递模塑成型工艺是一种应用面很广的复合材料成型技术，它既可以用于大批量工业制品的生产，又可用于航空航天领域的高性能复合材料构件，恰当的设计（包括结构设计和工艺设计）和应用可同时实现制品性能的提高和制造成本的降低。目前 RTM 技术可用于制备航空航天和武器领域结构件、汽车用品、商用建筑的门和框架等建筑行业部件、工业和商业领域结构件、船体船舱等船舶领域制品、体育用品和卡车厢组件等交通运输用品等。

（六）纤维缠绕成型工艺（filament winding）

纤维缠绕成型是在控制纤维张力和预定线型的条件下，将连续的纤维粗纱或布带浸渍树脂胶液后连续地缠绕在相应于制品内腔尺寸的芯模或内衬上，然后在加热或常温下固化成制品的方法，其成型示意图如图 4-9 所示。

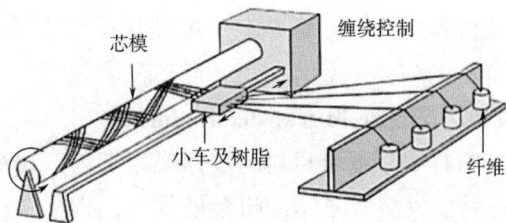

图 4-9　纤维缠绕成型工艺示意图

纤维缠绕成型工艺是一种生产各种尺寸回转体的简单有效的方法。根据缠绕时树脂基体所处的化学物理状态的不同，缠绕工艺分为干法、湿法和半干法三种。

1. 干法缠绕

采用预浸纱（带），缠绕时，在缠绕机上对预浸纱（带）加热软化再缠绕到芯模上。干法缠绕生产效率较高，缠绕速率可达 100～200m/min，工作环境较清洁，但设备比较复杂，造价高，缠绕制品的层间剪切强度也较低。

2. 湿法缠绕

采用液态树脂体系，将纤维经集束、浸胶后，在张力控制下直接缠绕在芯模上，然后再固化成型。湿法缠绕设备比较简单，但由于纱（带）浸胶后立即缠绕，在缠绕过程中对制品含胶量不易控制和检验，同时胶液中的溶剂易残留在制品中形成气泡、孔隙等缺陷，缠绕时纤维张力也不易控制，劳动条件差，劳动强度大，不易实现自动化。

3. 半干法

在纤维浸胶到缠绕至芯模的途中增加一套烘干设备，将纱带胶液中的溶剂基本清除掉。半干法制品的含胶量与湿法一样不易精确控制，但制品中的气泡、孔隙等缺陷大大降低。

相较于其他成型技术，纤维缠绕工艺能保证纤维连续完整，制件线型可按制品受力情况设计，结构效率高，制品强度高；可连续化、机械化生产，生产周期短，劳动强度小，成本较低；同时纤维束之间没有交织，避免了布纹交织点与短切纤维末端的应力集中。

目前，纤维缠绕成型主要用于承受内压和外压的压力容器（如气瓶、鱼雷壳体等）、输送石油、水、天然气和其他流体介质的化工管道，各种以储运酸、碱、盐及油类介质的大型储罐和铁路罐车以及火箭发动机防热壳体、火箭发射管、燃料储箱及锥形雷达罩等军工产品。纤维缠绕成型的发展方向主要是提高缠绕制品竞争能力，扩大应用领域；三通、弯头类管件等非回转体缠绕成型的实用化；热塑性复合材料缠绕成型研究。

（七）拉挤成型工艺（pultrusion）

拉挤成型工艺是将浸渍过树脂胶液的连续纤维束或带状织物在牵引装置作用下通过成型模定性，在模中或固化炉中固化，制成具有特定横截面形状和长度不受限制的复合材料型材的方法。一般情况下，只将预制品在成型模中加热到预固化的程度，最后固化在加热箱中完成，图 4-10 为拉挤成型工艺示意图。

拉挤制品中主要增强材料是玻璃纤维无捻粗纱、连续纤维毡及聚酯纤维毡、碳纤维和芳

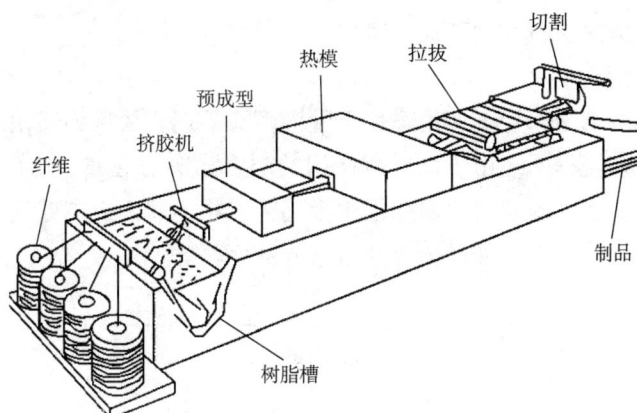

图 4-10　拉挤成型工艺示意图

纶及其混杂纤维。热固性基体和热塑性基体均可用于拉挤成型。热固性树脂，尤其是聚酯树脂和乙烯基树脂应用量广泛，其次是环氧树脂和改性丙烯酸树脂。热塑性复合材料的拉挤已进入实用阶段，主要基体有 ABS、PA、PC、PES、PPS 及 PEEK 等。

拉挤成型是制造高纤维体积含量、高性能低成本复合材料的一种重要方法。拉挤复合材料制品具有高强度、低密度（约为钢的 20%，铝 60%）、便于维修、耐腐蚀、绝缘性好、尺寸精度高、可机械连接等优点。随着拉挤技术的发展，拉挤型材的质量性能有了极大的提高，更大的尺寸结构、更复杂形状的型材都可以被开发出来。因此，拉挤复合材料可以取代金属、塑料、木材、陶瓷等材料，从而在电气绝缘行业、建筑行业、化工防腐行业、交通运输行业、体育用品领域、航空航天等工业领域得到广泛应用。

第二节　涂层技术

纺织品的表面涂层，是在纺织品上覆盖一层高分子物或其他化合物，形成一种纺织品和高分子物的复合制品，即涂层织物。这种制品不仅具有纺织品的原有功能，还增加了覆盖层的功能。作为底布的纺织品，在复合制品中起着骨架作用，为制品保持稳定的形状尺寸，同时提供抗张强度和撕裂强度等力学性能；作为表层的覆盖层，是一种成膜性的高分子涂层剂，它为制品改善表面性能，还为制品提供防护等特殊功能。在涂层织物中用得较多的涂层剂有聚氯乙烯、聚氨酯、聚丙烯酸酯等几种。按不同的涂层剂品种和涂层织物的用途，涂层工艺可分为直接涂层、转移涂层和凝固涂层等。

一、直接涂层

直接涂层是将涂层剂直接覆盖在底布上的一种工艺。涂层剂可以用溶剂型的，也可用乳液型的。直接涂层制成的涂层织物用量较大的有篷盖布、帐篷、软性屋顶、充气罩、防护工作服等。直接涂层工艺由多种单机组成联合机组，根据不同用途选配不同单机进行组合，可分为通用涂层机、泡沫涂层机和地毯涂层机等。

（一）通用直接涂层机

本机组既适用于溶剂型涂层剂，也适用于乳液型涂层剂，故称为通用涂层机。图4-11所示是通用涂层机的工艺流程图。由于该机组使用的刮刀涂头对底布产生的张力较大，涂层量又较薄，组织疏松的织物容易变形，因此很少采用针织物、非织造布或其他稀疏织物作底布，而只适于组织紧密的轻薄织物，如风雨衣和防寒服的面料等。

退卷 → 涂头 → 烘箱 → 冷却 → 卷绕

图4-11　通用涂层机工艺流程

（二）泡沫直接涂层机

图4-12为泡沫直接涂层机的工艺流程图。泡沫涂层机采用火焰直接加热，故不能使用溶剂型涂层剂。底布退绕后喂给涂头进行涂层，涂层剂使用乳液型的聚丙烯酸酯，先由发泡机制成泡沫休，涂头可用带衬刮刀或辊衬刮刀。泡沫涂层织物的涂膜强力低，不耐摩擦，一般限于织物的背面涂层或中间层涂层。

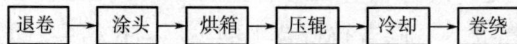

退卷 → 涂头 → 烘箱 → 压辊 → 冷却 → 卷绕

图4-12　泡沫涂层机工艺流程

（三）地毯直接涂层机

图4-13所示为地毯直接涂层的流程图。它适于加工较厚重的织物，如地毯的背面涂层等。底布经退绕后在头道涂头处进行涂层，涂头为单辊式反转辊。先施一层较薄的涂层剂，涂层剂只可使用乳液型。经第一烘箱预烘后，进入二道涂头，二道涂头选用棒状式，经第二烘箱将地毯背面的涂层剂塑化发泡和烘干固化后，由压辊将涂膜轧平，经冷却后在卷绕处成卷。地毯背面涂层需要加大涂层量，要求用较高的固含量涂层剂，这是为了增加地毯的厚度和弹性，提高行走时的舒适性。

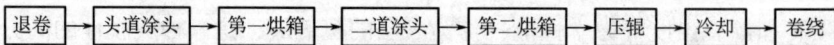

退卷 → 头道涂头 → 第一烘箱 → 二道涂头 → 第二烘箱 → 压辊 → 冷却 → 卷绕

图4-13　地毯涂层机工艺流程

二、转移涂层

转移涂层是由涂头先将涂层剂涂在片状的载体上，使它形成均匀的薄膜，再在薄膜表面涂上黏结剂，然后将附有黏结剂的薄膜和底布叠合，经过塑化发泡和焙烘固化后，将载体剥离，涂层剂薄膜（含黏合剂）便从载体上转移到底布上。

转移涂层和直接涂层的主要区别在于：前者是先由涂头将涂层剂涂到载体上形成薄膜，再将薄膜和载体分离并转移到底布上；后者是由涂头直接将涂层剂涂到底布上。转移涂层工艺主要用作聚氯乙烯人造革和聚氨酯人造革的制造。根据所用的载体不同，它可分为钢带和离型纸（又称转移纸）两种方法。

三、凝固涂层

凝固涂层不同于直接涂层和转移涂层，其最大的区别在于凝固涂层不是采用烘箱成膜而是在凝固浴中进行成膜的。凝固涂层采用单组分聚氨酯作为涂层剂，先将涂层剂在二甲基甲酰胺 DMF 的溶剂中溶解，并涂在底布上，浸入水中，让水置换 DMF，促进聚氨酯凝固成膜。图 4-14 是凝固涂层的工艺流程。底布退卷后浸入浸轧槽施加涂层剂，涂头采用浸渍辊式，使底布充分浸透，在浸轧槽出口处有清理刀刮去多余的涂层剂。涂有涂层剂的底布在凝固槽需要保持一定的时间，使之凝固成膜。此时，聚氨酯膜虽已基本凝固，但需用水将膜内残留的 DMF 萃取干净，水洗后的涂层织物采用热风烘干，然后卷绕成卷。由单组分的热塑性聚氨酯通过凝固浴生成的涂膜呈多孔性结构，性能优异，是一种高档涂层织物。当底布采用非织造布时，它起到类似天然皮革的中间层和低层的作用，即纤维缠结松散呈网状组织。所以这种涂层织物的弹性、柔软性和悬垂性等感官性能，都可与天然皮革媲美。

退卷 → 浸轧 → 凝固浴 → 水洗 → 卷绕

图 4-14　凝固涂层工艺流程

第三节　层压技术

层压就是把片状材料一层一层地叠合在一起，通过加压黏合成为一个整体。层压织物就是将一层或一层以上的织物（或非织造布）与高聚物黏结在一起，或将织物与其他软片材料黏结在一起，形成兼有多种功能的复合制品。层压织物又称复合织物、黏合织物或叠层织物。

层压织物和涂层织物有许多相似之处，如它们都是由高聚物成膜后与织物相互黏结成的一种物体；但也有许多不同之处，如涂层织物只是在底布表面直接覆盖一层高聚物薄膜，但层压织物则是先把高聚物压成膜片，再与底布叠合黏结成一个整体，也有采用两片涂层织物通过叠合机而使之黏结成一个整体成为层压织物的。在层压织物中，每层材料是相互独立的，不必考虑材料的相容性。层压织物的制造方法有黏合剂法、热熔法、压延法和焰熔法等。

一、黏合剂法

作为最早使用的层压技术，黏合剂法是制造层压织物的基本工艺。黏合剂种类很多，有溶剂型黏合剂、乳液型黏合剂、干膜黏合剂和粉末黏合剂等。溶剂型黏合剂和乳液型黏合剂

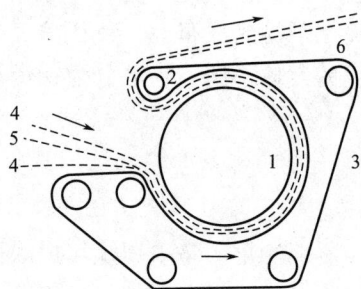

图 4-15　层压机示意图
1—层压辊　2—加压辊　3—无接头毛毯
4—底布　5—热塑性薄膜　6—层压成品

涂头可用刮刀、反转辊和圆网等。干膜黏合剂是一种热熔性干膜，其加工方法简单，只要把干膜、底布和面料叠合在一起，加压加热，熔融干膜，便可制成层压织物。其主要设备为层压机，如图 4-15 所示。这种工艺避免了有机溶剂、水和火焰带来的一系列问题，当加工稀疏织物时，不用担心溶剂的渗透。粉末黏合剂层压工艺与干膜黏合剂相同，不需要水、火焰和有机溶剂，只需在层压机前添加一个撒粉装置即可。因粉末价格比干膜低很多，在现代化的层压设备中使用粉末黏合剂的较多。如汽车的内装饰物和内壁，要求隔热、隔音和较好的弹性，它们多采用粉末黏合聚氨酯泡沫塑料及其面料的层压织物。

二、热熔法

将热塑性树脂经熔体辊压机热熔后压成膜片，趁热直接与织物叠合便能制成层压织物。在这里，膜片既是层压织物的一个组分，又兼有黏合剂的作用。这种方法被称为热熔法。

图 4-16 所示为三辊式熔体辊压机示意图。实际上，它是一种简化的压延机。将热塑性聚氨酯粒料在 1 与 2 和 2 与 3 处熔化并压成膜片，在 3 与 4 处与底布叠合，经轧光和冷却后制成的层压织物被卷绕成卷。采用此法制造层压织物的涂量较厚，如以高强度的合纤为底布，则可获得非常坚韧的产品，适宜用作工业用织物，如浮动水坝、海面油污隔离浮障以及可折叠的油槽等。

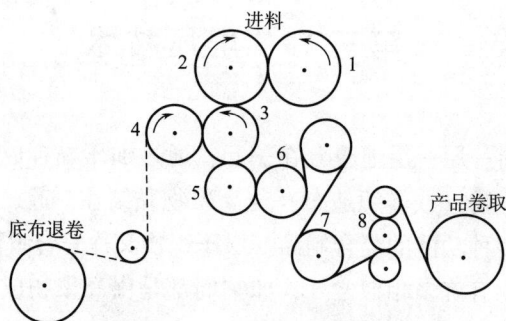

图 4-16　三辊式熔体辊压机示意图
1，3—活动熔体辊　2—固定熔体辊　4—底布预热辊　5—卷取辊　6—压光辊或压纹辊
7—冷却辊　8—分切辊

三、压延法

压延法可制造层压人造革，它是先将聚氯乙烯或聚氨酯树脂用压延机压成膜片，然后将膜片和底布在压延机的压辊或叠合辊之间进行叠合黏结而成。采用转移涂层工艺也可生产聚

氯乙烯和聚氨酯的涂层人造革，但采用压延法制造层压人造革的成本低、产量大，现已成为人造革生产的主要工艺。

图4-17所示为四辊式压延机的示意图。图中1、2、3和4为压延辊，5和6为叠合辊。底布和膜片在压辊3和压辊4间叠合的方法称为擦胶法。其压力大，树脂胶液渗透到底布内部多，产品手感较硬。底布和膜片在压辊4和叠合辊5之间叠合的方法称为内贴法。其压力小，需预先在底布上涂一层黏结胶。叠合辊完全脱离压延机主机时，称外贴法。它因叠合时膜片温度低，可以延长叠合辊的使用寿命，但在叠合前底布也需预先涂一层黏结胶。压延机制造人造革时，如果和转移涂层工艺中的叠合机配合使用，则可在压延机上将树脂压成两片膜片，再将膜片在叠合机上和涂有黏合胶的底布叠合，制成膜—布—膜的层压织物。这种织物多在箱包、鞋和家具面料中使用。

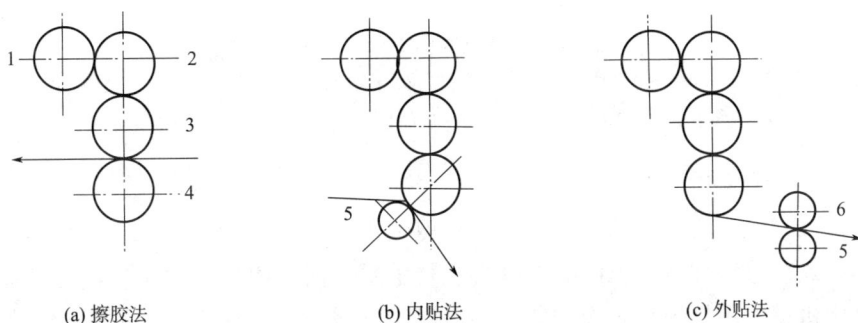

(a) 擦胶法　　(b) 内贴法　　(c) 外贴法

图4-17　四辊式压延机示意图

四、焰熔法

将聚氨酯泡沫体薄膜在高温火焰中掠过，膜片表面将发生熔融并发黏，此时，若迅速将底布与之叠合、加压和冷却，即可制成熔融层压织物。如图4-18所示，先将泡沫体薄膜经导辊进入第一压辊且在第一个火焰口被加热，在第1轧辊和第2轧辊间喂入衬里底布，接着在第二个火焰口被加热，然后又在第2和第3压辊间喂入面料底布，使膜片和底布经压辊加压后叠合在一起，制成双面层压织物，再经导辊卷绕成卷。焰熔层压织物具有轻便、保暖和透气性好等优点，被大量用于旅游鞋、拖鞋和保暖鞋。焰熔层压织物还具有隔音、隔热和弹性好等优点，曾被大量用作汽车内饰织物，但因用粉末黏合剂法制成的层压织物同样具有隔音、隔热和弹性好等优点，而且粉末黏合剂法成本低，加工时又不需要水、火焰和有机溶剂，因此熔焰法在生产汽车内饰的层压织物时有被粉末黏合法取代的可能。不过，粉末黏合法不能生产双面层压织物，其产品也有一定局限性。

五、其他方法

除复合技术、涂层技术、层压技术三大类主流工艺外，产业用纺织品后加工技术还包括以轧光、起毛、剪毛为主的机械处理技术、热定型技术和化学处理技术等。经过这些特殊工艺的处理，织物表面粗糙度、光泽、透气性、手感等会发生极大变化，以满足多种产业化纺织品所需的使用功能。

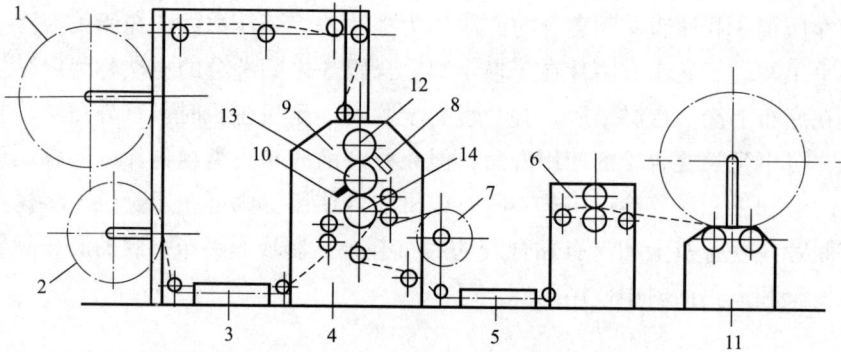

图4-18　双面焰熔层压机示意图

1—泡沫薄片卷　2—表层布　3—操作台　4—冷却装置　5—操作台　6—切边装置　7—里层布　8—第一火口

9—火焰复合机　10—第二火口　11—成品卷　12, 13, 14—第1, 2, 3压辊

（一）机械处理技术

机械处理技术包括轧光工艺、起毛工艺和剪毛工艺等。经轧光工艺处理后，织物表面更光滑、光泽更好，透气性减小，同时会改善织物手感，使纱线变得扁平，获得类似真丝的光泽。起毛是用机械作用将织物表面均匀拉出一层绒毛或长毛，使织物松厚柔软、保暖、耐磨性增强，织纹隐蔽，花型柔和优美。起毛在粗纺毛织物整理中是一道非常重要的工序。

（二）热定形技术

热定形技术是指利用热量消除织物纤维在拉伸过程中产生的内应力，使大分子发生一定程度的松弛，使编织纤维的形状固定成形。

（三）化学处理技术

化学处理指对织物用化学整理来改善它的性质，如柔软、硬挺、阻燃、防火以及合纤织物（包括混纺织物）的抗静电、易去污、防熔融等。

参考文献

［1］黄丽. 聚合物复合材料［M］. 北京：中国轻工业出版社，2001.

［2］常处辛. 热熔法预浸料制备设备及其关键技术的研究［D］. 武汉：武汉理工大学，2012.

［3］蔡浩鹏，王钧，段华军. 热塑性复合材料制备工艺概述［J］. 玻璃钢/复合材料，2003（2）：51-53.

［4］刘宝锋，李佩兰，廖子龙. 两种预浸工艺对玻璃布预浸料性能的影响［J］. 热固性树脂，2006，21（4）：18-20.

［5］过梅丽，杨桦. 预浸料制备方法影响复合材料湿热稳定性的原因分析［J］. 航空学报，2000，21（Z1）：81-84.

［6］Sala G，CutoloDJCPAAe. Heated chamber winding of thermoplastic powder-impregnated composites：Part 2.

Influence of degree of impregnation on mechanical properties［J］. Composites Part A：Applied Science and Manufacturing，1996，27（5）：393-399.

［7］Ramasamy A，Wang Y，Muzzy J. Braided thermoplastic composites from powder-coated towpregs. Part Ⅱ：Braiding characteristics of towpregs［J］. Polymer Composites，1996，17（3）：505-514.

［8］王振林，孙浩，何芳，等. 纤维增强树脂基复合材料制造技术研究进展［J］. 化学与粘合，2020，42（5）：377-382.

［9］孟晓，王永宽，陈韶娟，等. 基于磁控溅射技术的功能性纺织品的制备和性能［J］. 染整技术，2019，41（12）：10-12，6.

第五章　土工用纺织品

土工用纺织品是产业用纺织品的重要品种。土工布（又称土工纤维制品、土工织物和土工材料）一词最早由 J. P. Giroud 与 J. Perfetti 于 1977 年首次提出，是一种以高分子聚合物为原材料，可以是天然纤维也可以是化学纤维，经机织、编织、非织造等工艺制成，用于土木工程中的纺织品。美国材料与试验协会（ASTM）对土工用纺织品的定义为"一切和地基、土壤、岩石和其他土建材料一起使用，并作为人造工程、结构、系统的组成部分的纺织物"。土工用纺织品在水利、电力、铁路、公路、海港、机场、围垦、环保、军事等现代土木工程领域发挥着越来越重要的作用，将土工用纺织品与其他材料复合形成的土工合成材料已被称作与钢材、水泥、木材齐名的"第四种工程材料"。本章将从土工用纺织品的分类、性能要求、应用实例和发展趋势四个方面展开。

第一节　土工用纺织品的分类

土工用纺织品的分类方法有很多，一般来说可以有以下几种分类方法。

一、按原料分类

结合纤维的分类方法，根据土工用纺织品所使用纤维种类的不同，可以将土工用纺织品分为天然纤维土工布和合成纤维土工布。

（一）天然纤维土工布

土工用纺织品中常用的天然纤维主要是纤维素纤维，包括棉纤维、麻类纤维或椰子皮纤维等。棉纤维土工布可以浇筑沥青后用于公路加固，麻类土工布可以被用于机场跑道加固或斜坡植被保护等。但是纤维素纤维由于在使用过程中易吸湿腐烂、强力差，使用寿命不长，目前已较少使用。

（二）合成纤维土工布

合成纤维土工布是目前土工用纺织品中的主流产品，所使用的纤维品种包括但不限于涤纶、丙纶、锦纶、维纶、乙纶、玄武岩纤维等，可以是纤维也可以是塑料扁丝或膜裂丝。其中最常用的纤维品种是丙纶、涤纶和乙纶。

丙纶的基本组分是等规聚丙烯（PP），其吸湿性和密度都是常见化学纤维中最小的，其密度只有 0.91g/cm^3，回潮率为 0.03%。丙纶中不包含任何极性基团或反应性官能团，因此常温下具有优良的耐化学腐蚀性、电绝缘性、隔热性和耐虫蛀性等。但丙纶的耐光性较差，对波长为 $300\sim360\text{nm}$ 的紫外线尤其敏感，因此丙纶土工用纺织品的使用环境要尽量避光，在水利、危废填埋场、尾矿库、机场、高铁等工程建设中有着不可替代的作用。

涤纶是目前产量最大、应用最广泛的一种合成纤维。密度为 $1.38\sim1.40\mathrm{g/cm^3}$，由于其大分子链上酯基的存在，耐碱性略差，耐其他化学试剂性能较优良。涤纶强度高、模量高、弹性好、保形性和尺寸稳定性优良。土工用涤纶制品具有较大的延伸率，能够适应较大变形，广泛应用于土工坝的排水系统、地下排水管道、软弱地基加固、堤岸护坡垫肩等工程的滤层。此外，涤纶土工布还可以用于土加筋材料，使软基加固或修筑轻型挡土墙。

聚乙烯纤维是烯烃类热塑性材料，在土工用纺织品使用过程中，以塑料土工格栅的形式居多。它是将聚乙烯高聚物经有规律地刺孔、加热，然后在一个方向拉伸，使高聚物中大分子链沿拉伸方向取向，得到单轴向格栅；还可以在另一个方向拉伸，得到双轴向土工格栅。土工格栅主要应用于软土基础加固及护坡、护堤等工程中。

二、按形状分类

土工纺织品根据形状可以分为平面状、管状、袋状、格栅状、绳索状和其他异形土工布。平面土工纺织品主要用于地基加固材料、斜坡保护材料、排水反滤材料、界面分离材料、防渗材料等；袋状土工纺织品主要用于排水和反滤材料，用于填充石块、混凝土或沙土，在堤坝保护或混凝土中以模块形式制成各种形状；格栅状土工纺织品主要用于坡面保护或风沙治理等领域；绳索状土工纺织品主要用于立式排水材料和各种紧固用材料；异形土工纺织品主要是塑料芯排水板，是由塑料芯板和外包的透水滤布构成，芯板可以有格栅状、瓦楞状、城墙状、多十字形、丁字形等。

三、按加工方法分类

土工用纺织品根据加工方法可以分为机织、编织、非织和复合型土工用纺织品。

（一）机织土工用纺织品

土工用纺织品常采用平纹及其变化组织，以保证经纬向性能接近，常用的组织结构形式如图 5-1 所示。机织土工纺织品的拉伸强度和模量较大，断裂伸长较小，具有较好的应力—应变关系。但机织土工纺织品的偏轴向拉伸强力较低，而且由于结构相对较松散，防顶防刺性能较差，内部纱线滑移还容易造成孔径大小发生改变，影响其过滤和隔离等作用。另外，机织土工纺织品的加工流程长、生产工艺复杂、产量低、成本高。目前常用的品种主要包括

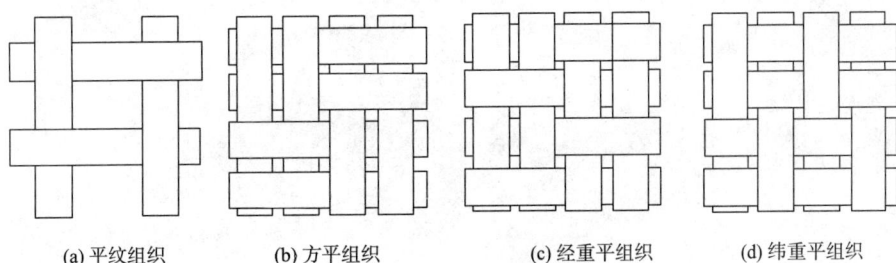

(a) 平纹组织　　(b) 方平组织　　(c) 经重平组织　　(d) 纬重平组织

图 5-1　常用的机织土工织物组织结构示意图

单层机织土工布（也称土工反滤布）、双层机织土工布（也称土工模袋布）及机织防渗布（两布一膜和一布一膜）。

（二）编织土工用纺织品

编织土工用纺织品主要采用经编技术。经编土工用纺织品具有强度高、结构设计性强的特点，虽然应用历史较其他土工材料晚将近 20 年，但近年来其应用领域和市场份额日渐扩大。经编土工用纺织品主要有经编轴向土工布、经编间隔土工布、经编和非织造复合土工布三类。经编轴向织物是一种新型的定向结构织物，在第三章已经介绍过。经编间隔织物一般是在双针床拉舍尔经编机上生产的，通过间隔纱系统将上下表层的织物连接起来形成具有三维结构的整体织物。经编间隔织物特殊的空间结构同样赋予了其许多特殊的性能，从而能够应用于诸多领域。尤其作为土工材料应用，在过滤和排水领域具有独特的优势。图 5-2 为经编间隔织物结构示意图。

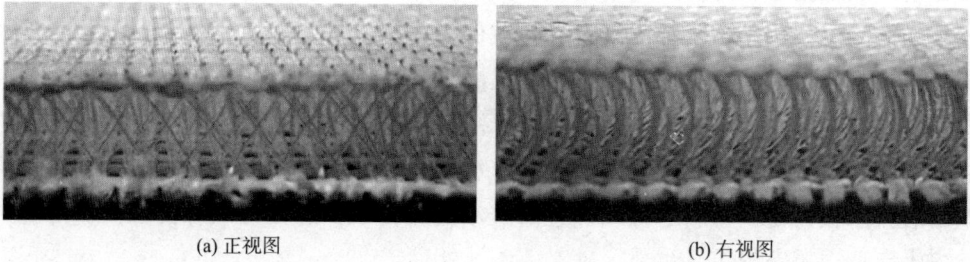

(a) 正视图　　　　　　　　　　　　(b) 右视图

图 5-2　经编间隔织物结构示意图

目前，德国利巴公司生产的多轴向经编机可综合非织造纤维网的制造特点和双轴向或多轴向经编织物制造特点生产经编/非织造复合织物。图 5-3 为 TenCate 公司的经编/非织造复合土工布。非织造土工布虽然应用很广泛，但其强度、耐久性及尺寸稳定性相对较差。采用具有高强度、织物尺寸稳定性好的经编轴向织物与其复合，可以在很大程度上提高非织造布的强度和模量，同时复合后的织物能够充分发挥两种织物结构的优势。在编织过程中同时喂

图 5-3　TenCate 公司的经编/非织造复合土工布

入非织造布，带尖头的复合针可以将其穿透。有研究显示，以碳纤维为衬经纱系统、复合轻质玻璃纤维非织造布的经编单轴向复合织物可利用衬纱90%以上的强度，而相同条件下的平纹机织物强度利用率只有70%左右。轻质的玻璃纤维非织造布主要起两个作用，一个是用来保护衬经纱，因为在使用过程中碳纤维衬经纱容易受到磨损，使强力减小；另一个作用是增加织物与混凝土的接触面积，使界面强度得到提高。经平捆绑系统通过把衬纱和非织造布捆绑到一起，达到增强效果。复合土工织物拥有良好的机械强度、渗透性、尺寸稳定性，且对外界传来的压力有很好的吸收作用。

（三）非织造土工用纺织品

非织造土工用纺织品常采用纺粘、针刺和热熔黏合等工艺加工而成。非织造土工布是主要的土工合成材料之一，具有良好的力学性能、水力学性能、耐久性等优点，能够起到过滤、排水、隔离、加筋、保护土工膜的作用，在各类岩土工程、水利工程和市政建设等领域得到了广泛应用。在我国，非织造土工布虽然起步较晚，但发展非常迅速，在工程材料中占据重要地位。与传统纺织结构相比，具有生产效率高、适用原料广、价格低廉等优势，但同时强度和耐久性较差，纤维按一定方向排列，容易沿直角方向开裂。

（四）复合土工用纺织品

在实际工程应用时，单一类型的产品很难满足工程需求，需要将两种或两种以上不同功能、不同类型的土工产品以一定形式（针刺、黏合或缝合等）结合起来制成复合土工布，常用的类型包括复合土工布、复合土工膜和复合排水材料等。复合土工布一般是由两种相同的或不同的织物，如机织物、经编织物和非织造布等，经过针刺、黏合或缝合工艺复合而成；复合土工膜主要由织物与土工膜经过压制或涂抹等工艺复合而成，可以增加非织造布的强力和模量，还可以起到排水和排气的作用；复合排水材料主要是由织物与排水板或网孔管复合而成，能够迅速将土壤中的渗水收集到管内，然后顺着板材或管材排出材料外。

第二节　土工用纺织品的性能与功能要求

一、土工用纺织品的性能要求

（一）土工布的性能要求

1. 物理性能

（1）各向同性。各向的强度、刚度、弹性等要求基本相同。

（2）均质性。厚度及单位面积重量等要求均匀。

（3）稳定性。要求耐土壤地基中的有机物、耐酸碱腐蚀、耐一定温度变化、耐生物性等。

2. 力学性能

强伸性、弹性和疲劳性能是力学性能中最重要的。具有一定的强伸性能能够保证土工布的承载能力；具有一定的弹性使土工布能够更好地适应各种地形环境；良好的耐疲劳性能使土工布具有一定的服役时长，延长工程的维修周期。另外，考虑到土工布在使用过程中还不可避免地受到尖锐的砂砾和岩石的局部集中应力，因此还应具有一定防顶、防刺、防撕的承载能力。

3. 水力性能

土工布中纤维间形成的孔隙和土工布的厚度对土工布的排水和过滤效能具有较大的影响。土工布既要能够保证水分顺利通过又能不使土壤过多损失，同时还要在一定负荷作用下保持孔隙尺寸和整体尺寸的相对稳定。

（二）经编土工格栅的性能要求

1. 物理性能

土工格栅的网格尺寸与使用环境密切相关。当土层中夹杂的石料较大时，应使用网格尺寸大的格栅，石料尺寸较小时，应该使用网格尺寸小的格栅，以利于卡固石料，发挥格栅对土基的加固作用。

2. 力学性能

（1）拉伸性能。由于经编土工格栅中的增强纱线完全伸直排列，可以最大程度利用组分纱线的强度，避免机织结构中经纬纱波浪形的屈曲对拉伸强度和延伸性能的影响。经沥青涂层的玻璃纤维经编土工格栅的拉伸性能得到较大提高，经向和纬向的断裂强度较涂层前得到明显提高，断裂伸长率明显减小，模量明显增加，克服了格栅结构的易滑移性，防止玻璃纤维在使用过程中发生钩丝，有利于实际施工应用。

（2）撕裂性能。经编土工格栅由于其结构上的特殊性，纬向格肋有一定的滑移性但结构不松散，因此，撕裂时不像经纬交织的机织物那样纱线依次断裂，而是形成纱线聚集，有效阻止撕裂破坏的扩展，因此具有较好的抗撕裂性能，出现的小裂口在持续扩展过程也越来越大。

二、土工用纺织品的功能要求

土工用纺织品是一种兼具各种功能的材料，由于其独特的结构特征，在实际应用过程中一般可以划分为加固、过滤和排水、隔离、防渗、防护、防蚀、容装成形等几种主要功能。

（一）加固作用

土工用纺织品的加固作用也称为增强作用，是指在施工过程中可以利用土工用纺织品与土壤间的相互作用，提高或改善土壤层的承载能力，有效防止土体在承载过程中发生剪切破坏，出现大面积滑坡等破坏形式。图5-4为国际土工合成材料学会理事、土耳其海峡大学教授ErolGuler在2019年12月的第二届亚欧土工论坛上所做的题为《土工合成材料应用创新解决方案》主题报告中给出的土工用纺织品作为增强体或加固体的典型案例。除此之外，土工用纺织品还可以在提高路基地基的承载力、减少砂石路和公路的车辙、减少沥青路基裂纹、提高坡面稳定性和建造加筋挡土墙体等方面发挥增强或加固作用。

（二）过滤和排水作用

土工用纺织品的过滤作用和排水作用总是密不可分的。图5-5为过滤作用和排水作用的

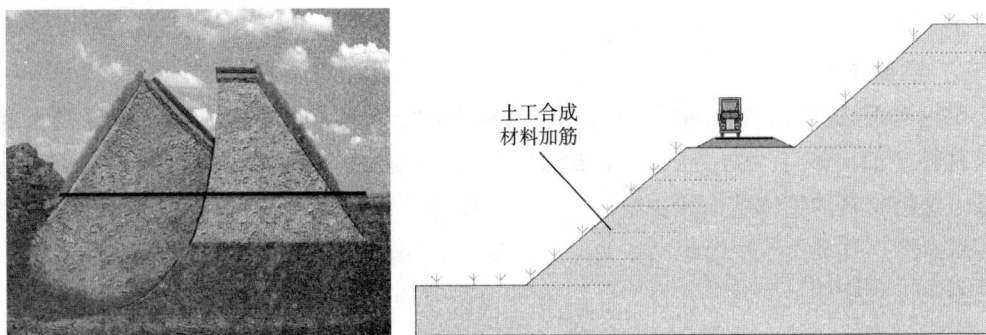

图 5-4　土工用纺织品的加固作用应用实例

示意图和应用示例。其中过滤作用是指水流在土壤中呈渗流状态时，水流垂直流过土工用纺织品时，水可以顺利通过，而土壤或其他颗粒被阻隔；同时土工用纺织品的应用还可以减少土或其他颗粒通道受流体动力影响，在土壤中形成类似滤饼功能，液体可以流过或渗进土工合成材料表面，如图 5-5 （a）、（c） 所示。作为土工滤层材料必须具有两个条件：一是必须具有良好的透水性能，当水流通过滤材后，水流流量不减少；二是必须具有较多孔隙结构且孔径较小，以阻止土壤中细小颗粒的大量流失从而避免造成土体塌陷。

排水作用是指当水流流入土工用纺织品时，可以沿着土工用纺织品的孔隙在横向流动，在土体内部形成排水通道，排出土体中多余的水体，如图 5-5 （b）、（d） 所示，常用于地基、地下排水沟、挡土墙、堤坝排水、建筑物周边排水等场合。

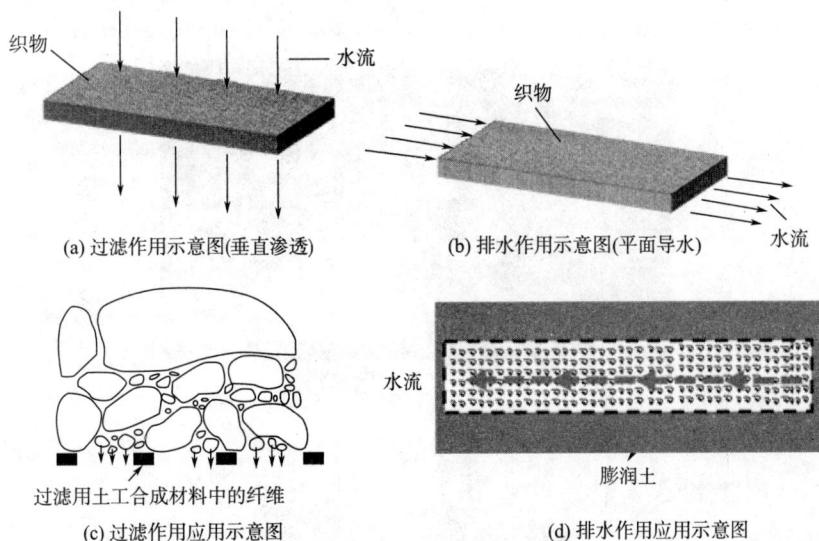

(a) 过滤作用示意图(垂直渗透)

(b) 排水作用示意图(平面导水)

(c) 过滤作用应用示意图

(d) 排水作用应用示意图

图 5-5　土工用纺织品的过滤作用和排水作用原理

过滤作用和排水作用的最大区别在于水流的流动方向不同，过滤作用中水流是沿着土工用纺织品平面的法线方向（垂直方向）的，排水作用是沿着土工用纺织品的面内方向（平行方向）的。

（三）隔离作用

土工用纺织品的隔离作用主要是指对不同物理性质（粒径大小、分布、稠度及密度等）的建筑材料（如土体与沙粒、土体与混凝土等）进行隔离，使两种或多种材料之间不流失、不混杂，保持材料的整体结构和功能，提高构筑物的承载能力。图 5-6 为土工用纺织品的隔离作用示意图。这类土工用纺织品主要用于铁路、公路、机场、土石坝工程、软弱地基处理和河道整治工程中。

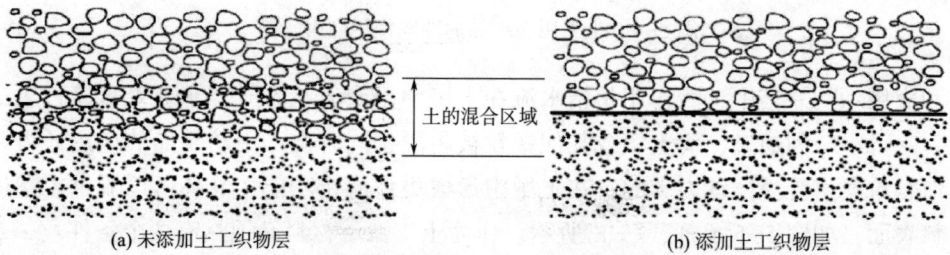

(a) 未添加土工织物层　　　　　　　　　　　　(b) 添加土工织物层

图 5-6　土工用纺织品的隔离作用示意图

（四）防渗作用

防渗用土工材料一般是采用织物或非织造布与聚合物制成的薄膜复合而成，形成具有水平方向排水、垂直方向防渗的复合土工膜，可以有效防止水或有毒液体的渗漏。这类土工复合材料常用于各种输水渠道、储水建筑物、垃圾填埋场和矿业堆放池中。图 5-7 为土耳其

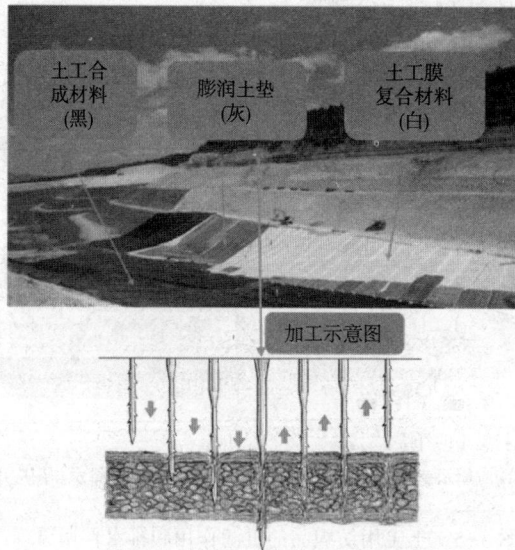

图 5-7　土工用纺织品的防渗作用示意图

ETI MADEN-Emet 尾矿坝的防渗土工材料施工示意图。该填埋场主要采用了土工合成材料与膨润土针刺而成的膨润土垫（GCL）与土工膜复合材料。

（五）防护作用

土工用纺织品能够有效地将集中应力（水流、砂石等）进行扩散、传递或分解，防止内部土体发生破坏，为其他土工材料提供有效的保护，起到防护的作用。图 5-8 为土工用纺织品起防护作用的两种应用场景。防护作用主要分为两种情况：一是表面防护，将土工用纺织品包裹于土体表面，保护土体不流失或塌陷，如图 5-8（a）所示；另一种是将土工用纺织品放置于两种材料之间，当受到应力作用时，土工纺织品发挥承载的作用从而保护另一种材料不被破坏，如图 5-8（b）所示。这类土工用纺织品主要应用在护岸、护坡、河道整治、海岸防潮等工程中。

(a) 土工挡土墙　　　　　　　　　　(b) 土工防护层

图 5-8　土工用纺织品的防护作用

（六）防蚀作用

图 5-9 为土工用纺织品的防蚀作用示意图，一方面可以将土壤与外界环境隔离；另一方面还可以有效削弱地面径流对土壤的剪切作用力，防止地表土壤受到雨水冲刷造成水土流失。这类土工用纺织品主要应用于河岸或海岸等水土流失较严重的地区。

（七）容装成形作用

将土工用纺织品制成一定尺寸的成形袋或成形管，在袋中加入一定的混凝土，由于土工用纺织品具有良好的透水透气性能，可以将水分和气体排出，防止固体成分的流失，使带内的混凝土硬化，形成与周围表面相一致的形状。图 5-10 为中国铁道科学研究院集团有限公司将非织造布灌注袋用于铁路施工模板的施工示意图。

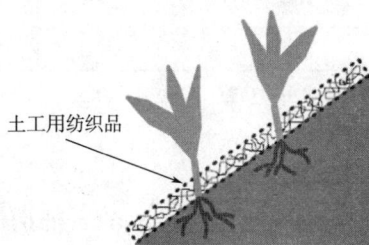

图 5-9　土工用纺织品的防蚀作用示意图

在土工用纺织品的实际应用过程中，往往需要土工用纺织品的多个功能协同发挥作用，有时可能是一种功能起主导作用，其他功能起次要或辅助作用。表 5-1 列出了土工用纺织品的应用领域及其相应的功能。

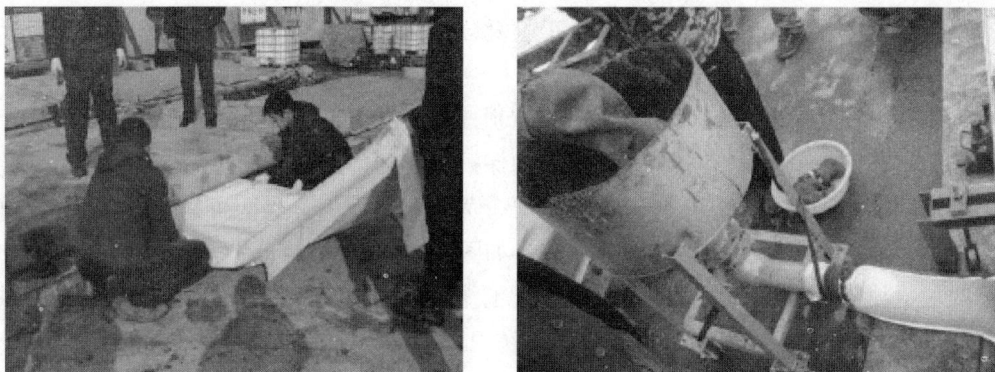

图 5-10　土工用纺织品的容装成形作用示意图

表 5-1　土工用纺织品的应用领域及其相应功能

应用领域	土工布的功能					
	隔离	滤层	排水	增强	防护	防渗
铺砌好和待铺砌的道路	△	△	△	○	—	—
湿、松软的地基	△	○	○	○	—	—
膜片路基	—	—	—	○	—	△
路面重铺	○	△	○	—	—	—
排水	△	△	—	—	—	—
运动场地	○	△	—	—	—	—
控制侵蚀/水利设施	△	△	—	—	—	—
密封设施（外壳）	△	△	△	○	—	—
松软土质上的土堤	—	—	○	△	—	—
增强土墙和坡	—	—	△	—	—	—
隧道	—	—	—	—	△	—

注　△为主要功能；○为次要功能。

三、土工用纺织品的表征指标和国家标准

（一）土工用纺织品的主要性能指标

1. 物理性能

（1）单位面积质量。即每平方米土工用纺织品的质量，单位为 g/m^2。

（2）厚度。在一定压力条件下，土工用纺织品两个表面之间的距离，单位为 mm。

2. 力学性能

（1）拉伸强度。指土工用纺织品在边侧无限制的条件下，受拉伸作用直至断裂时所具有的单位宽度上所能承受的最大拉力，单位为 kN/m 或 N/m。拉伸强度和伸长率是土工布力学性能最重要的指标。

（2）撕裂强度。采用梯形撕裂法对已剪有裂口的试样施加拉力，使其裂口扩展至断裂终点时所需的最大拉力，单位为 N。

（3）顶破强度。指土工用纺织品在垂直于平面方向上的顶压载荷的作用下，使之产生变形直至破坏时所需的最大顶破压力，单位为 N。

（4）刺破强度。指土工用纺织品受垂直于平面方向上的小面积、高速率的集中载荷的作用，直至将织物刺破所需的最大应力，单位为 N。

（5）动态穿孔。指金属锥体从垂直织物平面上一定的高度处自由下落时，锥尖穿透织物孔眼的大小，单位为 mm。

（6）抗磨损性。指土工用纺织品受其他表面摩擦而产生的损耗，用摩擦前后试样拉伸强力的损失率来表示，用式（5-1）计算。

$$强力损失率 = \frac{F_A - F_B}{F_A} \times 100\%$$ (5-1)

式中：F_A 为原样断裂强度（N）；F_B 为磨损样断裂强度（N）。

（7）蠕变性能。土工用纺织品在长期载荷作用下会产生较大的形变，即在恒定负荷下其变形是时间的函数，表现出明显的蠕变特性。拉伸蠕变指在规定的条件下，对土工布分档实施小于断裂强力的拉伸负荷，且长时间作用在试样上，直到达到规定的时间或试样发生断裂，以此测定土工用纺织品应力和应变的关系。

3. 水力学性能

水力学性能是土工用纺织品最重要的性能之一。土工用纺织品在使用过程中不可避免地与水发生作用。因此土工用纺织品水力学性能的好坏直接影响工程质量的好坏，进而影响工程寿命。土工用纺织品的水力学性能主要包括孔径、孔隙率和渗透性能。

（1）孔径。土工用纺织品孔径的测量方法有直接法和间接法。其中直接法包括显微镜法和投影法，用于组织简单的机织布的孔径测试；间接法包括干筛法、湿筛法和水银压入法等。土工布的孔径通常用等效孔径 O_e 来表示。由于试验方法和试验条件的不同，各国对 O_e 的取值并不统一。如美国陆军水道试验站用 150g 粒径相同的砂样置于以土工用纺织品为筛网的振动筛中，振动 20min，当 95% 的砂样留在土工用纺织品试样上时，该粒径即为土工用纺织品的等效粒径，用 O_{95} 表示，亦即 $O_e = O_{95}$；英国是将 100g 已知粒径的均匀玻璃珠，在振动筛中振动 5min，振动筛的直径为 30cm，等效孔径取 $O_e = O_{50}$；荷兰采用 50g 规定粒径的标准砂样，在振动筛中振动 5min，取 $O_e = O_{98}$；德国采用 100g 已知粒径的砂样，在振动筛中振动 15min，并用式（5-2）来计算土工布孔径 D_W（mm）。

$$D_W = f_u + (f_0 - f_u)\frac{G_0}{G_T}$$ (5-2)

式中：G_0 为透过量（g）；G_T 为砂总量（g）；f_0 为某一粒径下限值（mm）；f_u 为某一粒径上限值（mm）。

以上所用试验砂样可分级为 0.057~0.1mm，0.1~0.2mm，0.2~0.25mm，0.25~0.3mm，

0.3~0.4mm，筛的直径为20cm。

（2）孔隙率。指土工用纺织品的孔隙体积占总体积的百分数。孔隙率越大，排水性越好。孔隙率可以通过式（5-3）间接测得。

$$N = \left(1 - \frac{m}{p\delta}\right) \times 100\% \tag{5-3}$$

式中：N 为孔隙率（%）；m 为土工用纺织品的面密度（g/cm^2）；p 为土工用纺织品纤维的密度（g/cm^3）；δ 为土工用纺织品的厚度（cm）。

（3）渗透性能。渗透性能是影响土工用纺织品排水和过滤效果的重要参数，常用渗透系数 K 来表示，单位是 cm/s。渗透系数越大，排水效果越好。根据水流渗透途径不同，渗透系数可以分为两种：一种是当水流渗透方向垂直布平面时，称垂直渗透系数；另一种是当水流渗透方向与布平面平行时，称水平渗透系数。

渗透系数的测试和计算使用达西定律，即土工用纺织品某截面上单位时间内通过的总水量 Q 等于土工用纺织品的渗透系数、截面积和水力梯度（渗透路径/水压差）的乘积，如式（5-4）所示。

$$\frac{Q}{t} = KIS = K\frac{H}{L}S$$

$$K = \frac{QL}{tHS} \tag{5-4}$$

式中：Q 为总水量（cm^3）；S 为透过平面的截面积（cm^2）；H 为透过前后的水压差（cm）；I 为水力梯度；t 为渗透时间（s）；L 为渗透路径（cm）。

渗透系数是在不同水温条件下测试的，因此应换算成标准温度20℃时的渗透系数。标准温度20℃条件下的垂直渗透系数按式（5-5）计算而来。

$$K_n = \frac{Q\delta}{tHS} \cdot \frac{\eta_T}{\eta_{20}} \tag{5-5}$$

式中：K_n 为标准温度20℃时土工用纺织品垂直渗透系数（cm/s）；δ 为土工用纺织品的厚度（cm）；η_T 为标准温度 T 时水的动力黏滞系数（$kPa \cdot s$）；η_{20} 为标准温度20℃时水的动力黏滞系数（$kPa \cdot s$）。

标准温度20℃条件下的水平渗透系数按式（5-6）计算：

$$K_t = \frac{QL}{HB\delta t} \cdot \frac{\eta_T}{\eta_{20}} \tag{5-6}$$

式中：K_t 为标准温度20℃时土工用纺织品水平渗透系数（cm/s）；B 为土工用纺织品的宽度（cm）。

4. 与使用环境相关的其他性能

（1）老化性能。土工用纺织品在使用过程中，不可避免受到阳光辐射、温度变化、生物侵蚀、化学腐蚀、水分作用等各种外界因素的影响，使其强度等性能减弱，甚至失去承载能力，这种作用过程就是土工用纺织品的老化。影响土工用纺织品老化的因素很多，通常是多因素共同作用的结果。阳光中紫外线辐射是影响织物老化的最重要的因素，目前老化性能研究的方法有人工加速老化试验、大气暴露老化试验和实际应用老化试验。

（2）抗化学腐蚀性能。土工用纺织品的使用环境很复杂也很恶劣，pH 变化很大，因此要求土工用纺织品具有较强的抗化学腐蚀的能力。将土工用纺织品在不同浓度和温度的化学试剂中浸泡一段时间，通过测试其质量、尺寸、外观和强度的保持率反映其抗化学腐蚀性能。

（3）耐热性。土工用纺织品在使用过程中有时会与高温沥青相接触，因此其耐热性也是非常重要的参数之一。耐热性试验可以通过将试样在一定温度的干热空气中放置 3h 后，测试其强度保持率。对于在低温环境使用的土工用纺织品，要进行低温试验，了解材料在低温时呈现的脆性。

（4）摩擦性能。土工用纺织品的摩擦系数直接影响施工的质量和安全。当土工用纺织品与土壤间的摩擦系数 μ_B 小于土壤之间的摩擦系数 μ_T 时，会造成部分堤坡沿土工用纺织品水平方向向外运动，导致堤坝崩溃。摩擦性能的测量主要是使用直剪仪对沙土/土工用纺织品接触面进行剪切试验，测定沙土/土工用纺织品界面的摩擦特性，通常有接触面积不变和接触面积递增两种剪切仪。

（二）土工用纺织品的国家标准

目前我国针对土工用纺织品领域出台了 39 项国家标准，列于表 5-2 中。其他土工用纺织品的相关国家标准仍在制定和完善过程中。

表 5-2　土工用纺织品领域的 39 项国家标准

序号	标准号	标准名称
1	GB/T 35752—2017	经编复合土工织物
2	GB/T 15788—2017	土工合成材料　宽条拉伸试验方法
3	GB/T 17641—2017	土工合成材料　裂膜丝机织土工布
4	GB/T 17638—2017	土工合成材料　短纤针刺非织造土工布
5	GB/T 15789—2016	土工布及其有关产品　无负荷时垂直渗透特性的测定
6	GB/T 50290—2014	土工合成材料　应用技术规范
7	GB/T 16989—2013	土工合成材料　接头接缝宽条拉伸试验方法
8	GB/T 17643—2011	土工合成材料　聚乙烯土工膜
9	GB/T 13763—2010	土工合成材料　梯形法撕破强力的测定
10	GB/T 14800—2010	土工合成材料　静态顶破试验（CBR 法）
11	GB/T 13761.1—2009	土工合成材料　规定压力下厚度的测定　第 1 部分：单层产品厚度的测定方法
12	GB/T 13762—2009	土工合成材料　土工布及土工布有关产品单位面积质量的测定方法
13	GB/T 13760—2009	土工合成材料　取样和试样准备
14	GB/T 13759—2009	土工合成材料　术语和定义
15	GB/T 14798—2008	土工合成材料　现场鉴别标识
16	GB/T 17639—2008	土工合成材料　长丝纺粘针刺非织造土工布
17	GB/T 17640—2008	土工合成材料　长丝机织土工布

序号	标准号	标准名称
18	GB/T 17642—2008	土工合成材料　非织造布复合土工膜
19	GB/T 21825—2008	玻璃纤维土工格栅
20	GB/T 17689—2008	土工合成材料　塑料土工格栅
21	GB/T 19979.2—2006	土工合成材料　防渗性能　第2部分：渗透系数的测定
22	GB/T 14799—2005	土工布及其有关产品　有效孔径的测定干筛法
23	GB/T 19979.1—2005	土工合成材料　防渗性能　第1部分：耐静水压的测定
24	GB/T 19978—2005	土工布及其有关产品刺破强力的测定
25	GB/T 19470—2004	土工合成材料　塑料土工网
26	GB/T 19274—2003	土工合成材料　塑料土工格室
27	GB/T 18887—2002	土工合成材料　机织/非织造复合土工布
28	GB/T 18744—2002	土工合成材料　塑料三维土工网垫
29	GB/T 17690—1999	土工合成材料　塑料扁丝编织土工布
30	GB/T 17631—1998	土工布及其有关产品　抗氧化性能的试验方法
31	GB/T 17632—1998	土工布及其有关产品　抗酸、碱液性能的试验方法
32	GB/T 17633—1998	土工布及其有关产品　平面内水流量的测定
33	GB/T 17634—1998	土工布及其有关产品　有效孔径的测定湿筛法
34	GB/T 17635.1—1998	土工布及其有关产品　摩擦特性的测定第1部分：直接剪切试验
35	GB/T 17636—1998	土工布及其有关产品　抗磨损性的测定砂布滑块法
36	GB/T 17637—1998	土工布及其有关产品　拉伸蠕变和拉伸蠕变断裂性能的测定
37	GB/T 17630—1998	土工布及其有关产品　动态穿孔试验　落锥法
38	GB/T 17598—1998	土工布多层产品中单层厚度的测定
39	GB/T 35470—2017	轨道交通工程用天然钠基膨润土防水毯

第三节　土工用纺织品的应用

一、土工用纺织品在雨水处理中的应用

2011年，"海绵城市"的概念第一次由人大代表刘博论述。在城市建设中构建完善的雨洪管理系统刻不容缓。2013年12月，在中央城镇化工作会议上，习近平总书记强调：在改善城市排水系统的同时，充分考虑如何有效利用有限的雨水来建造一个可以自然储存、渗透和演变的海绵城市[10]。2014年，住房城乡建设部发布了《海绵城市建设技术指南》（建城函〔2014〕275号），提出了海绵城市的定义为：城市能够像海绵一样，在适应环境变化和应对自然灾害等方面具有良好的"弹性"，下雨时吸水、蓄水、渗水、净水，需要时将蓄存的水"释放"并加以利用。2015年1月发布海绵城市试点建设城市申报指南，同年4月，我国在16

个省份宣布开展 16 个海绵城市试点项目，为中国海绵城市建设提供参考。根据国家海绵城市的建设规划，至 2020 年，全国 658 个城市建成区的 20%以上面积需要达到设计标准；到 2030 年，城市建成区 80%以上的面积达到目标要求。中国海绵城市推进进度表如图 5-11 所示。

图 5-11　中国海绵城市推进进度表

从海绵城市的定义中不难看出，在海绵城市的建设进程中，绿色雨水基础设施（GSI）是关键。而在 GSI 的建设中，土工用纺织品可以发挥重要作用（表 5-3）。

表 5-3　GSI 的分类及土工用纺织品的功能

设施类型	具体设施	土工织物作用
渗透技术	透水铺装	隔离、反滤、排水、加筋
	绿色屋顶	隔离、过滤、排水、防穿刺
	下沉式绿地	隔离、反滤、排水、防穿刺
	生物滞留设施	隔离、反滤、排水、防穿刺
	渗透塘	隔离、过滤、排水
储存技术	湿塘	隔离、过滤、排水
	雨水湿地	隔离、过滤、排水
调节技术	调节塘	隔离、过滤、排水
	调节池	隔离、过滤、排水
转输技术	植草沟	隔离、过滤、排水
	渗渠	隔离、过滤、排水
截污净化技术	植物缓冲带	隔离、过滤、排水、防护、加筋

图 5-12 为不同雨水设施中土工用纺织材料的应用实例。从图中可以看出，土工用纺织品在越来越多的 GSI 设施中发挥隔离、过滤、排水、防渗和防护作用，随着我国海绵城市建设

进程的加快，土工用纺织品的应用领域将进一步扩展，市场前景非常广阔。

| 入口过滤器 | 沟渠检查 | 内置过滤器 | 重型排水系统 |
| 可调式护框 | 下沉排水保护 | 入口保护 | 椰壳排水盖 |

图5-12　不同雨水设施中土工用纺织品的应用实例

二、土工用纺织品在基础设施中的应用

由于沥青、混凝土材料自身脆性结构缺陷，在不均匀荷载等条件下易产生裂缝，导致结构破坏。通过在结构中加入土工用纺织品可有效改善结构整体性，降低或消除不均匀荷载，从而提高结构物使用耐久性，所以土工用纺织品被广泛应用于铁路、公路、机场、水利、港口、环保工程等基础设施建设行业。

土工用纺织品可以有效防止或减少基础设施出现各种形式的失效，归纳于表5-4。图5-13为使用和未使用土工合成材料的道路使用寿命情况。从图中可以看出，在相同的重复加载次数下，使用土工合成材料的路基具有明显较小的车辙深度，道路的使用寿命明显延长。

表5-4　土工用纺织品对基础设施的作用

	减少或防止出现反射裂缝
	起到隔离作用 防止土中细粒翻浆冒泥
	可有效减少沥青的厚度
	减少路面的厚度

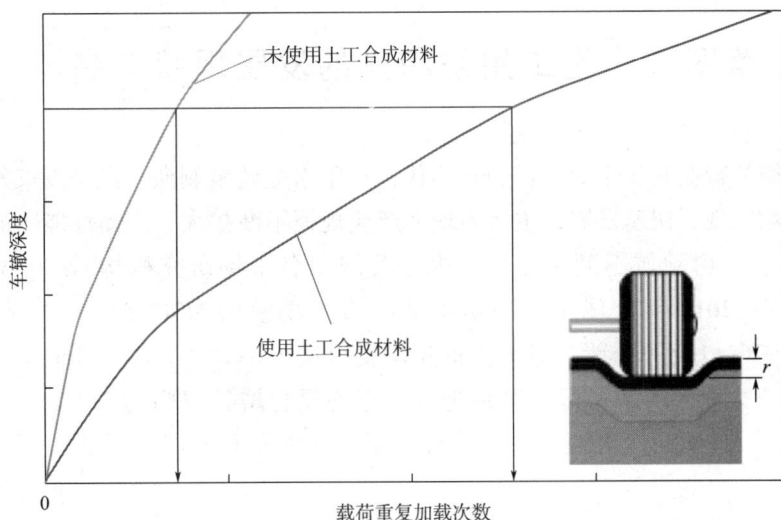

图 5-13　使用土工合成材料后显著改善路基的使用寿命

2020 年在新冠肺炎疫情爆发之时，武汉在短短几天时间就建成了专门收治新冠肺炎患者的火神山和雷神山两座医院，为抗击疫情做出了突出贡献。在这两家医院的建设过程中，也有我们土工用纺织品的身影，那就是地基当中采用了"两布一膜"的增强地基，如图 5-14 所示。将土工膜与土工织物经导辊热轧可以做成复合土工膜，它具有防渗效果好、强度高、耐老化、重量轻等优点。按照复合形式，可以分为一布一膜、两布一膜、两膜一布等。在实际工程中，以两布一膜复合土工膜应用居多，因为上下层的织物可以保护中间层防渗土工膜免受碎石尖角刺破等危害，而且这种复合形式与其他复合土工膜相比，具有更大的抗拉强度和更好的防渗性能。

图 5-14　"两布一膜"施工示意图

第四节 土工用纺织品的发展现状与趋势

土工用纺织品行业起步于 20 世纪 60 年代，近年来受政策刺激、经济发展及技术进步等因素的共同影响实现了快速发展，主要表现为产业规模不断扩大、产品性能不断提高、产品结构不断丰富、应用领域不断拓展等。根据美国知名市场研究机构 Grand View Research（GVR）的研究，2018 年全球土工用纺织品的市场规模约为 47.518 亿平方米，预计到 2025 年将达到 76.11 亿平方米，预期内的年均复合增长率为 7.0%（图 5-15）；具体到各主要经济区，亚太地区的用量远超其他地区，年均复合增长率高达 8.1%，其次是欧洲和美洲地区，占据了全球土工用纺织品的高端市场，而中东和非洲地区的增长相对较缓，但也可达 5% 以上。

我国是目前全球土工用纺织品用量最大的国家之一。自 2010 年起，我国土工用纺织品进入高速发展期，行业的技术创新步伐不断加快，应用全面铺开，年均复合增长率保持在 6% 以上。目前，已形成约 500 家土工用纺织品企业为主的产业规模。国产土工用纺织品在大量国家重点工程中得到应用和普及，未来我国土工用纺织品在世界范围内的占比将继续领先。

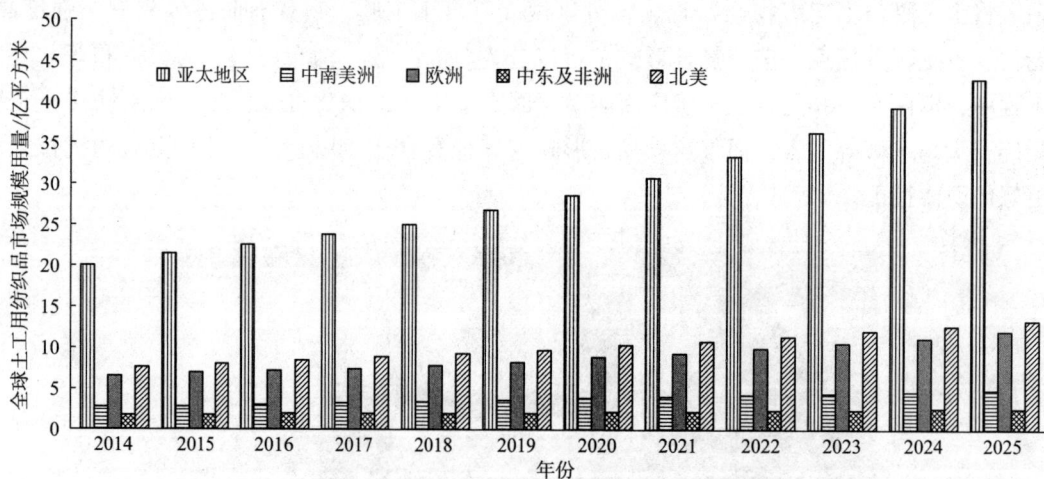

图 5-15 2014~2025 年全球土工用纺织品的市场规模及增长预测

注：2019~2025 年的数据为预估值。

数据来源：GVR。

土工合成材料的研究和开发必须以实际工程需求为依据。岩土工程问题受环境、气候、应用场合等的影响复杂多变，对土工合成材料的要求不断提高，主要表现为综合性能的提升以及产品向细分化、功能化、绿色化、智能化等方向发展。

一、综合性能的提升

当材料用于青海、西藏等高寒地区的铁路路基中时，要求土工合成材料具有良好的防冻胀性能；在用于高速铁路以及地震多发带的加筋土挡墙时，要求土工格栅具有良好的抗蠕变以及抗震性能；在用于水利工程中的排水固沙时，要求土工织物具有良好的透水防堵性；在应用于液体防渗时，要求土工合成材料在焊接施工中具有良好的耐高温和无缝焊接性能；在应用于植被修复时，要求土工合成材料能随植物的生长自然降解，并为植物提供一定的营养成分。在耐久性方面，工程施工的长期性要求土工布能够耐受各种环境，并保持自身的强度性能长期不变。耐受性一般包括耐化学腐蚀、耐酸碱、耐微生物、耐紫外光、耐老化、耐高温等。

二、绿色化

随着绿色可持续发展不断深入人心，其在土工合成材料领域的探索也从口号升华为实践。从某种程度上来说，土工合成材料的应用也属于绿色工程，与钢筋混凝土等传统材料相比，这类材料在减少碳排放、节约能源、提高工程耐久性、美化环境方面优势明显。以加筋土工合成材料为例，从古代开始，人们就开始用植物纤维等天然材料作为加固材料，与钢筋混凝土墙相比，土工合成材料加筋土挡墙具有更好的可持续发展性。土工合成材料的间隙还为生态多样性提供了空间，在植被绿化、坡面修复工程中作用明显，具有环保属性。

三、智能化

自然界中，土壤的变形和位置移动是最不可预测和控制的，往往会给岩土工程带来很大的安全隐患。因此，具有实时监测和信息传输功能的智能土工布是一个重要的发展方向。它可以通过监测机械形变、应变、温度、湿度、孔隙压力、化学物质等的变化来判断岩土结构的健康完整性，从而可以确保在早期就能发现失效和有破坏风险的位置和结构，提前进行预防或者维修。一般来说，智能土工布可以分为两种类型，一种是将传感器与普通土工织物结合形成的智能土工布，另一种是用导电聚合物等机敏材料与普通土工布复合制成的智能土工布。

国外尤其是欧美等发达国家和地区的土工合成材料产业起步较早，已趋于成熟，一批企业已形成自身特色的研发、生产、营销、管理和服务体系。他们不仅提供优质产品，还能提供技术解决方案以及技术咨询和客户培训等服务。相较而言，欧美等发达国家和地区的土工合成材料市场规范有序，虽在总体规模上不占优势，但却拥有极高的话语权，例如荷兰的TenCate、美国的 Tensar（坦萨）、加拿大的 SOLMAX（索玛）、意大利的 MACCAFERRI（马克菲尔）、德国的 NAUE（诺威）等，都是享誉全球的土工合成材料生产商。他们的产品质量过硬，还可提供"交钥匙"工程解决方案和专业的技术咨询服务，真正体现了核心竞争力。表5-5 是部分国外土工合成材料企业可提供的特色服务，从中可以看出其优势所在，也为我国相关企业的发展提供了一些参考。

表5-5 部分国外土工合成材料企业及其特色服务

企业名称	所属国家	特色服务
Tensar	美国	深耕土工格栅的创新开发。提供详细的产品信息手册和参考文献；拥有专业的设计团队，可提供设计与技术支持、软件设计程序等；其他辅助性程序如碳值计算器等软件程序可帮助提供整体的环境和成本效益评估
MACCAFERRI	意大利	在传统石笼网产品的基础上不断扩展和研究。提供多种土工合成材料；通过从产品开发和制造，到工程设计、施工服务的垂直整合，为客户提供最具成本效益和环境效益的解决方案，建立互惠互利的关系
TENAX	意大利	专门设置了技术能力支持中心，可提供勘测、设计以及施工过程的技术支持。在设计阶段，采用专门针对土工合成材料的软件和计算方法，给出安全可靠的解决方案；在施工阶段，可以直接在施工现场对施工人员进行培训
HUESKER	德国	提供产品的同时也为工程设计工程师提供软件技术支持。例如，BaseCalculator可实现对载荷以及路基厚度等的快速计算，操作简单，不需手册指导；RingtracS可进行各种软弱地基相关的计算，同时，还会针对工程设计人员定期开展培训
NAUE	德国	可根据功能设计和应用方法为客户提供量身定制的产品和工程解决方案，降低了客户成本，同时也提供软件支持服务，并定期维护和更新，例如，网站提供SecuSlope和SecuCalc软件的免费安装和下载

　　我国土工合成材料产业经历了自发应用期（20世纪80年代前）、技术引进期（20世纪80~90年代）以及标准化发展期（1998~2010年），自2010年起向高质量发展迈进。目前，国内土工合成材料生产企业已超过1100家，企业规模大小不一，产业集群的分布整体呈现出"集中+零散"的特点。以土工用纺织品行业为例，目前我国大约有500家土工用纺织品企业，以生产非织造土工布的中小企业为主，主要集中在山东、江苏等地。其中，山东已形成完整的产业链，有多个生产聚集地，如德州、潍坊、莱芜、泰安等，一批重点企业得到快速成长。从技术创新来看，我国在土工用纺织品领域取得了一系列技术进步，例如，高强度、耐顶破、耐摩擦、抗酸碱的PP短纤土布，可应用于高铁轨道滑动层材料；高强度、耐环境的PET长丝纺粘土工布，可应用于垃圾填埋场工程；湿法玻璃纤维非织造布，可用于建筑加固等领域；经编矿山支护网，提高了煤矿作业面回撤效率，降低了矿山运营成本；等等。但总体来说，我国土工合成材料行业起步较晚，在全球高端市场中的占比较小，未来仍需学习和借鉴国外企业的发展模式，在提供优质产品的同时应注重工程设计、软件支持等相应的配套服务，以更高、更远的战略来规划企业未来的发展。

参考文献

[1] 晏雄，邓炳耀. 产业用纤维制品学 [M]. 2版. 北京：中国纺织出版社，2019.

[2] 钟智丽. 高端产业用纺织品 [M]. 北京：中国纺织出版社，2018.

[3] 李光. 高分子材料加工工艺学 [M]. 2版. 北京：中国纺织出版社，2010.

[4] 姜亚明，闫静静，齐业雄，等. 经编技术在高强度、耐环境土工布中的应用 [J]. 纺织导报，2017 (5)：26，28，30-31.

［5］黄忠耀，杨建雄，蔡利海，等. 双轴向经编涂覆织物剥离性能研究［J］. 产业用纺织品，2012，30（4）：22-25.

［6］顾璐英，蒋高明. 多轴向经编织物编织工艺探讨［J］. 玻璃钢/复合材料，2010（3）：76-80.

［7］陈思，高晓平，龙海如. 经编间隔织物增强聚氨酯复合材料的制备及其吸声性能［J］. 东华大学学报（自然科学版），2016，42（3）：332-337.

［8］何倩倩，裴生，杨广超. 非织造土工布的性能对比及应用分析［J］. 产业用纺织品，2018，36（2）：30-34，44.

［9］ErolGuler. Innovative solutions using geosynthetics［R］. 第二届亚欧土工论坛. 北京，2019. 12.

［10］周欣然. 海绵城市建设问题与对策探析［J］. 中国市场，2020（33）：22，24.

［11］李俊奇. 土工布在控制利用设施系统中的应用［R］. 第二届亚欧土工论坛. 北京，2019，12.

［12］高树青，马明磊，刘斌，等. 高强合成纤维土工材料在基础设施施工中的应用分析［C］. //2020年工业建筑学术交流会论文集（下册）. 2020.

［13］刘凯琳，赵永霞，张娜. 土工合成材料的发展现状及趋势展望［J］. 纺织导报，2019（S1）：6-28.

第六章 建筑用纺织品

所谓建筑用纺织品是指在工程建筑领域中作为特殊建筑材料使用的纺织品，主要包括建筑用膜结构材料、建筑用防水基材、建筑用隔音隔热材料和建筑用纤维增强材料。另一种定义是指在应用于仓库、生产厂房、大型建筑物的屋顶及屋面、非长久性建筑设施等的一类特殊建筑材料。纺织品作为一种质轻和性能优异的建筑材料，被广泛应用于工程建筑领域，如住房建设、室内装修和大型场馆建设等。高端建筑用纺织品是将新型纺织材料与建筑进行结合，可实现建筑结构的轻量化、功能化以及结构多元化，对整个建筑行业的高质量发展具有重要意义。

第一节 建筑用纺织品的分类

纺织品作为一种特殊的建筑材料，在建筑中应用可发挥增强、修复、防水、隔热、吸音、视觉保护、防晒、耐腐蚀、减震等多种功能。目前建筑用纺织品没有明确的分类方法，按照功能属性可以将建筑用纺织品分为建筑用增强材料、建筑用膜材料、吸音隔热材料、防水材料以及其他材料五大类，具体分类方法见表6-1。在这些分类中，第一大类是建筑用增强材料，如植物纤维混凝土具有质轻、保温吸音和绿色环保等特点，而整个纤维增强混凝土材料类别的主要用途是路面、屋顶、住宅、仓库、游泳池、盛水罐等建筑物的建设应用。第二大类是建筑用防水材料，是绿色无污染的材料，其防水效果好，经常用于屋顶防水，与国内相比，国外使用的防水材料以沥青玻璃纤维卷材为主。第三大类是建筑用膜结构材料，应用最多的是玻璃纤维/PVC组合和聚酯/PVC组合，玻璃纤维或聚酯的加入能有效提高PVC膜的耐老化性能，此外也经常用PVF或PVDF对其进行表面处理以改善材料的使用性能。新型的建筑用膜结构材料不仅具有质轻、美观、易于安装拆除和经久耐用的优点，同时还具有自清洁、耐老化等性能，一般应用于体育建筑、商场、展会中心、交通服务设施等大跨度建筑当中。建筑用隔音隔热材料在我国还处于起步阶段，目前主要应用于天花板、墙体围裹、混凝土墙体等领域。随着高新技术的出现，智能建筑复合材料的开发和应用成为新的焦点，如表6-1中的自增强混凝土、自修复混凝土等，此外，3D石墨烯、透明铝、隐形太阳能电池、发光混凝土等新型建筑材料的出现，必将催生更多功能特殊的建筑用纺织品。

表6-1 建筑用纺织品的分类

大类	细分	举例
纤维增强混凝土材料	聚合物纤维混凝土	聚丙烯纤维混凝土、聚酯纤维混凝土
	植物纤维混凝土	麻纤维混凝土、竹原纤维混凝土、秸秆纤维混凝土

续表

大类	细分	举例
纤维增强混凝土材料	高性能纤维混凝土	碳纤维混凝土、玻璃纤维混凝土、陶瓷纤维混凝土、玄武岩纤维混凝土、芳纶混凝土
	金属纤维混凝土	钢纤维混凝土、铜纤维混凝土
建筑用防水材料	沥青防水基材	纸胎油毡、玻璃纤维胎卷材、聚酯纤维胎卷材、聚丙烯纤维胎卷材
	高聚物改性沥青防水卷材	SBS 卷材、APP 卷材
	高分子防水卷材	三元乙丙卷材、聚氯乙烯卷材、氯化聚乙烯卷材、橡胶共混卷材
建筑用膜结构材料	玻璃纤维/PTFE、玻璃纤维/PVC、聚酯/PVC、玻璃纤维/硅树脂、ETFE	—
建筑用阻隔材料	隔音材料	各种多孔及异形截面材料均有应用，结构包括机织、针织、非织造等形式
	保温隔热材料	纺织多孔材料、纺织中空材料、添加相变保温材料
新型建筑材料	智能建筑材料	自增强混凝土、自修复混凝土、自调节混凝土、自感知混凝土

第二节　建筑用纺织品的性能要求

一、一般性能要求

建筑用纺织品之所以能够得到快速发展，与其在建筑中的特殊作用和良好的功能性是分不开的。如日本建筑师在一座三层建筑上设计了一圈热塑性碳纤维复合材料制成的琴弦结构，整个结构在地震来临时不会因自身重量过大而坍塌。2015 年苹果公司在芝加哥的旗舰店屋顶采用 44 块大小相同的碳纤维面板制成，该屋顶无须多余的支撑材料，利用碳纤维轻质强化的特点实现了结构的稳定性，同时大幅节省了建筑材料，增加了建筑空间。位于柏林的索尼中心采用 ETFE（乙烯和四氟乙烯的共聚物）膜结构材料设计屋顶，不仅结构设计新颖，跨度较大，还具有一定的自清洁作用，在减轻建筑物整体重量的同时，实现了质轻和大跨度结构，在当时堪称建筑设计中一项创举。从以上事例中可以看出，建筑用纺织品与传统建筑材料相比具有一系列显著的优点，纺织品纤维原料来源广、价格低，在建筑中采用纺织品结构材料不仅可以显著节约材料和降低成本，而且织物"外壳"的质量只有砖瓦、泥灰、钢材等常规外壳材料质量的 1/30，使用纺织品可以大大减轻建筑物重量，此外，建筑用纺织品还因结构轻巧、拆卸方便、组件可在工厂内制造，现场进行安装，可大大缩短建设周期，组件组装的灵活性也容易形成新的建筑风格，从而达到建筑功能化和低碳化的目的。

建筑用纺织品常规使用的纤维材料有金属纤维、玻璃纤维、合成纤维、陶瓷纤维和木质纤维等，这些纤维可以与水泥结合使用，制备纤维增强混凝土和纤维增强水泥材料，这些材料的基本性能见表 6-2。

表 6-2 建筑用纺织品常规用纤维性能

纤维材料	名称	密度/(g/cm³)	拉伸强度/MPa	弹性模量/GPa	断裂伸长率/%	耐碱性	屋外耐候性	阻燃性	与水泥黏着性	价格	实施	耐冲击性	产量前景
金属纤维	不锈钢	7.8	21	240	5	优	优	优	优	差	一般	优	一般
	钢材	7.8	12	200	3	好	好	优	优	一般	好	优	优
玻璃纤维	A 玻璃	2.46	6.8	65	5	差	差	优	好	一般	差	一般	差
	E 玻璃	2.54	7	72	5	差	差	优	好	一般	差	一般	差
	耐碱玻璃	2.78	8	70	4	一般	一般	优	好	差	好	好	优
合成纤维	维纶	1.2	3	7	17	一般	一般	差	一般	好	△	好	一般
	尼纶	1.1	5	2	28	一般	一般	差	一般	好	△	好	一般
	聚丙烯	0.9	5	3	25	一般	一般	差	一般	好	△	好	好
	聚酯	1.4	4	11	20	一般	一般	差	一般	好	△	好	好
陶瓷纤维	碳素	1.7	19	200	0.4	优	优	优	好	差	差	优	差
	石棉	2.9	5.5	84	2	好	好	优	优	优	优	优	好
	陶瓷	2.4	—	—	—	一般	一般	优	好	好	好	好	好
木质纤维		1.0	3.4	76	—	一般	差	△	好	优	优	优	好

注 △为介于一般与差之间。

分析表中数据可以看出，这些纤维易获取、价格低，同时能显著提高材料的使用性能。纺织纤维属于各向异性材料，水泥基体属于各向同性的脆性材料，纺织纤维的断裂伸长比水泥损坏时的应变量大 2~3 个数量级，在纤维断裂前水泥基体早已破坏。如果纤维含量不大，复合材料整体的模量和水泥基体差异不大；如果纤维含量较大，复合材料整体的断裂强力和模量会有显著增加，但是纤维含量不能过大。基体颗粒的最大尺寸也很重要，因为会影响纤维的分布情况和复合材料中可包含的纤维数量。

由于建筑领域应用的特殊性，建筑用纺织品对力学性能及安全性能具有较高的要求，相较于其他普通纺织材料，建筑用纺织品一般应满足以下性能要求：

（1）防水、不透气、挡风、耐磨损和抗机械损伤能力强。

（2）在受张力以及被风雨袭击时，不易变形和伸长。

（3）长期暴露于日光和酸雨中不易降解。

（4）有时需要透过和反射一定的光线等。

二、特殊性能要求

（一）建筑用增强复合材料的性能要求

建筑用增强材料主要包括纤维增强混凝土和纤维增强水泥材料两种，建筑用增强材料主要用于建筑物的承力部分，重点关注其力学性能，对力学性能各项指标要求较高。

（1）高强度。在水泥砂浆中掺入1%~2%的合成短纤维，可提高抗拉极限强度和抗弯强度，并能有效减少干缩裂缝。

（2）耐冲击。水泥混凝土脆性大，不耐冲击，在其中加入适量的纤维，可以大幅提高建筑材料的韧性和抗冲击性能。

（3）耐疲劳性。建筑材料一般都要使用几十年，甚至上百年，所以要求建筑用纺织品具有优异的耐疲劳特性。

（4）质量轻。普通水泥密度为 $3.0~3.15g/cm^3$，纺织纤维材料最大密度为 $2.9g/cm^3$，聚丙烯密度可以达到 $0.9g/cm^3$，比水还轻，加入一定量的纤维材料，在提升强度的同时，质量也极大地减小。

（5）环保性。采用纤维增强材料替代传统的建筑材料，能够缓解资源短缺问题，同时减少环境污染。

（二）建筑用膜材料的性能要求

建筑用膜材料是一种复合材料，采用强度较高的纤维或者织物作为基础材料，表面覆盖高性能涂料。膜结构材料一般分为两类：一类采用涤纶织物为基础材料，其表面覆盖聚氯乙烯（PVDF）涂料；另一类采用玻璃纤维织物作为基础材料，表面覆盖聚四氟乙烯（PTFE）涂料。膜结构作为一种建筑体系其所具有的特性主要取决于其独特的形态及膜本身的性能，用膜结构可以创造出传统建筑体系无法实现的设计方案。

（1）质轻。质量轻是建筑用纺织品最重要和最基本的性能特点之一。建筑用膜材料除材料本身重量较轻外，其张力也较小，原因在于它依靠预应力形态而非材料来保持结构的稳定性。因此，建筑用膜材料在自重比传统建筑结构轻的前提下，仍能保持较好的稳定性和安全性。

（2）透光性。良好的透光性是建筑用膜材料最典型的特性之一。膜材料的透光性由它的基层纤维、涂层以及颜色所决定的，标准膜材的光谱透射比为10%~20%，新型的ETFE薄膜在可见光区域的透光率可以达到94%~97%，对紫外光的透过率也可以达到83%~88%。因此，可以利用其透光性实现建筑物的灵活设计，根据印刷和涂层控制建筑膜的光线透过率和热辐射，也可以达到特殊的视觉效果。

（3）柔软性。张拉膜不是刚性膜，在风载荷或雪载荷的作用下会产生变形。膜结构通过变形来适应外载荷，在此过程中载荷作用方向上的膜面曲率半径会减小，直至能有效抵抗该载荷。不同的膜材料其柔性程度也不同，有的膜材料柔韧性极佳，不会因折叠而产生脆裂或破损，这样的材料是有效实现可移动、可展开结构的基础和前提。

（4）自清洁及耐老化性能。现代新型的建筑膜材料具有良好的自清洁性，经过雨水冲刷可达到清洁效果，还具有优良的耐老化性能。具有抗老化和耐久性等性能的膜材料在发达国家已经有数十年的历史。根据其不同的耐久性可以用于半永久和永久性建筑的建造。

（5）安全性。按照现有的各国规范和指南设计的轻型张拉膜结构具有足够的安全性，能很好地抵御地震等自然灾害，即便发生坍塌，由于自重轻其危险性也较传统建筑结构小。膜结构发生撕裂时，若结构布置能保证桅杆、梁等刚性支承结构不发生坍塌，其危险性更小。

（6）可塑造性。建筑师可根据建筑膜材料的质轻、柔性和透光等特点，对建筑物的结构和外观进行灵活设计，可以设计出各种张力自平衡、复杂且生动的空间形式，在一天内随着光线的变化，呈现出不用的形态。

（三）建筑用防水材料的性能要求

防水材料是保证建筑产品防水功能的重要物质基础，关系到建筑产品的使用价值、使用条件和卫生条件，其主要作用是保证建筑产品免收雨水、地下水等水分的侵入或渗透。随着技术的发展，新型建筑防水材料出现，在力学性能显著提高的前提下，防水效果也有了明显改善和进步。

（1）防水性。防水性是建筑用防水材料最主要的指标，常用表征指标为不透水性和抗渗透等。一般情况下，在建筑防水工程中大量地使用建筑防水材料。建筑用防水材料要求在遇到雨水冲刷时，对房顶以及周边管道实现良好的防水性。

（2）耐受性。建筑防水材料的性能直接影响建筑防水层的耐久度，从而影响该建筑的使用寿命。现在主要使用以玻璃纤维和聚酯短纤维针刺非织造布为胎基的改性沥青防水材料，具有很好的环境耐受性，使用寿命可以达到20~30年不漏雨。

（3）环保性。随着技术的发展和社会公众群体自身生态环保意识的不断提高，传统的能耗高、寿命短和环保性差的防水材料正逐渐被市场淘汰，而生态环保类新型防水材料越来越受到建筑行业和公众的青睐。

（四）建筑用隔音材料的性能要求

在建筑中使用隔音材料非常重要。建筑用隔音材料需要满足以下几点要求：

（1）柔软、拉伸强度大。隔音材料的质地柔软、拉伸强度大，才能用于家居房及办公楼等建筑，也能隔绝一定的噪声影响。

（2）环保健康。用于建筑中的隔音材料需要通过环保部门的相关认证，因此隔音材料环保健康，不造成环境污染。

（3）材料质轻、超薄。隔音材料的密度越大，隔声效果越好；材料的内部孔隙越多，隔音效果越好。因此选择的隔音材料质轻、超薄。

（4）抑制低频声波的传播。为了降低噪声在室内的传播范围，因此隔音材料要使低频率声波的传播受到强烈的抑制。

（5）使用方式多样。隔音材料要求既可以单独使用，也可以用于其他的板材，这样它的性能才能得以充分发挥。

第三节　建筑用纺织品的应用

一、纺织纤维增强混凝土

用于纤维增强混凝土的纤维种类很多，按材质分为金属纤维（主要有钢纤维）、无机纤维（如玻璃纤维、碳纤维、玄武岩纤维）以及有机纤维（如聚乙烯纤维、聚丙烯纤维等）。按弹性模量又可分为高弹性模量纤维（如钢纤维、玻璃纤维、碳纤维、玄武岩纤维）和低弹性模量纤维（如有机纤维）。高弹性模量纤维的刚度大于混凝土，基体产生微裂缝后，纤维开始受力，分担混凝土所受应力，提高材料强度。纤维刚度越大，强度提高越明显；低弹性模量纤维的刚度小于混凝土，受力一般在混凝土开裂之后，主要用于提高材料延性。

（一）钢纤维增强混凝土

相比较与其他纤维，钢纤维及钢纤维混凝土的相关标准相对较为完善，应用起来较为方便。在超高性能纤维增强混凝土中加入的钢纤维一般为微细钢纤维，其抗拉强度可以达到2000MPa及以上。研究表明，钢纤维掺量在0~3%时，随着掺量的增加，超高性能纤维增强混凝土的抗拉性能递增，而3%后基本没有提高，掺量太大会导致造价上升且严重影响其流动性等，实际工程常用的掺量范围在2%~3%。钢纤维的设计参数主要有纤维形状、纤维直径和长径比。不同纤维形状对纤维增强混凝土的材料性能影响见表6-3，在同等掺量和相同基体情况下，扁头形对抗拉强度提高最强，其搅拌过程纤维分布均匀，无结团现象。端钩形强度次之。波纹形和端钩形由于纤维形状曲折使其与基体黏结强度较强。抗压方面，波浪形提高效果最佳，其次是扭曲形。

表6-3　纤维形状对超高性能纤维增强混凝土的材料性能影响

材料性能	纤维形状
抗压强度	波浪>扭曲>端钩>扁头、波纹>圆直
抗拉强度	扁头>端钩>波浪
抗拉韧性	波纹、端钩>扁头>波浪>圆直
流动性	圆直>波浪>扁头>端钩

钢纤维按其直径划分，可分为超细（$d_{直径} \leq 0.08mm$）、细（$0.08mm < d_{直径} \leq 1.00mm$）、普通钢纤维（$d_{直径} > 1mm$）；按长度划分可分为超短（$l_{长度} \leq 8mm$）、短（$8mm < l_{长度} \leq 13mm$）、长（$13mm < l_{长度} \leq 30mm$）以及超长钢纤维（$l_{长度} > 30mm$）；按长径比可分为微细（长径比≥65）、中等（50<长径比<65）以及粗短钢纤维（长径比≤50）。钢纤维在超高性能纤维增强混凝土中搅拌均匀，对强度提高显著，且流动度影响较小。超高性能纤维增强混凝土存在一个临界纤维体积率，是指复合材料在基体开裂后的承载力不下降所必需的最小纤维体积率。工程意义为：在纤维体积率超过临界纤维体积率时，混凝土得到了充分的增韧，能形成稳定可靠的应变硬化现象。在受拉时裂纹会稳定充分传递直至基体无法再形成新的裂纹为止。当其他因素相同时，纤维直径越细，长度越长，临界纤维体积率越小。在基体相同，基体与纤维的界面作用相近的情况下，纤维越细长，纤维临界体积率越小，混凝土越容易达到稳定的应变硬化状态。

纤维长径比综合考虑了直径、长度，是影响混凝土的重要参数。长径比对混凝土的强度增强存在一个最佳值，原因可能是相同体积掺量，较小长径比的纤维数量较多、长度较小，较大长径比的纤维长度较大、数量较少。在单位体积内纤维数量越多、长度越大，对微裂缝控制越强，混凝土强度越高。随纤维长径比的增大，流动性递减。浇筑过程中，乱向分布的纤维，除了靠近模具边壁产生的边壁效应（取向平行边壁），其他位置趋于垂直于流动方向。尤其在上下两侧边壁之间的中间位置，会产生最大抵抗力，降低流动度。如图 6-1 所示，纤维长径比越大，纤维越细长，或者纤维端部形状越曲折，取向更易趋于垂直流动方向。

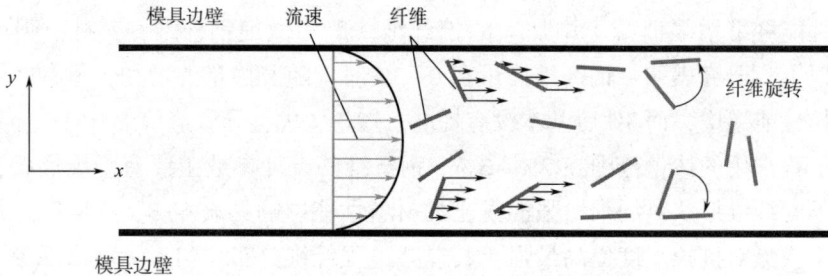

图 6-1　纤维在浇筑过程的分布取向

（二）碳纤维增强混凝土

碳纤维增强混凝土是将短切碳纤维掺加到混凝土中，形成有特殊用途的混凝土，可以克服钢纤维容易生锈和玻璃纤维致癌等缺点。碳纤维的掺入不仅可显著提高混凝土的强度和韧性，而且其电学性能也有明显改善。碳纤维增强混凝土中乱向分布的碳纤维能阻止混凝土内部微裂缝的扩展并阻滞宏观裂缝的发生和发展，对其抗拉强度和抗剪、抗弯、抗扭等均有明显改善。有试验结果表明，当碳纤维体积含量为 1.18% 时，碳纤维增强混凝土试件劈裂拉伸强度提高 122%；当体积含量小于 5% 时，对混凝土的增强作用呈线性增长趋势。

利用碳纤维轻质的特点，用于建筑幕墙板时，强度高、厚度小、施工方便迅速，同样，碳纤维增强混凝土因良好的耐磨、耐干缩、抗渗、耐化学腐蚀等性能，也是理想的路面材料。与传统钢筋混凝土相比，碳纤维增强混凝土具有更高的耐腐蚀性，延长了建筑的使用寿命，此外，还可实现在厚度较小情况下的高拉伸强度，减少了水泥等建筑材料的使用量。研究表明，与传统的钢筋混凝土结构相比，纤维增强混凝土结构件所需的混凝土量可减少 80%，这意味着 CO_2 排放量最多可减少 50%。

碳纤维复合材料具有轻质高强、耐热性好、耐腐蚀、耐辐射等优异性能，可对建筑物起到减重、抗震效果。全球来看，日本率先将碳纤维制品用于建筑结构中，其飞翔桥是世界上第一座采用碳纤维增强聚合物作为预应力筋的混凝土结构桥梁。后来随着应用的不断扩展，轻质碳纤维复合材料又被应用于房屋建筑中以应对地震频发带来的建筑物倒塌问题。例如，日本建筑师在一座 3 层建筑上设计了一圈由热塑性碳纤维复合材料制成的琴弦结构（图 6-2），当地震来临时，整个结构虽然会一起震动但不会因自身重量过大而坍塌。据悉，所用的 160m 长的碳纤维复合材料仅重 26 磅。来自土耳其的专家团队也用实际研究成果证明了碳纤维结构材料的抗震性能，他们在土耳其某地震带附近分别用传统建筑材料和碳纤维复合材料建造了一座建筑，通过液压执行系统模拟地震试验，结果证明，碳纤维复合材料建筑具有良好的抗震效果，能够在地震中"存活"。

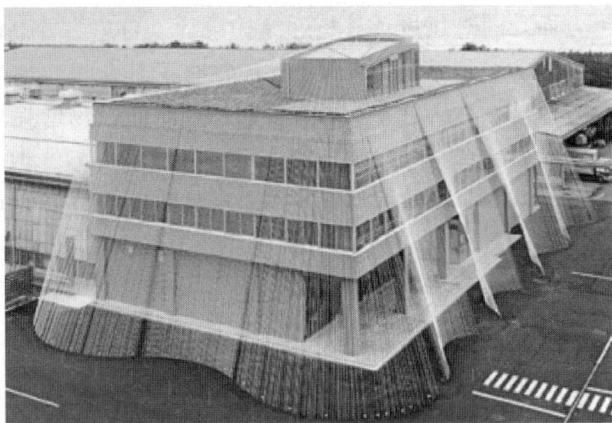

图 6-2 经过碳纤维复合材料"加固"的抗震建筑物

德国的亚琛工业大学和德累斯顿工业大学一直在进行织物增强方面的研究，通过 C³（Carbon Concrete Composite）这一重量级研究项目，致力于推动碳纤维增强混凝土在建筑领域中的应用。该项目系统性地对碳纤维增强混凝土的生产加工成型、测试与评鉴、工程中的力学行为、应用性能、可持续性等方面开展了系统研究，目前一些研究成果已被成功用于桥梁、天花板、展馆、仓筒等一些建筑中，如图 6-3 所示。

(a) 桥梁

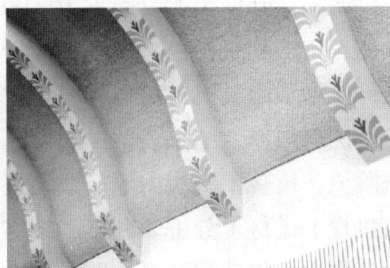
(b) 天花板

(c) 展馆

(d) 仓筒

图 6-3 碳纤维增强混凝土的应用实例

除了做小型试验型应用项目，C³项目组也将相关研究成果应用于翻修 Carolabrücke 大桥的大型工程建筑，采用碳纤维增强混凝土材料拓宽桥梁路面的宽度，使其从原先的 3.60m 扩展到 4.25m，以满足行人和自行车的通行需求。德国 C³ 项目的研究不止集中在碳纤维增强混凝土的制备及应用拓展方面，同时还进行其特殊结构设计、自愈合等高端性能的研究。2019年1月1日，亚琛工业大学纺织技术研究所（ITA）宣布了其在织物增强混凝土开发方面取得的研究进展。在其研究项目"CurveTex——用于生产双曲面织物增强混凝土构件的可悬垂织物增强材料的开发"中，首次实现了织物增强混凝土立面的开发。据介绍，该建筑装饰面材料仅有 3cm 厚，而且重量不到原来的 1/3。由于该材料能够"悬垂"成所需形状，从而使建筑设计的自由度大幅提升。

碳纤维增强混凝土在川藏线建设中也成为一道亮丽的风景线。随着国家对"一带一路"沿线基础设施的投资持续加大，川藏线被列为国家重点工程。建设过程中由于地质复杂，混凝土结构处于高应力、极低温、地下水等复杂环境中，此时钢纤维增强混凝土无法满足工程建筑的要求。碳纤维增强混凝土能够充分弥补混凝土抗冻性能差等缺点，同时还解决了高应力、极低温等环境下混凝土的开裂问题，又能避免钢纤维混凝土所出现的高温锈蚀、冻融胀裂等问题。

碳纤维增强混凝土以其优越的性能在建筑领域中已占有一席之地，并得到人们越来越明显的关注，碳纤维增强混凝土也趋向于发展成一种功能性材料。利用碳纤维良好的导电性，可以制成碳纤维增强混凝土的屏蔽材料。将短切碳纤维和化学试剂加入普通水泥中，可以大大地增强水泥对电磁干扰的屏蔽效应。例如，在频率为 1.5GHz 的电磁辐射下，单纯水泥砂浆板（3.6mm 厚）仅使辐射衰减了 0.5dB；而具有相同厚度，含有化学试剂和 0.5% 的短切碳纤维的水泥砂浆板，却使辐射衰减了 10.2dB，具有如此程度屏蔽效应的材料可以有效地用来建造屏蔽电磁干扰的建筑物，可广泛地用于军事建筑上。

此外，碳纤维增强混凝土也可作为一种智能材料。有人研究了在不同压力下掺有碳纤维的特制水泥试块的电阻率。结果表明，随着压力的增大，电阻率变化存在可逆感应阶段、平衡阶段和剧增阶段，反映了试块内原有缺陷裂纹的闭合张开，新裂纹的萌生和裂纹的扩展破坏，并从导电机理上进行了分析。利用碳纤维水泥试块的这种特性，可用于混凝土大坝等工程的无损检测。作为一种功能材料，碳纤维增强混凝土可铺在公路上，为无人驾驶汽车引路；碳纤维增强混凝土可作为一种载体，保护钢筋混凝土中的钢筋免受腐蚀。碳纤维增强混凝土中的碳纤维也可以替换为长纤维制成的纤维毡，与混凝土复合成一种结构材料，其具有更好的性能。但是碳纤维与钢纤维相比较，造价成本较高，在建筑工程中的普及应用还需要很长的时间。

（三）玄武岩纤维增强混凝土

玄武岩纤维具有高抗拉强度、高弹模、耐腐蚀等优点，其极限抗拉强度为 4800MPa，远大于钢纤维。其与混凝土搅拌时易分散，施工性能好，对抗压、抗折强度有一定提高。有研究发现，玄武岩纤维含量为 3kg/m³ 时，抗压、抗折强度提高最大。此时，对比长度分别为 6mm、12mm、25mm 的纤维可知，长度 12mm 的纤维在抗压、抗折强度上相比不掺纤维的混凝土分别提高约 34.6%、27.2%，比其他两种长度的纤维改善效果更佳。但是玄武岩纤维与基体的黏结强度较弱，限制了其对混凝土性能的改善作用，在实际工程中应用较少。因此，提高玄武岩纤维与基体之间的黏结强度将是今后研究的重点。

（四）纤维混杂增强混凝土

纤维混杂增强混凝土是基于钢纤维增强混凝土的混杂设计和应用，目前主要有不同规格钢纤维混杂、其他纤维与钢纤维混杂两种方式。钢纤维混杂可以进行不同长度圆直形钢纤维混杂和不同形状钢纤维混杂。圆直形钢纤维是工程上最常用的，其长度从 1mm 到 70mm 都有。将不同长度的钢纤维混杂，混凝土的抗裂、抗折强度与单掺纤维相比有显著差异，如混杂 2% 长度 6mm 和 1% 长度 13mm 钢纤维，抗压强度比单掺纤维最大值高 7%；混杂 1% 长度 6mm 和 2% 长度 13mm 钢纤维，抗压强度比单掺 2% 长度 13mm 钢纤维低。通过对长度分别为 13.0mm、19.5mm、30.0mm 钢纤维进行两两混杂，发现 30.0mm 和 19.5mm 混杂有提高抗折强度的作用，其他组合反而降低。长、短钢纤维混杂发挥协同效应，如图 6-4 所示，不仅与混杂比例有关系，也与纤维长度相关。

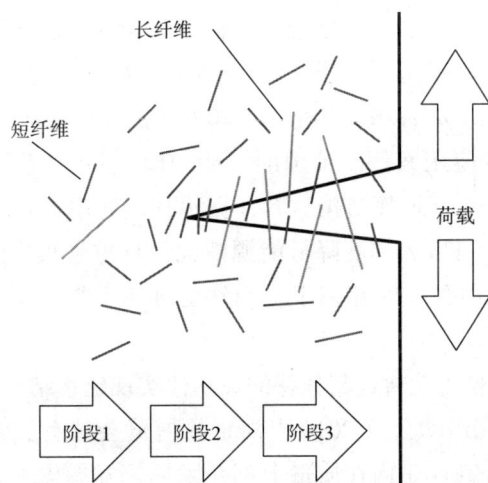

图 6-4　长短纤维混杂优势互补现象

钢纤维与有机纤维混杂时，钢纤维弹性模量高，有机纤维一般弹性模量较低。前者属于主要提高强度的刚性纤维，后者多数属于主要提高延展性的柔性纤维，二者混杂目的在于同时提高混凝土强度和韧性。目前钢纤维的混杂，以短直圆形纤维为主。钢纤维与无机纤维混杂时，玻璃纤维、玄武岩纤维、碳纤维也具有较高弹性模量。对混杂玻璃纤维、钢纤维的研究发现，掺入玻璃纤维会降低混凝土的流动性，但对早期阻裂效果优于单掺碳纤维、钢纤维混杂。目前很少在基体中直接掺入纤维混杂，而是采取碳纤维层形式包裹在构件表面提高掺有钢纤维的高性能纤维增强混凝土的强度刚度。碳纤维是否适合和钢纤维混杂需进一步探究。

二、膜结构屋顶

膜结构作为建筑用纺织品的重要领域之一，近几年发展非常迅速。膜结构是建筑技术的新发展，采用钢性支撑，上绷膜面，形成大跨度空间结构。一般认为，现代膜结构建筑的出现是从 1970 年大阪世博会开始的，其标志性建筑是在该届世博会上展出的美国馆，它采用气承式膜结构建筑，外形近似椭圆形，具体尺寸为 140m×830.5m。该展馆是世界上首次出现的现代膜结构建筑，其使用的膜材是玻璃纤维织物涂以聚氯乙烯（PVC）树脂，与后来大量建造的膜结构建筑材料类似。大阪世博会以后，在 20 世纪最后的 20 年中，膜结构建筑得到了快速发展。当时据专家估计，1970~1996 年世界上大约已建造了 150 座大型膜结构建筑，其中美国占有很大的比例，如德国斯德加特体育场、美国丹佛国际机场等。中国的膜结构建筑发展相对较晚，1997 年在上海建成了容纳 8 万人的上海体育场，这是我国首次将膜结构建筑应用到大型体育场上，其覆盖面积为 3.61 万平方米，所用的膜材料全部从国外进口，包括玻璃纤维织物涂 PTFE 树脂的膜材料和一些附属材料、设计、施工也依赖外国公司。据了解，其造价比传统的建筑要高得多，但其对我国膜结构建筑的发展影响甚大。

20 世纪末、21 世纪初，国际上出现了一些新型膜材，即 ETFE，亦称 P40。这种膜材的特点是抗剪切机械强度高、耐低温冲击性能好，而且化学性能稳定，耐辐射性能好，具有极佳的延展性、透光性以及紫外线阻隔性能。此外，ETFE 膜有自清洁功能，经雨水冲刷即可达到清洁效果，因此非常适用于体育场、文化馆、车站、商业中心等空间跨度较大建筑的屋顶、外壳等，国外有很多此类的应用案例。英国的"伊甸园"，由 4 座穹顶状膜结构建筑连接而成，其采用的覆盖材料便是 ETFE 膜结构材料，据称其透光率可达 70%。采用这种膜材建成的建筑物，白天不用照明，可以大幅度降低能源消耗，且重量很轻，仅为同面积玻璃重量的1%，可单独使用，使用寿命可达 25 年以上，当然也可与织物等材料复合，使它具有良好的保温性。

除了以上案例，ETFE 膜还能通过其独特的灵活性实现建筑结构造型的多元化，如图 6-5所示。2008 年北京奥林匹克运动会及 2010 上海世界博览会就有大量的体育场馆和展览馆使用了膜结构材料，无论从外观还是内在质量上都在膜建筑发展史上达到了一个新的高度。以世博轴为标志的整个景区，形成膜结构建筑群，甚至连接展馆的过道上都布满了富有情趣的膜结构遮阳伞。2015 年米兰世博会的德国馆采用了"PVC 膜+ETFE 膜"的建造方式，展馆的整体造型犹如发芽的植物，形象且富有活力。位于波兰罗兹的车站，其顶棚采用了彩色ETFE 膜结构，不仅具有防雨透光功能，而且赋予了建筑独特的外观效果，膜的总覆盖面积达 $3500m^2$，是彩色膜结构建筑中的代表。

三、屋顶、墙面等建筑防水用纺织品

目前民用建筑中有防水需要的分部工程按部位主要分为：地下防水、外墙防水、屋面防水及厨卫间阳台防水等。按防水设防形式及材料不同，主要分为刚性自防水、片材防水及涂层防水等。同时，各分部工程遵循的防水设计原则侧重亦有不同。例如，地下防水工程遵循"因地制宜、综合防治、刚柔并济、防疏结合"的设计原则，其防水使用期限一般在 50~100

(a) 北京奥运会水立方

(b) 上海世博会中国馆

(c) 米兰世博会德国馆

(d) 波兰的Tram Station 彩色天窗

图 6-5　现代建筑采用膜结构典型案例

年，主要采用防水混凝土结构自防水为主，柔性防水层主要以片材或涂层防水材料组成复合防水设防。屋面防水工程遵循"多道设防、整体封闭、防疏结合、以防为主"的设计原则，除了采用防水混凝土浇筑外，最主要是采用片材和涂层防水材料设防。外墙防水工程遵循"迎水设防、强化节点、牢柔并重、防脱防裂"的设计原则，以防水砂浆、涂层防水及防水透气膜为主，以柔性密封胶及发泡聚氨酯等填充材料辅助。而厨卫间及阳台防水工程遵循"防疏结合、合理选材、技术先进、符合环保"的设计原则，多采用防水涂料、片材与涂料复合防水。

不同种类的防水材料，由于其自身特性的差别，其应用范围也不同。建筑防水材料的选用会直接影响建筑防水层的耐久度，对其密闭效果及使用时限有极大的影响，因而选用合适可靠的材料是保障工程质量的关键。现阶段建筑防水材料种类繁多，科学合理地选用防水材料，可保证建筑的防水工程质量。新型防水材料可分为防水涂料、建筑密封材料、防水卷材、刚性防水砂浆。

（一）建筑防水涂料

建筑防水涂料是在常温下形状不固定的液态高分子复合材料，经涂布后，由于复合材料中的水分蒸发进而使其中的剩余物质固化在施工面，形成坚韧的防水涂膜。常用的有以下几类。

（1）聚氨酯防水涂料（PU）。由多种有机高分子材料经聚合反应制成具防水作用的预制聚合体，其成分主要有异氰酸酯、聚醚等，并添加多种催化剂、无水填充剂、溶剂等混合加工而成的反应固化型高分子防水涂料。特点：对基层干湿度无要求；有较高抗拉强度，柔韧性好，对基层变形适应性强，黏结强度高；高温不流淌、低温不龟裂的良好耐候性；耐油、耐磨、耐臭氧、耐酸碱侵蚀等抗老化性能。

（2）聚合物水泥防水涂料（JS）。由多种有机高分子聚合物乳液和无机活性粉料（如水泥），添加多种助剂配制而成，经水分挥发和水泥反应固化成膜的高分子水性复合防水涂料。特点：可在干燥、潮湿基层上直接施工；良好的柔韧性、耐久耐老化、抗渗漏及黏结性；成膜快干，弹性模量适中，体积收缩小，高温不流淌、低温不龟裂的良好耐候性。

（3）聚合物乳液防水涂料。由有机高分子聚合物乳液为主料，加多种添加剂配制而成的水乳型有机高分子防水涂料。特点：宜于干燥基层及非长期浸水环境下施工；有较好的拉伸延展性、柔韧性及黏结强度；较好的低温耐候性。

（4）水乳型沥青防水涂料。由多种有机橡胶共同复合对沥青进行改性，配制而成的聚合物改性沥青水乳型防水涂料。特点：褐色或黑褐色有机胶凝材料；黏结强度较好；低温柔韧性及耐热性能较好；有较好拉伸延展性。

（5）溶剂型橡胶沥青防水涂料。由有机橡胶改性沥青为基料，经溶剂溶解制作而成的高聚物改性沥青防水涂料。特点：黏结性、抗裂性、柔韧性较好；较好的耐冷、热稳定性，低温不脆裂，高温不流淌。

（二）建筑密封材料

建筑密封材料常用于处理建筑物缝隙的密封，此种材料具有一定的变形性能，不断加强其密封效果，使缝隙处于反复受力的情况下仍能保持密封状态。密封材料可分为硅酮密封膏、丙烯酸酯密封膏、聚氨酯密封膏、聚硫密封膏这四类，其中硅酮密封膏黏结性好，能够适应任何自然气候，硅酮密封膏还可分为拉伸模量不等的多种产品，可用于建筑多种位置的缝隙密封，在建筑工程中得到大量的使用。聚氨酯密封膏可分为单组分聚氨酯与双组分聚氨酯密封膏，此种密封膏具有延伸率大、变形力与强度高、弹性强等优点，适用于建筑中非外露位置的密封。丙烯酸酯密封膏是硬化材料的一种，属于单组分型室温固化材料，适用于含水量较高的基面，温度超过5℃就可投入使用，此种密封膏具有价格适宜、密封性高、黏结性强的优点，在建筑的外墙板缝密封中得到应用，在修复含水周期长的建筑部位时，要求此种密封膏耐水性超过80%。聚硫密封膏具有良好的黏结性、耐老化性、耐油性、水密性、气密性，但价格相对较高，根据实际的建筑工程密封位置的特点、要求，选择最佳的密封材料。

（三）防水卷材

防水卷材是一种新型的防水材料，可分为高聚物改性沥青卷材、合成高分子防水卷材。高聚物改性沥青卷材在建筑工程上得到广泛应用，其主要功能是增强沥青耐高温特性，有利于提高沥青强度、沥青延度、卷材耐老化性能、低温弹性，使原有的施工方式得到创新，卷材应用范围越来越广。合成高分子卷材具有强度大、延伸率高的特点，其耐高低温性能较好，相较于原有的防水材料弹性与耐久性也比较高，运用单层冷粘法施工方式，适用于各种施工条件，有助于建筑防水工程质量的提升。

（四）刚性防水砂浆

刚性防水砂浆由防水砂浆、防水混凝土混合而成。将两种材料进行科学配比后，使其防水性、抗渗性得到提升。其中防水砂浆常用在迎水面防水施工中。刚性防水砂浆适用于屋面、地下、外墙的防水工程中，其施工工艺要求较高，可表现在对水泥、砂、防水剂的质量及其使用参数的控制上，还需进一步加强施工质量与基层处理。

四、隔音绝热建筑用纺织品

纺织品作为具有一定厚度的多孔材料，具有疏松、柔软、蓬松多孔等特点，在吸声隔音、隔热等方面的研究应用已经非常广泛。将其作为建筑用材料，可以减少噪声，提高建筑物的保温隔热性能，提升居住的舒适度。

（一）吸音降噪用高端纺织品

目前，具有吸声隔音效果的纺织品在建筑中常被用于窗帘、幕布、地毯、天花板等中。纺织吸音材料的原料和织物结构都会影响产品的吸声性能，这里主要通过新材料、新应用方面的案例来阐述纺织吸音材料在建筑领域的应用趋势。如美国著名的隔音材料开发企业Snowsound将声学原理和材料性能进行互补，使用密度可调的材料制成的吸声材料可在不同频率下实现对声波的选择性吸收，开发出优化声学环境的一系列吸音降噪产品。第一款吸音降噪产品为Diesis™，该材料由100%聚酯纤维制成，厚度最大仅为1.7mm，具有耐燃性、可回收、耐用性强、绿色环保等特点。第二款产品为TreviraCS®，是由聚酯纤维织物与面板结合，虽然厚度小，但在吸声效果上表现良好，尤其是对人声的典型中频范围（500~2000Hz）的吸收效果好，非常适用于一些公共场合的吸音降噪。目前，Snowsound的产品涉及天花板、墙布、地毯、窗帘、墙上挂饰等各种类型，可用于家庭、学校、会议室以及各种需要控制噪声的场所。

德国科德宝推出了一种新型SoundTex®高性能吸音非织造布，该产品极其轻薄，厚度仅为0.27mm，克重为63g/m²，可有效降低室内75%的噪声反射，并且无毒无害、易于安装。目前，产品已在北京大兴机场的屋顶建设中得到应用，使用量约为4万平方米，起到了很好的隔音降噪效果，如图6-6所示。SoundTex吸声非织造布的一面涂有低温热敏胶，只要适当的加温就可粘贴在穿孔板上。贴有吸声非织造布的穿孔板安装在留有空腔的龙骨上，就形成一种良好的吸声体，这层吸声非织造布相当于穿孔板后填充的玻璃棉或岩棉等的吸声效果。由于吸声非织造布是一种超轻超薄吸声材料，和无机纤维吸声材料相比，不仅运输、仓储方便，安装省时省力，而且不会污染环境，有利于环保。因此，吸声非织造布广泛运用于各种穿孔吸声板中，特别是大型公共建筑的金属穿孔吸声吊顶。

在吸音降噪方面，纺织材料还可与特殊的建筑结构相结合，从而呈现出优异的声学效果。英国的Flanagan Lawrence表演厅外壳就采用了一种特殊的表面结构，一层白色的PVC涂层聚酯纤维织物，如图6-7所示。整体结构是一种轻便的拉伸充气式结构，造型独特，能够反射

图 6-6　科德宝 SoundTex® 高性能吸音非织造布的吸音原理（上）及其在大兴机场天花板中的应用

一些高频声波，达到平衡的声学效果，并起到优化室内环境的作用。据悉，这种结构设计可展现出完美的演奏效果，且强度非常高，耐久性强，具备自清洁功能。

图 6-7　用织物膜结构制成的表演厅外壳

（二）保温隔热用高端纺织品

纺织纤维材料的孔隙率高，可以储存静态空气，具有很强的热量储存与隔热效果。纺织隔热材料可以用来包裹房屋外部，阻隔外部湿润空气进入从而达到保温隔热效果。目前，保温隔热材料有两个主要的技术发展方向：一是原材料的绿色化，倾向于使用纺织废料、回收材料等，以降低原材料成本和碳排放；二是通过高性能材料、高端技术的应用，尽可能以轻质薄材实现最佳的隔热效果。土耳其的 HANIFI 等利用向日葵秸秆及棉纺织废料为原料，以石膏或环氧树脂为黏合剂，通过混合热压的方式制作了建筑用保温隔热材料。C³ 的 eV 项目团队与德国巴斯夫集团合作开发了极薄且柔软的隔热材料 SLENTITE®，该隔热体可实现更加精细的内部构造，与碳纤维增强混凝土结合使用时，可以满足建筑师和工程规划人员的要求：轻巧高效、形式多样的结构，以及极佳的隔热性能，可显著降低建筑物建造和使用过程中的能耗和 CO_2 排放量，实用性非常强。德国慕尼黑国际建筑建材展览会上，与碳纤维增强混凝土复合使用的 SLENTITE© 隔热材料作为建材方面的创新产品，获得了 2019 年 "BAKA" 奖。

目前，相关研究者正计划将该材料用于房屋建筑中。研究人员借鉴了北极熊的毛皮保温原理及特种膜结构材料独特的仿毛皮特点，将黑色涂层纺织品与带有热转移层的多孔膜应用于建筑中。当阳光照射在建筑上时，热转移层开始加热空气，而热空气通过在整个建筑空间中的流动达到保温效果，如图6-8所示。

图6-8　"北极熊"暖房

五、智能高端建筑用纺织品

当前，建筑材料蕴含的科技水平也在不断提升，智能纺织材料的应用已经不限于智能可穿戴装备及生物医疗等领域，在建筑领域同样大有可为，目前多用于对建筑结构的智能控制、安全性能监测、智能修复等。

（一）智能检测用纺织品

具有监测及修复功能的智能纺织材料，可以感知自身是否已经受损，并在结构受到损害之前将信息实时报送给远程监控端或提前进行自我修复，在大型建筑、桥梁安全方面具有实际应用意义。一般将集成传感器、导电纤维、纳米材料等融入纺织结构材料中来制备具有监测或自修复功能的智能建筑材料。据统计，每年因为水管渗漏流失的水量约占全球水供应量的35%，并且水管渗漏也会给建设工程带来很大的安全隐患，采用智能纤维增强混凝土系统在这方面发挥了很大作用。如图6-9所示，亚琛工业大学研究小组以碳纤维/玻璃纤维经编双轴向织物作为加筋材料，纺织结构中添加导电纤维作为渗漏监测的传感器，制备了具有传感监测功能的纤维增强混凝土管道（简称TRC管道），该产品的优势在于耐腐蚀性强、成型性好、设计自由度高，且具有加强筋与传感监测双重功能，可用于水分渗漏及混凝土裂纹监测等领域。

（二）能量收集型建筑用智能纺织品

目前，与纺织相关的能量收集型产品包括纤维基能量收集和储存器件、薄膜涂层能量收集装置等不同形式，将其应用于建筑物的能量收集，具有质轻、造价低、可塑性强、适用面

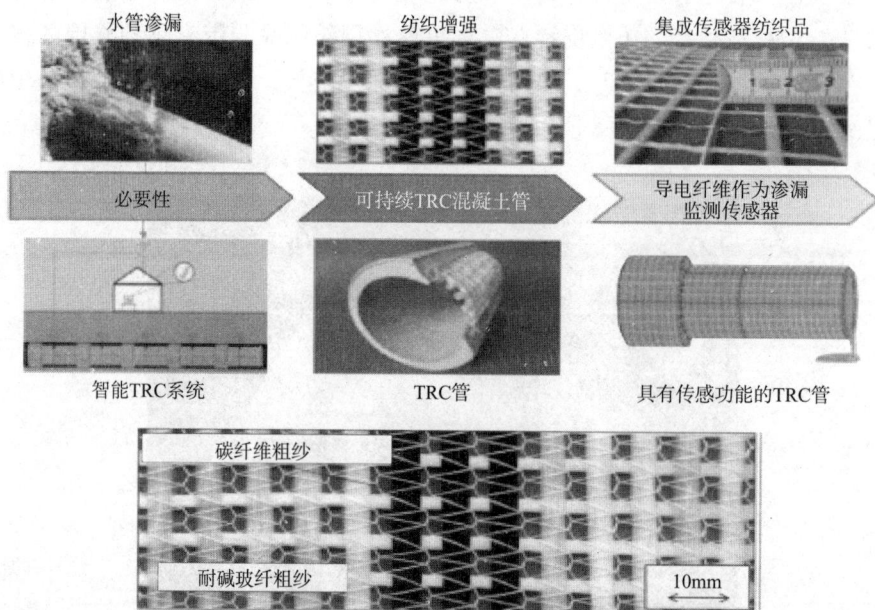

图 6-9　具有传感检测功能的纤维增强混凝土管道

广等特点。智能纺织建筑材料在光伏集成方面的前沿研究和商业化应用已取得很大进展。其中，高性能膜是在具有能量收集功能的建筑中应用最多的一类产品，相较于更为普及的硅基膜，其更加轻薄。据悉，世界上第一种光伏集成高性能膜的基材为 PVC 膜，如图 6-10（a）所示。位于美国波士顿的建筑公司 KVA Matx 尝试将有机光伏太阳能电池应用于建筑中。该公司的 Soft House 项目综合采用了 3D 针织物、阻燃涂层聚合物织物、带有铝嵌件的编织物、集成印刷光伏电池和锂离子可充电电池等建造了一种可发电的"软房"，如图 6-10（b）所示，该建筑系统每小时产生的能量足够满足美国一户普通家庭一日的电力需求，为低碳建筑的创新开发提供了新方向。随着这些技术的进一步成熟并逐渐得到市场认可，可以预见，KVA Matx 公司所采用的纺织品结构组合可形成一体化的智能建筑结构解决方案。

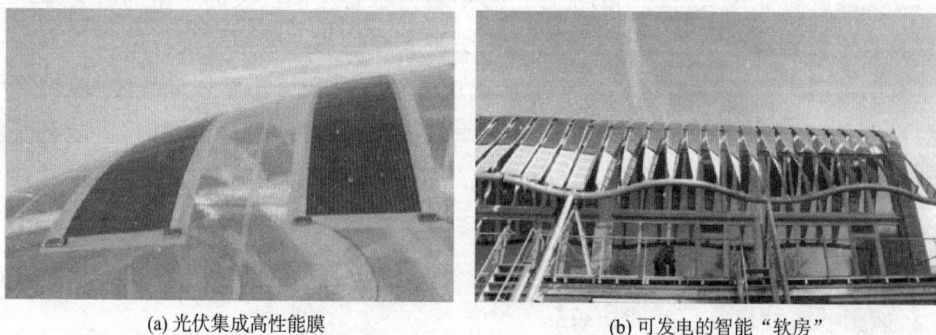

(a) 光伏集成高性能膜　　　　　　　　(b) 可发电的智能"软房"

图 6-10　能量收集型建筑用智能纺织品应用案例

第四节　建筑用纺织品的发展现状与趋势

从发展历程来看，建筑用纺织品在欧美日韩等发达国家和地区的发展已有近 40 年历史，并且得到了很好的应用实践，无论是设计开发理念还是新技术、新产品的研发应用，均处于世界领先水平。例如，欧洲对建筑的绿色化、节能化及老旧建筑的修缮、改造等非常重视，为此，其第七次框架计划（FP7）、"地平线 2020"计划、欧盟智能能源（IEE）计划等战略性项目中均设立专项对与此相关的项目给予资金支持。我国自 20 世纪 90 年代末开始发展并应用建筑用纺织材料，近年来，我国建筑用纺织品的用量持续上升，稳居全球第 3 位，未来在国家相关政策的牵引指导以及市场需求的共同作用下，该领域还有很大的发展空间。

随着社会经济的发展，全球建筑行业迎来了蓬勃生机，尤其是高层建筑如雨后春笋般崛地而起，但也存在建筑自重过大、抗震性能不佳等一系列问题，建筑结构的轻量化成为解决这些问题的重要途径。纺织材料作为一种轻质、高强材料，在轻量化建筑结构中具有天然的应用优势，尤其是碳纤维、芳纶等高性能纤维的应用，为轻型增强型建筑材料的开发提供了重要支撑，在减轻建筑物重量、增强其使用寿命、提高其抗震性等方面发挥了重要作用。从全球来看，未来随着全球基础设施建设力度的加大及人们生活质量的提高，建筑用纺织品市场将继续得到快速发展。目前，这一领域的前沿性应用研究主要集中在欧美日等发达国家和地区，他们将建筑用纺织材料的开发、应用与生活方式、设计美学等紧密融合，形成了一大批美观、实用、环保、功能先进的建筑作品。而我国的相关产业尚停留在基础性材料与产品的生产上，前沿性研究匮乏，纺织材料的开发应用与建筑作品的设计脱节，一些大型建筑的设计还依赖国外工作室完成，所用的先进材料也依赖进口，纺织材料在普通民用建筑领域的应用市场亟待挖掘。从技术层面来看，未来建筑用纺织品将朝着更加高性能化、功能化、智能化、绿色化方向发展，而建筑设计在柔性纺织材料的加持下也将呈现出更大的灵活性。总的来说，未来随着人们对高品质生活需求的提高，新型建筑及与此相关的建筑材料包括建筑用纺织品将迎来更好的发展机遇。

参考文献

[1] 刘凯琳，赵永霞. 建筑用纺织品的发展现状及趋势 [J]. 纺织导报，2019（S01）：79-89.

[2] 邹淑燕. 建筑用纺织品在工程建筑领域中的应用与展望 [J]. 山西建筑，2011，37（22）：121-122.

[3] 陈宝春，林毅煋，杨简，等. 超高性能纤维增强混凝土中纤维作用综述 [J]. 福州大学学报（自然科学版），2020，48（1）：57-68.

[4] 聂红宾，谷拴成，高攀科，等. 寒区碳纤维增强混凝土抗冻性能试验研究 [J]. 混凝土与水泥制品，2020（5）：46-50.

［5］周强. 玄武岩纤维增强混凝土力学性能试验研究［J］. 路基工程，2019（4）：121-124.

［6］王春红，王艳欣. 建筑用纺织品的应用和发展［J］. 非织造布，2005，13（2）：23-25.

［7］秦建华. 建筑工程防水技术及新材料的应用探究［J］. 中国市场，2017（6）：77-77.

［8］褚锦锋. 建筑用防水涂料适用性解析［J］. 四川建材，2020，46（6）：20-22.

［9］张威，胡冰然. 建筑防水材料特性及应用［J］. 工程建设与设计，2018（8）：17-18.

［10］钟祥璋. SoundTex 吸声无纺布的材料特性［J］. 音响技术，2008（11）：25-28.

［11］丁逸峰，邵俊，史林均，等. ETFE 膜材料的特点及其在土木工程中的应用［J］. 门窗，2014（9）：162.

［12］王春华. 隔音材料在建筑上的应用与施工方法［J］. 上海建材，2016（2）：16-17.

［13］闫凯，袁大伟，刘景明. 隔音材料在建筑工程领域的进展分析［J］. 科技创新与应用，2015（26）：267.

第七章　过滤与分离用纺织品

过滤一般是指捕捉或分离分散于气体或液体中的固体相颗粒状物质的一种物理操作，其本质上一个分离过程，即将一种物质相从另一种物质相中分离的过程，即气/固分离、液/固分离、气/液分离。实现上述相分离过滤操作必要的物质即为过滤材料，其具有内表面大、孔隙率高的特征。过滤材料可以为刚性较高的材料，如多孔陶瓷、金属丝网或刚性板材，也可以为柔韧性较好的材料，如孔隙率高的海绵、纺织品。由于纺织品过滤材料具有质轻、柔软、耐磨性好、过滤效率高（>90%，甚至>99%）等特点，成为过滤与分离用过滤材料的理想产品。

纺织品作为过滤介质，根据相分离类型，过滤可分为干式过滤和湿式过滤两种形式。干式过滤是将气体中浮游或悬浮的固体颗粒或空气中的尘埃进行分离，如工业烟尘过滤、空气净化过滤；湿式过滤是将液体中浮游或悬浮的固体颗粒进行液固分离，如工业废水过滤、土工织物渗透过滤。

随着我国工业生产的不断发展，过滤与分离材料已成为国民经济发展中一个重要的产业用纺织品，广泛应用于冶金、化工、轻工、纺织、制药、电子、食品、陶瓷等领域，还应用于污水处理、消烟除尘、空气过滤净化、水的净化等。目前，过滤与分离用纺织品已成为科技研发及市场拓展最为活跃的领域之一。

第一节　过滤与分离用纺织品的分类

美国过滤与分离协会（AFS）将过滤与分离分为34个子行业，其中有10个子行业与过滤介质直接相关。在这10种过滤介质行业中，归属于纺织品过滤材料的有非织造材料、单丝/多丝布；从广义上讲，过滤与分离用纺织品还包括膜材料。其他子行业中，归属于纺织品过滤材料的有滤袋、过滤毡等。本节从纺织品加工技术与应用领域对过滤与分离用纺织品分类。

一、按过滤与分离用纺织品制备技术分类

根据制备技术不同，过滤与分离用纺织品材料可分为机织过滤材料、针织过滤材料和非织造过滤材料，其中针织过滤材料由于尺寸稳定性差、孔径较大，使用较少。

（一）机织过滤材料

机织过滤材料是以合股加捻的经、纬纱线或单丝用织机机织成的，有时称为二维结构过滤布。机织滤料的优点是强力较高，可用于负载较大的场合。但在应用中，由于机织过滤材料具有较高孔隙率（30%~40%）且孔隙类型为直通型，在股线与加捻纤维间易嵌入被过滤的

微小颗粒而堵塞，且因其为二维平面过滤，在过滤初期的灰尘捕集率较低，一般用于液体过滤。

纱线类型与织物组织结构对机织过滤材料的过滤性能具有决定性作用。用于织造机织过滤材料的纱线类型有单丝、合股长丝和短纤纱线，纱线类型不同，机织过滤材料结构及性能也不同。单丝一般为合成纤维的长丝，织成的机织过滤材料表面光滑，有直通型孔隙，易清洗，卸渣性能佳，但不适用于精密过滤。合股长丝一般由两股或多股单根长丝经加捻合股而制成。机织过滤材料抗拉强度好，对颗粒的截留性能较单丝为好，但卸渣性能稍差。短纤纱线一般是由天然棉、毛纤维或合成短纤维经梳理、成纱制备获得，纱线表面存在较多纤维端，毛羽较多，机织过滤材料孔隙内被纱线毛羽占据，表现出对颗粒具有优异的拦截和捕捉能力，过滤效果好，但该过滤材料的孔隙易被粒子堵塞，清洗和卸渣性能较差。

机织过滤材料常用的组织结构有三种：平纹、缎纹和斜纹。平纹结构的机织过滤材料结构紧密、孔径尺寸小，对颗粒的拦截和捕捉能力强、过滤效果好，使用寿命长，但其缺点是流阻大、孔隙易被颗粒堵塞、清洁困难。缎纹结构的机织过滤材料的孔径尺寸大、流阻小，孔隙不易被颗粒堵塞且清洁较易，但该过滤材料对颗粒的拦阻能力较差，过滤效果较差。斜纹滤布的各项性能居中，抗摩擦能力很强，过滤速度也大，寿命最长，因而被广泛应用。

（二）针织过滤材料

针织过滤材料是采用针织机将各种针织用纱织成片状材料的过滤布，所用纱线同机织过滤材料相似。针织过滤材料的孔隙呈现为曲折型通孔，能够拦截和捕捉粒径较大的颗粒，具有一定的过滤效率。然而，由于针织过滤材料的尺寸稳定性差，在实际工程中，使用场合很少。

（三）非织造过滤材料

非织造过滤材料是具有三维网状结构的纤维集合体，该过滤材料的过滤单元是单根纤维，其主要成型工艺有纺粘法、熔喷法、水刺法、针刺法，以及这些工艺复合。

在非织造过滤材料内部，纤维随机排列、堆砌且相互缠结，形成形状与尺寸存在较大差异的孔隙。非织造过滤材料内单根纤维作为过滤单元有利于发挥纤维自身多孔或异形纤维的过滤优势，当混有颗粒杂质的流体流经非织造过滤材料，固体颗粒与纤维碰撞并依附于纤维表面，实现高效过滤。此外，非织造材料孔隙率高（>60%，甚至>80%），表现为颗粒与材料的接触机会多、颗粒被非织造过滤材料拦截和捕捉的概率增加，同时较多的孔隙能够存储更多的颗粒，从而进一步提高非织造过滤材料的过滤效率。非织造过滤材料在过滤效率、产量、成本、复合等方面与传统的机织和针织滤料相比具有较大优势。

二、按过滤材料应用领域分类

国家标准 GB/T 30558—2014《产业用纺织品分类》明确，产业用纺织品的分类原则是产业用纺织品以产品最终用途。每类产品所包含的具体产品类别见第一章产业用纺织品的分类。

此外，该标准的产业用纺织品还包括医疗与卫生用纺织品、交通工具用纺织品，其中前者是指应用于医学与卫生领域，具有医疗、（医疗）防护、卫生及保健用途的纺织品，如过滤/防护性医用纺织品；后者是指应用于汽车、火车、船舶、飞机等交通工具的构造中的纺织品，如交通工具过滤用纺织品。

第二节　过滤与分离用纺织品的性能要求

一、过滤材料的性能要求

（一）过滤效率

即捕集效率、滤尘效率、集尘率、净化效率。过滤效率应能够满足规定的百分率，它与滤布的结构参数有关，一般短纤维比长丝的捕集效率高，非织造布比机织布的捕集效率高。一般纺织品过滤材料均可达到99.5%的捕集效率，其与纤维层厚度、每根单纤维的捕集效率、孔隙率、纤维直径有关。

（二）容尘量

指滤材达到指定阻力值时，单位面积积存的粉尘量。过滤阻力是随时间的变化而变化的。随着滤材内部颗粒的沉积或滤材表面形成颗粒层，过滤阻力将越来越大，过滤能耗也就越来越大。当过滤阻力达到一定值时，不得不对滤渣层进行剥离或更换新滤材。容尘量大小与滤材孔隙率、透气率有关，一般毡毯滤材的容尘量大，非织造布较机织布的容尘量大。

（三）透气量

透气量是指在一定的压差下滤材单位面积通过的空气量。各国在测透气量时规定的压差值不完全相同，透气量取决于滤材纤维的线密度、布的组织及纤维品种，还与过滤阻力直接相关，透气量大，则过滤阻力小，能耗低。

（四）清灰

滤材经过一定时间的使用后，过滤阻力增大，透气量减少，送风机或泵的能量消耗过大，风扇的噪声也过大，为此，清灰操作不可避免。清灰方式可采用振动抖落、逆流抖落、脉冲喷射抖落、脉冲逆流抖落等方法。这就要求滤布容易清灰，这一点对于反复使用的滤布来说十分重要。

（五）耐热性

根据使用环境不同，有时要求滤布在使用中要承受很高的温度，因此滤材要求具有较好的物理耐热性及化学耐热性。滤材耐热性好坏取决于纤维材料的耐热性好坏。

（六）力学性能和尺寸稳定性

滤材应有足够的机械强度和尺寸稳定性，耐磨折性，使用寿命要长，清灰时若不能承受一定的机械外力作用，发生破损或变形很大，将会影响进一步使用。滤材的力学性能与纤维本身的强力有关，织物规格和结构也会对滤材的力学性能产生影响。

一般要求滤材的胀缩率应小于1%，胀缩率大将改变滤材的孔隙率，直接影响净化效率或增加阻力。从过滤的工艺角度来讲，尺寸的变化也将给操作带来很大的影响和麻烦，为了保证滤材的稳定性，一般进行热定形处理。

（七）吸湿性

干式过滤中如滤材的吸湿性大，将引起粉尘黏结，糊住滤材，影响除尘设备的正常运行。因此滤材吸湿性应以小为宜。

（八）耐腐蚀性

滤材在过滤过程中有可能接触各种化学药品，而且一些含尘气体或液体具有酸性或碱性，这就要求滤材具有一定的抗腐蚀能力。此能力与纤维本身的性能有关，应根据使用场合进行选用。

（九）静电性

滤材若静电性大，将影响清灰效果，或因粉尘静电聚集产生火花，引起粉尘爆炸及火灾，故滤材静电性以小为宜。

（十）阻燃性

特殊场合下使用的滤材需要具有一定的阻燃性。

二、选择过滤材料时应考虑的问题

设计过滤用纺织结构材料时，应该考虑的因素是流体流速、过滤系统中的压力、颗粒大小及浓度、过滤悬浮物的性质及其组成。当为某特定用途过滤器选用纤维时，务必要考虑它是否能承受严峻的环境条件，如温度、磨损、化学作用。

（一）热力学特性

气流中的水分子在100℃以上时，以过热蒸汽的形式存在，使很多纤维通过水解很快降解。气流中微量的酸对过滤材料有很大的危害，最典型的例子是硫会出现在煤等燃料的燃烧过程中，并以SO_2和SO_3的形式释放到空气中，它们在空气中会形成硫酸。

（二）成本

安装使用一套过滤设备的成本，80%是能耗，剩下的是过滤器的成本和安装费用。提到成本问题，就必须认真考虑过滤器的使用寿命和性能，Nomex和玻璃纤维费用较高，而聚酯和聚丙烯的价格则较低。

（三）温度

如果气体的温度过高，织物过滤材料则不能正常运行，如果过滤气体的温度是波动的，必须选择能承受温度波动上限的纤维材料。一般来说，织物过滤材料的上限温度为250~290℃。

（四）渗透

渗透是指非常细的颗粒穿过织物，它会偶尔出现在织物滤材介质中。如果机织物的组织太稀薄或风速太高，就会出现渗透现象。一般情况下，只有小颗粒穿过织物，但它们对人体的健康危害最大。解决渗透问题可以采用双层滤料或加厚滤料的方法。

（五）湿度

湿度是一个普遍存在并且重要的问题，特别是当气体中有吸湿性灰尘时，这个问题必须采用适当的预处理加以解决。

(六) 化学腐蚀

排出气体中的各种化学成分具有腐蚀作用，因此织物过滤材料容易受到它们的腐蚀，因此要求过滤材料具有一定的耐化学腐蚀性。

第三节 过滤与分离用纺织品的应用

本节参考标准 GB/T 30558—2014《产业用纺织品分类》中对过滤与分离用纺织品的分类，对于各种应用领域的过滤用纺织品进行介绍。

一、高温气体过滤和分离用纺织品

(一) 高温滤料发展背景

由于滞后的环保措施，高能耗为主的第二产业（工业）高速发展，大量工业微细烟尘（主要来源于燃煤发电、钢铁和水泥行业）被排放至空中而造成大气污染。此外，城市生活垃圾焚烧产生的微细烟尘具有强腐蚀性、强氧化性、强酸性等特征，并含有微量重金属元素，垃圾焚烧烟尘排放的有效控制也需要高度关注。工业微细烟尘是指来源于工业燃料的燃烧且空气动力学当量直径小于 2.5μm 的尘粒，其能悬浮于空气中，表面附有大量有机化学物质（如氮氧化物、硫化物、铬、镍等），并能通过呼吸系统进入体内而危害人类健康。早期，工业烟尘过滤装置大部分为静电除尘系统，其烟尘排放浓度可降低至 50mg/m³。然而，"十二五"期间，国家制定一系列工业烟尘排放的新标准，标准要求垃圾焚烧、煤电、钢铁、水泥行业烟尘排放浓度的最大限值为 30mg/m³，重点地区为 20mg/m³，这对工业烟尘过滤系统提出更高的要求。

(二) 高温烟尘特点

火电厂高温烟气的主要成分是烟尘、SO_2、NO_x 等，冷却后的烟气温度在 160℃ 左右，烟气中还有少量水分。钢铁厂高温烟气的主要成分是烟尘、SO_2、NO_x、CO 等，冷却后的烟气温度在 160℃ 以下。水泥厂高温烟气的主要成分是烟尘、SO_2、NO_x、氟化物等。炉排炉焚烧时高温烟气的成分较为复杂，颗粒物主要有碳、硅等，酸性成分主要有 SO_2、HCl、HF、NO_x 等，重金属有 Zn、Cu、Pb、Cr、Ni、Cd、Hg、As 等，还有二噁英和呋喃，烟气温度在 140~240℃。由于烟气的温度较高，排放量大，粉尘颗粒细小、黏性大，而且易燃易爆，因此需要用比较特殊的方法进行处理。

(三) 高温烟尘过滤材料发展

国外从 20 世纪 70~80 年代就致力于耐高温空气过滤材料的研究，已经研制出一些性能优越的纤维过滤材料。如美国 Gore 公司生产的 Gore-Tex 聚四氟乙烯（PTFE）覆膜过滤材料，能高效地收集亚微米级粒子。20 世纪 90 年代初，美国杜邦公司对 PTFE 纤维与玻璃纤维复合针刺毡进行研究，成功开发出商品名为 Tefaire 的复合针刺毡。近年来国外高效空气过滤材料的研发迅速。德国科德宝公司推出了三维非织造表面微孔类过滤材料，该材料具有创新的三维结构、类似透气薄膜的表面和较高的过滤效率。杜邦公司推出的 Teflon 纤维过滤材料以其较好的耐高温、耐酸碱、抗老化、防日晒和耐磨性得到了用户的好评。日本东丽公司的聚苯硫醚（PPS）纤维具有耐酸、耐高温、耐热湿分解的特点，用其制成的过滤尘袋适用于含有化学腐蚀性烟尘的过滤，使用寿命相当长。2004 年，俄罗斯采用进口含氟制剂喷洒和涂覆两种方法研制出的新型耐高温非织造布，将产品的使用寿命从循环 3.5 万次提高到 6.5 万次。2009 年，在德国世界过滤与分离技术设备工业展览会上，德国 Kermel 公司推出了 Kermel 纤维过滤材料，该纤维具有芳香族聚酰胺结构，其制成的过滤材料可以承受 220℃以上的连续高温，耐温最高可达 240℃，可用于钢铁和水泥等行业。

我国在高温烟气过滤领域的研究起步较晚，在 20 世纪 70 年代开发了玻璃纤维机织滤料、涤纶绒布，80 年代，成功研制了合成纤维针刺毡等低温、中温滤料，90 年代后期，开发了耐高温合成纤维，如芳纶 1313 针刺滤料等。进入 21 世纪后，随着我国耐高温纤维的研究开发以及工业化生产，高温过滤材料的生产技术水平不断提升，高温烟气除尘技术迅速发展，耐高温烟气过滤材料进入了高速发展期，呈现了规格品种众多的耐高温、耐腐蚀等高性能过滤材料，如 PPS 纤维、聚酰亚胺纤维、聚四氟乙烯纤维、芳砜纶、玻璃纤维、聚四氟乙烯微孔覆膜滤材和多种纤维组合的复合纤维过滤材料，以及聚四氟乙烯膜、聚偏氟乙烯膜材料、陶瓷和金属纤维烧结滤料等。

目前，工业烟尘净化系统主要有三种：电—袋复合除尘系统、袋除尘系统和电除尘系统，前两种除尘系统能有效净化工业烟尘并使烟尘排放浓度降低至 $30mg/m^3$，甚至 $20mg/m^3$、$10mg/m^3$ 以下，而这一性能是传统电除尘系统无法实现的。因此，"十二五"期间，电—袋和袋除尘系统在工业烟尘过滤领域的应用获得快速发展，同时，两种除尘系统的核心部分：由滤料经 PTFE 缝合线缝合而成的滤袋也获得高速发展。

（四）高温烟尘过滤材料结构特征

工业除尘滤料主要由针刺或水刺非织造材料、PTFE 基布和 PTFE 微孔膜复合而成。其中，用于制备非织造材料的纤维原料主要有 PTFE、聚苯硫醚（PPS）、聚酰亚胺（P84）和玻璃纤维。然而，由于工业烟尘具有腐蚀性强、氧化性高、水解等问题而造成滤料失效，使用寿命大大降低；PTFE 纤维滤料因具有极好的耐化学腐蚀和热稳定性、良好的自润滑性等优异性能而成为制备工业烟尘滤料的理想原料。早期，PTFE（膜裂）纤维制备技术被国外垄断，高效的耐腐蚀滤料完全依赖进口的 PTFE 纤维，高昂的价格限制 PTFE 纤维在工业烟尘过滤领域的进一步应用。2010 年，PTFE 纤维制备技术取得重大突破，我国 PTFE 膜裂纤维进入工业化生产阶段，PTFE 纤维在工业烟尘过滤领域的应用获得快速增长。

图 7-1 所示为常规 PTFE 滤料截面和三种原材料（非织造材料、基布和微孔膜）的形态特征。PTFE 纤维经梳理而获得的双层纤维网与 PTFE 基布［图 7-1（c）］上下叠合、形成纤维网—基布—纤维网"三明治"结构，再经针刺或水刺加固后而形成具有高强度的初始 PTFE 滤料［图 7-1（d）］。初始 PTFE 滤料与 PTFE 微孔膜［图 7-1（b）］经热黏合加工而获得过滤效率高（≥98%）、力学性能好的 PTFE 滤料。用该滤料替代常规滤料，过滤时

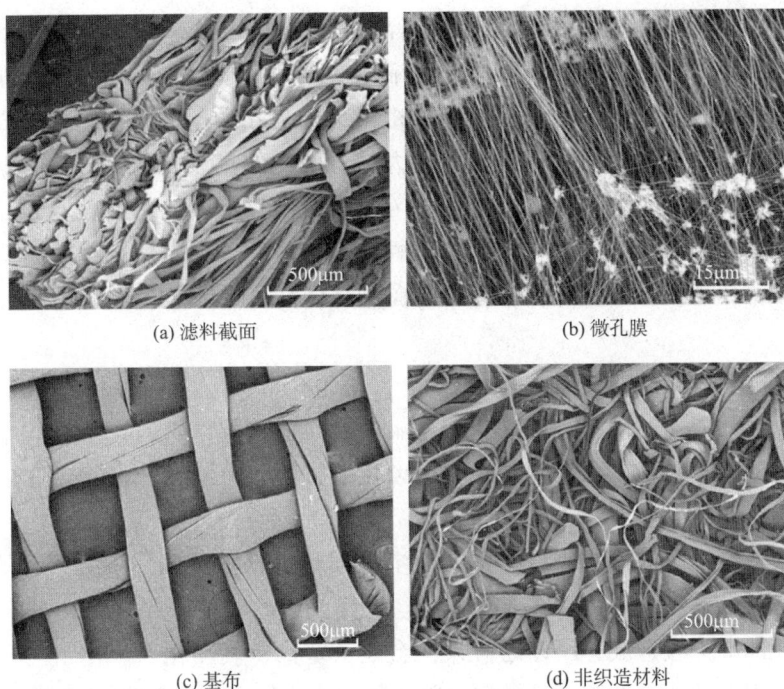

(a) 滤料截面

(b) 微孔膜

(c) 基布

(d) 非织造材料

图 7-1 PTFE 滤料形态特征电镜图片

形成粉尘层，实现表面过滤。复合滤料耐化学稳定性好、过滤效率高、使用寿命长，除尘效率高达 99.9%～99.999%，粉层剥离率达 93%～98%，耐高温达 260℃，适应用于各类袋式除尘装置，是治理环境、减少污染的理想滤料。

二、中低温气体过滤和分离用纺织品

美国 GVR 调查机构发布的研究报告显示，2016～2024 年全球非织造布过滤介质预计将以 7.7%的年均复合增长率增长，2024 年市场预期将达 83.2 亿美元。其中，增长的主要动力来自中国、印度等亚太地区新兴经济体，中东、非洲等国家和地区环保产业的快速发展，以及随着其经济快速增长而带来的人们对更清洁空气和用水的需求。据统计，亚太地区非织造布过滤介质市场规模的年复合增长率有望达 8.7%，预计 2024 年将增至 30 亿美元，成为全球增长最快的地区，市场占比将增至 36.1%。

空气过滤材料约占过滤材料市场的 1/3，是过滤材料领域中增长最快的用途之一。新型非织造布过滤介质，采用较大的比表面积及截面有较深纹理和沟槽的纤维为原料，使过滤介质有更大的粒子捕集性，从而可以提高过滤性能。非织造布过滤介质的质量可靠性与易于成型性等因素使其应用在许多方面，尤其是空气过滤领域的应用取得了引人注目的发展，并扩展应用到航空、航天、防治建筑综合征及婴幼儿卧房的装修等领域。

熔喷非织造布纤维直径极细，比表面积大，有助于在空气过滤中获得更高的过滤效率，因而广泛用于空气过滤材料。熔喷非织造布采用聚丙烯作为原材料，是因其具有易于加工的性能及高带电量的优点。聚丙烯熔喷非织造布经过静电驻极可提高 10 倍的过滤效率。

静电纺丝法制备的超细或纳米纤维膜具有高比表面积、高表面活性和高孔隙率等优点，因而具有非常高的过滤效率，且过滤阻力小；将其与传统纤维过滤材料复合而成的新型复合空气过滤材料具有高效低阻的特性，已成为广大学者研究的热点。采用熔体静电纺技术在传统 PET 非织造织物表面直接构建超细纤维膜，在线制备熔体静电纺 PET 复合过滤材料。海岛型超细纤维与水刺法非织造布手感柔软、透气性好及强度高，以 PA6/PE 海岛型双组分纤维为原料制备超细纤维水刺非织造材料，该材料在过滤材料领域具有广阔的应用前景。

三、空气净化器用过滤材料

目前市场上利用静电吸附原理去除花粉、灰尘及其他致敏物质的家用空气净化器非常畅销。有哮喘或对宠物狗过敏的人非常有必要用净化器将这些致敏颗粒去除，这也是它流行的原因。

随着生活质量提高，人们越来越注重室内空气质量，希望远离"大楼病综合征"，尤其在亚洲和欧洲，相信这种趋势也会在北美出现。大楼病综合征由于糟糕的户外空气和难以改造安装通风系统的旧大楼造成，所以通常人们会购买室内空气净化器。化工、金属、食品加工企业工作环境中会产生更加细小的微粒，因而所需的空气净化器必须更耐用、更高效。

空调过滤网具有过滤灰尘、防止空调内部受到污染的作用。过滤网上积累的尘埃类物质增多，不仅会造成室内空气的二次污染，还减少了进入空调系统的风量，进而降低空调性能、增加能耗。为了提高壁挂式空调的性能和智能化程度，壁挂式空调过滤网自动清洁技术备受关注。家用空调在日常使用过程中无法避免地会在过滤网上积累大量灰尘，当过滤网上积聚大量灰尘、污垢时，会滋生大量霉菌、尘螨等有害微生物，这些有害物质随着空调的运转在室内循环，污染空气，传播疾病，严重危害人体健康。

一种新型的可由自动清扫装置清扫的空气过滤网，在任何状态下，过滤网都处于清洁状态，从而减少灰尘的积累和病菌的产生。该过滤网由皮芯型复合长丝编织成平面状结构，经纬丝在交点处因皮层熔融而热黏结，使过滤网在清扫过程中经纬丝不易因摩擦而移位，保证网孔尺寸的稳定性。通过在皮层中添加抗菌防霉剂、导电炭黑、阻燃剂等功能助剂，以及对网进行三防处理，可以达到网的多功能要求，对改善室内环境、提高空气质量有积极影响。

四、医疗环境空气过滤材料

由于医疗卫生用品大部分为一次性用品，非织造材料不仅易于加工、成本低廉，而且还能有效防止病菌的传播和交叉感染。因此，非织造过滤材料在医疗卫生领域中的应用尤其广泛。非织造纤维网制成的过滤材料，由于孔隙多、表面毛羽较少，具有良好的吸湿和透气性，优于传统纱布的抗菌性，不易与人体伤口粘连发生感染，因而得到越来越多的应用。

医疗过滤用非织造材料在空气过滤方面应用最为广泛的是过滤式非织造口罩，以及大量生产的医疗用品（包括手术服和一次性床单）。医用非织造空气过滤材料所用的纤维一般为合成纤维，是由不同种类的纤维混用制备的，然后将混用纤维与水性聚合物分散液黏合。

采用水刺法或熔喷法制成的非织造复合材料具备优良的柔软性、透气性和过滤性能，可用于制作过滤式医用防护口罩。这种防护口罩要求能阻止病菌通过空气传播给医生或病人，降低手术的危险性。为此，对用于制造熔喷非织造过滤材料的纤维有严格要求，要求纤维直径足够小，小于病毒和尘埃直径，从而使非织造材料中纤维比表面积非常大，以确保医用防护口罩具有优良的气体过滤和细菌屏蔽功能。

五、液体过滤和分离用纺织品

液体过滤在自然界中普遍存在。浸透到地下的雨水受到砂砾层的过滤，工业试剂、水、油乃至日常生活中的饮品等液体也要经过过滤，可见液体过滤是过滤领域中重要的组成部分。目前，我国使用的液体过滤材料以传统的机织滤布为主，但机织滤布生产成本较高、过滤性较差。非织造材料以其独特的三维立体结构和性能的多样性在农业、工业、国防等领域展示出优越性，利用非织造材料与薄膜等再复合或中间夹底布制成的各种液体过滤材料，其应用范围越来越广。

涤纶具有强度高、耐冲击性好、耐热、耐腐、耐蚀、耐光性好等优点，可用于加工液体过滤材料。以涤纶、ES 纤维、涤纶浆粕为原料，采用湿法成网、热轧加固工艺制备液体过滤材料。

（一）油水分离领域

在石油、化工、能源、交通等工业生产领域和日常生活中，难免会出现各种形式的溢油、渗漏和生活油污等事故和危害，特别是严重的溢油和渗漏事故，若不能及时采取有效措施，会对生态、自然环境和人们的生命财产安全造成严重的危害。

目前，我国的经济正在迅速发展，工业化进程在不断加快，油料的加工、生产、运输、应用也在不断扩大，油料的溢漏事故也会经常发生。我国目前对溢油、漏油等事故的处理大多采用化学处理法，即消油剂处理。这种方法虽然能在一定程度上减少事故的危害，但却容易形成新的二次污染。

熔喷聚丙烯非织造布是近年发展起来的一种新型高效无污染吸油材料，目前已受到工业发达国家的广泛重视和开发应用。熔喷聚丙烯非织造布优越的吸油性能及其特点使其在吸油材料的开发应用方面有着极高的经济价值和环境价值。熔喷聚丙烯非织造布具有疏水亲油的特性，原材料的密度小（$0.91g/cm^3$），比水轻，几乎不吸水，也不溶于油类和强酸强碱，其吸油量能超过自身重量的十几倍，且吸油速度快，吸油后能浮于水面而不下沉，水油置换性能好，能反复使用和长期存放，无毒、无二次污染，不会对人畜和环境造成危害，使用方便，是理想的吸油材料。

水资源中的油污主要来源于两个方面：一是化工生产、日常生活等产生的含油污水；二是海上运输事故导致的石油泄漏。这些含油污水对人体健康和生态环境造成了严重的危害和深远的影响，如何解决油污染问题已成为人类面临的一大挑战。工业中对于封闭式污水源常用的油水分离技术较多，有气体浮选法、重力分离法、过滤法、吸附法和超声法等。对于开放式污水源，如海洋原油泄漏尚无有效的处理方法。此外，海面上的原油具有极强的扩散性，一旦发生事故需要尽快处理，以尽量避免原油的扩散带来的危害。在学术研究方面，学者们的研究热点集中在制备超疏水亲油材料对油水混合物进行过滤或吸收。

用原始的尼龙网即可实现油水分离，通过对尼龙网参数的优化设计，进一步实现了对生活污水中油污的去除和对海面浮油的提取。尼龙油水分离膜制备无须复杂的工艺，并且可以高效地进行油水分离，具有很高的实际应用价值。

（二）水净化领域

在水净化领域还有一个趋势，就是将能源（如石油、天然气）开采过程中使用的水资源进行循环利用。耐用型纺织过滤产品在污水处理方面非常高效，污水处理厂在运行过程中可以连续作业，无须关闭系统。

液体过滤材料能够清洁污水、淡化海水。目前，以色列饮用水中的30%都来自海水淡化，该地区计划在2050年将这一数字增加到70%。饮用水在全球的需求也持续增长。2009~2014年，饮用水过滤材料的消费增长了3400万美元。加强中空纤维纺丝技术和膜技术研究，提高中空纤维膜通透量和抗污染性，扩大其在污水深度治理、水净化等领域的应用，是目前研究的热点。

六、产品收集用纺织品

在土工织物过滤黏土的过程中，初期梯度比会快速上升，达到峰值后，织物—黏土体系淤堵情况逐渐缓解，透水性相对改善，梯度比下降并趋于稳定；在过滤过程中靠近织物的黏土中会发生细颗粒穿过土工织物逃逸的现象，这是织物—黏土体系的透水性改善的内在机制；过滤后的黏土主要以聚粒形式存在，结构较疏松，在靠近织物的黏土中出现较大的孔隙；不同孔径和工艺的土工织物过滤黏土机制相同，但淤堵程度不同。

在土木建筑、水利、交通领域，合理设置反滤层是提高土体抵抗渗透破坏能力和提高土工构筑物稳定性的一种有效措施。土工织物的反滤功能与被挡土体的性质密切相关，在工程实践中，当把塑料排水板插入软土中作为竖向排水体，采用土工织物管袋充填疏浚淤泥或吹填淤泥时，会发现，经过一段时间后排水不畅，土工织物会发生比较严重的淤堵现象。

自体脂肪移植技术在软组织修复、隆胸、丰臀等美容外科领域有很好的发展前景。如何提高移植后脂肪的存活率，降低移植脂肪的吸收率和纤维囊化并发症发生概率等问题一直是研究人员近年来的研究重点。自体脂肪移植技术主要包括三个方面，分别是脂肪的抽吸、纯化和注射，其中，纯化技术是影响移植脂肪存活率的关键，提高纯化效果可以有效提高脂肪存活率。目前，临床上主要使用的纯化方法主要是静置法、医用棉垫过滤法和离心法，但这三种方法都存在一定的不足，静置法的纯化效率低、用时长；医用棉垫过滤法虽然操作简便，但存在纤维进入脂肪组织的风险；离心法获得的脂肪含量最高，但有研究表明，离心速率升高会损伤脂肪细胞。因此，需要研究一种新的脂肪纯化方法来提高脂肪纯化的过滤效率。聚丙烯纺熔非织造材料拥有稳定的化学性能、表面光滑、孔径小等优点，可以作为一种新的过滤介质来代替医用棉垫对脂肪进行过滤浓缩。聚丙烯纺熔非织造材料由于纤维自身性质和材料结构导致材料不亲水，因此无法过滤脂肪中的水分。利用聚丙烯纺熔非织造材料的亲水整理技术，制备亲水聚丙烯纺熔非织造材料，将其作脂肪过滤层。医用纺熔复合非织造滤料作为一种新型的过滤材料可以被应用在脂肪移植技术中作为纯化材料使用，具有提高脂肪纯化效率、操作简便、使用安全等优点，具有广阔的应用和发展前景。

七、工业废水、废液处理用纺织品

机织过滤材料是工业废水处理中使用最多的纺织过滤材料，在使用时常与隔板组成压滤机，废水先经过沉淀，再通过水泵的冲击作用在织物上完成过滤。机织滤布的强度相对较高，其承受的水压取决于滤布使用的纱线品种和滤布的经纬密度。机织物作为二维过滤材料，其过滤的主要形式为表层过滤。机织物本身的结构特点使其总孔隙率较低，仅为 30%~40%，而且孔隙相对较大，内部通道较为直通。在过滤初期，直径小的颗粒很容易穿透滤布，捕集效率较低。随着过滤的进行，滤布表面和内部会形成滤渣层（滤饼），此时滤渣层也参与过滤，使整体的过滤效率变高。但是随着滤渣层的增加，流体的阻力增大，当阻力增大到一定程度时，颗粒在压力的作用下会穿过滤材，此时过滤不能正常进行，必须清理滤渣。

有些工业废水如颜料废水中含有黏性很大的物质，会使滤布很快发生堵塞，而且滤渣在滤布表面结固，难以剥离，造成整块滤布无法再次使用。因此提高滤布的表面性能可以减少堵塞造成的滤布失效问题。要使滤布具有好的表面性能，可以采用表面性能好的纤维制造滤布，也可以通过涂层、覆膜等方法提高滤布的表面性能。覆膜滤料是指在机织、针织或非织造过滤材料的表面涂覆一层薄膜而形成的复合过滤材料，滤布覆膜后可以提高其过滤效率，增强其表面性能，使滤布的表面更光滑，增强其抗堵塞能力和滤料剥离性能，延长使用寿命。

八、食品工业过滤用纺织品

纺织企业在专业的市场及技术咨询公司的辅助下，已经进行了大量的过滤纺织品应用领域拓展的市场研究，在此基础上制订了应用拓展计划，同时展开了相应的技术研发工作。其中，德国 Kelheim 纤维公司与大型饮料机械生产商 Krones 合作，研究出利用可降解的粘胶纤维替代硅藻土应用在啤酒及饮料过滤上的方法。通过对黏胶纤维的功能优化及改性，以及提升纤维滤饼制造工艺，这两家公司的研究已经证明其黏胶纤维滤材完全可以成为硅藻土在酒水饮料过滤生产中的优秀替代品。

中空纤维陶瓷膜是新一代的陶瓷膜技术，取代了传统多通道陶瓷膜，其特点包括分离效率高、过滤表现稳定、过滤面积大、管壁厚度一致而降低过滤阻力。凯发公司申请专利的 InoCep 中空纤维陶瓷膜拥有一系列的膜孔径大小、较长的使用寿命和较高的分离系数，适于不同规模的中试实验室和工业厂运作，已成功地在啤酒过滤、胶清回收、衣物洗涤和乳化油废水处理等工业取得应用。

九、香烟过滤嘴用纺织品

醋酯纤维是再生纤维素纤维中仅次于黏胶纤维的第二大品种，是一种绿色环保纤维。醋酯纤维具有无毒、无味、吸湿性好、截滤效率高等优点，越来越多的研究人员开始从事醋酯纤维相关领域的研究。目前，对于醋酯纤维的研究主要集中在醋酯纤维混纺纱线、醋酯纤维的改性及醋酯纤维素静电纺技术等领域，对于醋酯纤维非织造过滤材料方面的研究较少。在对纯醋酯纤维非织造过滤材料研究的基础上，针对醋酯纤维强力较低的缺点，复合小比例绿色环保的聚乳酸纤维，提高了醋酯纤维非织造过滤材料的强度。

十、其他过滤用纺织品

（一）过滤及防护性医用纺织品

1. 抗菌过滤材料

以聚丙烯（PP）熔喷非织造布为基材，利用低温磁控溅射技术制备镀银抗菌薄膜；再以溅射纳米银的PP熔喷非织造布为中间层，将PP纺粘非织造布、涤纶/黏胶纤维水刺非织造布分别放置于上下两侧，构建三层复合非织造空气过滤材料。银具有优异的抗菌性能，且安全无毒，近年被广泛应用于抗菌材料的开发。由磁控溅射技术制备的薄膜具有膜层结构均匀、致密，溅射工艺可重复性好，附着牢度高，不改变基材性质，无环境污染等优点。

2. 血液过滤材料

医用纺织品主要采用机织、针织、编织和非织造等传统加工形式。近来随着编织技术的进步，3D植入医用纺织品也进入先期临床使用。德国Dresden大学和Leibniz研究所合作，采用静电植绒方法，制得组织工程支架材料，使用了具有生物相容性好、可吸收的材料，如聚羟基脂肪酸酯（PHA）、聚乳酸（PLA）及骨胶原等材料。

3. 动脉血液过滤器

动脉血液过滤器是在胸外科手术中，经过纯化、氧合、恒温的循环血液进入人体的最后一道过滤，因此，说过滤器介质的选择和最适宜的设计，有助于降低病人的出血、血凝、炎症的发生、整个系统的供氧及pH的控制。

瑞士Sefar公司开发出用于心肺机的过滤介质，即Medi FAB 07/40系列。使用PET或PA单丝编织，织物结构孔隙为40μm，空隙占有率25%，纱线直径为34μm。Medi FAB 07/40过滤介质已在动脉血液过滤器中使用，在临床中作为一个暂时性的替代心肺功能的装置，以维持生命的体外循环系统。

4. 透析器过滤介质

医用透析使用的泵过滤器，其作用是捕集循环系统中可能出现的颗粒状物质。该防护性过滤器通常采用直径50mm的圆盘形式的过滤介质，经硅质垫圈密封后配置于透析泵上。Sefar公司开发的新型过滤材料Peaktex，采用PEEK为原料，单丝直径为38~500μm，过滤材料为双层单丝织物，单位面积质量285g/m²，厚度480μm，空气透过率2000m³/（m²·h）。

在医疗过程中，要经常给病人或伤员输血。现在有大量的资料表明，在输血过程中由于白细胞抗体可引起非溶血性热反应、成人呼吸窘迫症等，同时还会引发一些与白细胞相关的病毒传染，如巨细胞病毒、人体免疫缺乏症等，因此在医学中常采用在输血过程中去除白细胞的办法来减少这些副反应。非织造布本身就是一种三维杂乱分布的多孔介质材料，而熔喷非织造材料在此基础上又有超细纤维结构，其三维杂乱纤网可以通过拦截、惯性沉积、重力沉降、扩散沉积等机理分离液流中的固相杂质，因而近年来被国际上认为是一种优异的液固相分离材料，是血液过滤用滤材的一个很好的选择。

5. 防护过滤材料

在军事上，防护服要求能够最大化满足单兵系统的可存活性、可持续性和战斗力，帮助战士对抗极端天气、子弹扫射和大规模杀伤性武器。它能够对抗化学战争中的有毒气体，如沙林、索曼、塔崩氮芥等，避免有毒气体对皮肤的渗透，对战斗中的战士和恐怖袭击中的平民来说至关重要。目前，含碳吸附剂的防护服在服装渗透性和重量方面仍存在一些问题。就这一点而言，轻质、透气、耐溶剂，与神经毒气高效反应的防护服将备受欢迎。由于高的比表面积，纳米纤维织物能够中和大量化学气体，无阻碍透气、透湿。静电纺丝纳米纤维膜孔隙率高，但孔隙尺寸小，能有效阻挡喷雾形式化学有害试剂的渗透。纳米纤维比传统材料表现出更好的透气性，更高效的气溶胶颗粒阻隔性，在防护服领域有更好的应用前景。

（二）交通工具过滤用纺织品

国际市场上，非织造布内燃机滤清器、空气过滤器、过滤袋内燃机滤清器已在汽车制造行业得到普遍使用。非织造过滤材料应用于汽车工业虽然时间不长，但用途广泛，用量相当可观，主要包括汽车发动机过滤介质、空调用热熔非织造布滤网、滤清器用针刺过滤毡、熔喷非织造布滤芯、复合非织造布过滤袋、面漆生产线用针刺非织造布过滤毡、浸渍黏合法除砂过滤布、喷漆房用层压复合非织造过滤材料、汽车尾气排放针刺过滤毡或熔喷非织造布，以及轿车变速杆、方向盘、油门等处与机器联接部分的隔离层用经活性炭处理的非织造布过滤毡等。不同的应用领域对非织造布有各自的性能要求。此外，随着汽车用非织造材料的不断发展，功能性纤维在汽车过滤材料中的作用日益增强。

1. 空调滤清器

一种名为 Visil 的耐高温阻燃黏胶纤维由纤维素和硅酸盐组成，制成的过滤材料具有使用寿命长、过滤效率高、阻力小、性能稳定等特点，可用于汽车空气过滤器。在纤维纺丝过程中加入抗菌剂或利用抗菌材料对过滤材料进行整理都可以使过滤材料具有抗菌功能，用于汽车空气过滤器，可阻断有害细菌和病毒对人体的侵害，进一步净化车内空气。

不同工艺生产的非织造布有着不同的结构特点和使用性能，也存在着一定的局限性，为了达到较好的过滤效果，采用多层材料进行层叠复合就成为必然。3M 公司与日本可乐丽化学公司联合开发的汽车用空气过滤器采用两层丙纶非织造布中间夹一层活性炭薄片结构，并将多种重金属催化剂固着在活性炭内许多不同直径的微孔表面，能吸收各种有害化学物质。日本尼坡迪索公司生产的车用空气过滤器用复合过滤芯以三层材料复合构成，其两外层为 $1.0\sim1.5\mu m$ 细特纤维熔喷非织造布，内层为 $0.5\sim1.0\mu m$ 超细特纤维熔喷非织造布。外层起初效过滤作用，内层起高效过滤作用，两外层与内层之间形成中效过滤空间，具有良好的过滤效果。目前应用的汽车发动机过滤介质一般为三层复合，三层分别起初、中、高效过滤作用。日本有一种汽车发动机过滤材料，由 $3.33dtex\times54mm$ 涤腈混合针刺初效滤网、$1.67dtex\times38mm$ 涤纶针刺中效滤网和锦纶 $27.8tex\times27.8tex$　338.5 根/10cm×370 根/10cm 底布复合而成。

和日本一样，欧洲的新型汽车非织造布过滤器已作为一种标准装置，并成为用户选购汽车的一个重要条件。世界上一些较大的非织造布生产商如德国的温海姆公司和佛罗伊登伯格公司，其非织造布过滤材料占整个世界市场的 60%~70%，占欧洲市场的 85%~90%。美国的3M 公司、日本的尼坡迪索公司和韦可公司都为通用、丰田、马自达、贝尔和菲亚特汽车配套生产非织造布过滤材料。德国已把非织造布过滤材料列为 DIN 标准。非织造布滤材不仅占领了汽车工业这一巨大的应用领域，而且也促进了过滤器技术的提高和发展。

2. 空气滤清器

汽车发动机工作时，根据不同的行驶状态有不同的空燃比，即不同的行驶状态对空气有不同的要求，而且不同的内燃机型号对空气的需求量也不同。最重要的是空气经过滤清器必须滤除掉空气中的尘埃、杂质等，然后再进入发动机。如果空气洁净度低，将会导致发动机故障，造成汽车事故及缩短汽车寿命。而滤除空气中的尘埃、杂质的滤清器，实质上是靠空气过滤材料来完成过滤任务的，可见汽车用空气过滤材料是何等重要。

我国研发了一种汽车发动机滤清器用过滤材料，该材料由五种不同针刺、水刺非织造布复合而成，通过采用不同种类、粗细和截面形态的纤维材料层，达到了分层过滤的目的，各层取长补短，较大地改善了过滤性能，过滤效率高，刚度大，质量轻。

3. 燃油滤清器

纬编针织物具有特殊的过滤性能，对尘土和烟雾具有 50% 以上的过滤效果。采用纺织品做成的过滤物，缝制费用很高。同时缝制还破坏了表面均匀性，从而影响到过滤器的透气性。圆筒形针织过滤物如能以圆筒状使用，则有其优点。由于纬纱关系，其经向尺寸稳定性可得到保证，而且过滤物可以纬编针织成需要的直径。对热气过滤来说，特别是过滤极细的柴油颗粒（<1μm），纬编针织物是一种理想织物。纬编针织过滤物具有良好的颗粒分离特性。结合高温纤维，纬编针织物还能在高温下保持体积弹性，并且对热冲击和机械振动不敏感。借助于纬编针织工艺技术，可以生产出具有比表面大、性能良好的厚层过滤器。

第四节　过滤与分离用纺织品的发展现状与趋势

2018 年是我国环保政策落实年，自 1 月 1 日起，多部环保政策法规正式施行。随着国家环保治理政策更严厉、标准更严格，以及人民群众对清新空气、清澈水质、清洁环境等生态产品更迫切的需求，使过滤与分离用纺织品的需求增长迅猛，新材料、新工艺不断涌现，新技术市场应用不断扩大，企业通过创新引导取得良好成效，行业继续保持较高速度增长，随着国家生态文明建设的推进，行业的前景会越来越光明。

在各个子行业中，过滤与分离用纺织品的技术研发与应用拓展正沿着环保化、节能、性能提升、价值创造等多方向进行深耕细作。

（一）环保化

环保化是过滤与分离纺织品发展的重要动力之一。实际上，许多传统过滤材料在生产与使用上也未必环保。某些类型的过滤介质在生产、使用与废弃物处理中会造成对环境的巨大伤害。

（二）节能

节能是过滤与分离纺织品研究的另一个重要研究方向。在新材料领域，类似石墨烯膜等超纳米滤孔材料的探索已经为液体过滤提供了未来可能最为有效的低能耗解决方案。节能不仅是先进新材料研究的目标，还是市场上成熟过滤纺织品性价比提升的重要方向。

（三）性能提升

过滤纺织品性能在细节上的改进，可以大大提高其应用性能与性价比。一方面，过滤与分离用纺织品的深入发展集中于纺织材料复合、膜复合、膜结构、正负离子层复合等方面；另一方面，高性能过滤纺织品的生产也依赖于纺织机械技术的提升。欧洲和美国的纺织机械企业在过滤纺织品（如滤袋、过滤毡、过滤带）的生产以及过滤布加工工艺（如褶裥加工）等方面已经进行了大量研究，并取得了不少突破，为过滤纺织品生产企业提供了多种高性能、高质量、柔性、高性价比的生产解决方案。

（四）价值创造

上述环保、节能、性能提升本身就是价值创造的过程，而过滤纺织材料的研发也在其他方面为不同产业创造新的价值。例如，新型膜材料诸如有机金属骨架（MOF）应用在某些石油化工产品的分离上，将有可能大幅降低多种能源产品的生产成本，从而深刻改变能源产业的总体格局。

参考文献

[1] 宋景郊. 我国纺织品过滤材料的开发应用与展望 [J]. 广西化纤通讯, 1998 (Z1)：29-31.

[2] 刘晓宁, 李铁忠, 刘咏梅, 等. 浅析滤布的应用及发展 [J]. 山东纺织科技, 2009, 50 (2)：42-43.

[3] 韩雅岚, 崔运花. 高温烟气过滤材料的发展 [J]. 纺织科技进展, 2012 (2)：22-23.

[4] 张亮. 垃圾焚烧炉烟气净化用袋式除尘滤料的试验研究 [D]. 上海：东华大学, 2007.

[5] 杨小梅. 海岛型超细纤维非织造布的结构与性能研究 [D]. 北京：北京服装学院, 2013.

[6] 陈浩, 赵明良, 杨靖, 等. 医用非织造过滤材料的发展与应用 [J]. 国际纺织导报, 2016, 44 (10)：44-46.

[7] 汪德潢, 王永忠. 锦纶工业滤布的试织 [J]. 产业用纺织品, 1993 (3)：21-23.

[8] 张迎辉, 薛经宏, 文明静, 等. 尼龙网在油水分离技术中的应用研究 [J]. 新技术新工艺, 2019 (7)：71-75.

[9] 曾林泉. 刺激响应型水凝胶在纺织中的应用进展（续完）[J]. 染整技术, 2019, 41 (7)：11-19.

[10] 产业用纺织品 "十二五" 发展规划 [J]. 非织造布, 2012, 20 (1)：9-15.

[11] 徐超, 柴菲, 刘若彤, 等. 无纺织物过滤黏土的梯度比试验及机理研究 [J]. 河海大学学报（自然科学版）, 2018, 46 (3)：227-233.

[12] 李晶. 基于医用纺熔复合非织造脂肪移植滤料制备及性能研究 [D]. 上海：东华大学, 2018.

[13] 司祥平. 醋酯纤维非织造过滤材料的制备与性能研究 [D]. 天津：天津工业大学, 2016.

[14] 芦长椿. 合成纤维材料在高端医用纺织品上的应用 [J]. 合成纤维, 2011, 40 (7): 32-37.

[15] 郭莎莎. PBT静电纺/溶喷复合滤材的制备及其在血液过滤中的应用 [D]. 上海: 东华大学, 2014.

[16] 赵永霞. 汽车用非织造材料的发展 [J]. 纺织导报, 2013 (3): 87-89.

[17] 叶张龙, 王春红, 王瑞, 等. 竹原/聚丙烯纤维过滤材料的制备和性能研究 [J]. 上海纺织科技, 2014, 42 (3): 59-62.

[18] 瞿彩莲, 窦明池. 非织造布过滤材料在汽车工业中的应用 [J]. 现代纺织技术, 2006 (6): 60-62.

[19] 郭秉臣, 余敏, 刘平章. 汽车滤清器非织造过滤材料的开发 [J]. 产业用纺织品, 2005 (6): 15-18.

第八章　生物医用纺织品

生物医用纺织品是对医疗、卫生、保健、生物医学用纺织品的总称，是纺织、医学、生物、高分子等多学科相互交叉并与高科技相融合的高附加值产品，也是纺织材料的重要产业应用领域之一。随着纺织材料学研究与开发的不断创新及生物医学、医疗、卫生、保健事业的不断进步，生物医用纺织品的发展也越来越迅速。从缝合线到修补织物，从功能材料到人工假体，医疗、卫生用纺织品在整个纺织材料中所占的比例越来越大。

第一节　生物医用纺织品的分类

卫生用纺织品主要用于家庭清洁和个人卫生护理领域，如卫生巾、卫生棉、卫生棉条、儿童尿裤、成人失禁尿垫等，大多是一次性使用，一般由非织造材料经后整理而成。而医疗用纺织品又称生物医用纺织品，通常具有防病毒、防渗透、抗菌、抗静电等功能，可以保护医护人员，减少患者感染的几率。还有一类医疗用纺织品直接用于医疗操作或植入人体。如图 8-1 所示，生物医用纺织品材料是纺织、医学及材料学等多学科深度交叉的产物，是纺织品材料中创新性最强、科技含量最高的产品之一，也是生物医学材料的重要组成部分。下面就医疗用纺织品的分类进行详细介绍。

图 8-1　生物医用纺织品

医用纺织品种类繁多，分类方法也较多，主要有按照纤维材料及其制品与人体的关系分类、按照产品用途分类、按照产品使用场所分类和按照制造方法分类。其中最常用的分类方法是根据纤维材料及其制品与人体的关系分类。

一、按纤维材料及其制品与人体关系分类

生物医用纺织品材料可以分为四大类，即保健卫生和防护类生物医用纺织品材料、体内植入性生物医用纺织品材料、非体内植入性生物医用纺织品材料和人体专用器官类生物医用纺织品材料。

1. 保健卫生和防护类生物医用纺织品材料

保健卫生和防护类生物医用材料是医学保健领域中常用的产品，应用范围广泛，用于病人护理、工作人员的安全防护等。表8-1和图8-2所示为常见的保健卫生和防护类生物医用纺织品材料。

表8-1　常见保健卫生和防护类生物医用纺织品材料

产品用途	纤维类别	织物种类
手术长衣	棉、聚酯纤维、聚丙烯纤维	非织造、机织
手术帽	黏胶纤维	非织造
手术面罩	黏胶纤维、聚酯纤维、玻璃纤维	非织造
外科手术罩布和台布	聚酯纤维、聚丙烯纤维	非织造、机织
睡毯	棉、聚酯纤维	机织、针织布
被单和枕套	棉	机织
尿布吸收垫	木棉	非织造
尿布外垫层	聚丙烯纤维	非织造
揩布	黏胶纤维	非织造

图8-2　常见保健卫生和防护类生物医用纺织品材料

2. 体内植入性生物医用纺织品材料

表8-2所示为典型的体内植入性生物医用纺织品材料。体内植入性生物医用纺织品材料主要用于修复人体丢失的组织器官。部分体内植入性生物医用纺织品材料如图8-3所示。

表 8-2　体内植入性生物医用纺织品材料

产品用途	纤维种类	纺织材料类型
可降解缝线	骨胶原、聚乙交酯纤维、聚交脂纤维	单丝、编织线
不可降解缝线	聚酰胺纤维、聚酯纤维、PTFE 纤维、聚丙烯纤维、钢丝、聚乙烯纤维	单丝编织品
人造腱	PTFE 纤维、涤纶、聚丙烯纤维、丝	编织、机织
人造韧带	聚酯纤维、碳纤维	编织
人造软骨	低比重聚丙烯纤维	非织造
人造皮	甲壳质	
眼球晶体及人造角膜	聚甲基丙烯酸酯纤维、硅酮、骨胶原纤维	
外形矫正畸形移植人造关节/骨骼	硅酮、聚丙烯纤维	
人造血管	涤纶、PTFE 纤维	针织、机织、编织
心脏瓣膜	涤纶	机织、针织

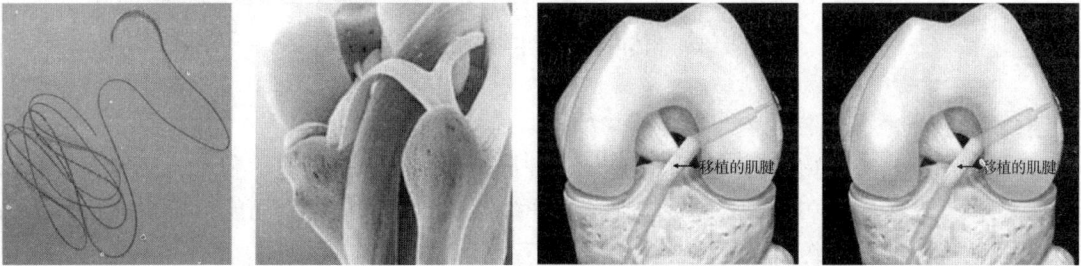

图 8-3　体内植入性生物医用纺织品材料

3. 非体内植入性生物医用纺织品材料

表 8-3 所示为非体内植入性生物医用纺织品材料，主要包括用于体外伤口恢复、畸形矫正等伤口敷料、绷带或支撑材料等。

表 8-3　非体内植入性生物医用纺织品材料

产品用途	纤维种类	纺织材料类型
吸收衬垫层	棉、黏胶纤维	非织造
伤口接触类	丝、聚乙酰亚胺纤维、黏胶纤维、聚乙烯纤维	针织、机织、非织造
普通非弹性/弹性材料	棉、黏胶纤维、弹性纤维纱、聚酰胺纤维	非织造、针织、机织
轻型支撑体	棉、黏胶纤维、弹性纤维纱	机织、针织、非织造
压缩材料	棉、聚酰胺纤维	机织、针织
外形矫正畸形材料	棉、黏胶纤维、涤纶	机织、针织
绷带	聚丙烯纤维、聚氨基甲酸酯泡沫、黏胶纤维、塑料、丝、棉、涤纶、玻璃纤维、聚丙烯纤维	针织、机织、非织造
纱布	棉、黏胶纤维	机织
软绷带布	棉	机织
衬垫、填料	黏胶、棉绒、木纸浆	非织造

医疗外科上使用的伤口护理材料（图 8-4）的作用是防止伤口感染、吸收血液及防止血液渗出，促进伤口恢复，多应用于对伤口的药敷。

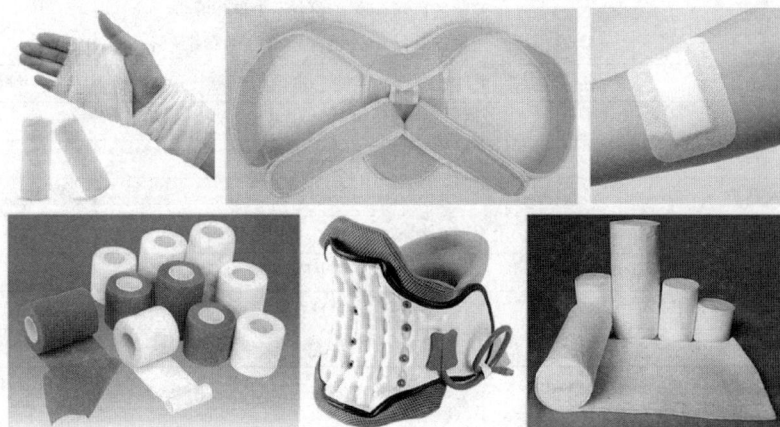

图 8-4　非体内植入性生物医用纺织品材料

4. 人体专用器官类生物医用纺织品材料

人体专用器官类生物医用纺织品材料是一种机械净化血液的器官，包括人工肾、肝脏及机器肺等，这些装置的功能及其特性主要依靠纤维性质及纺织技术来完成，表 8-4 所示为人体专用器官类生物医用纺织品材料。

表 8-4　人体专用器官类生物医用纺织品材料

产品应用	纤维种类	功能
人工肾	中空黏胶纤维、中空涤纶	从血液中过滤废料
人工肝	中空黏胶纤维	分离并处置病人的血浆，供给新鲜血液
机器肺	中空聚丙烯纤维、中空硅酮薄膜	从血液中排出二氧化碳及其他二氧化物并供给新鲜氧气

如图 8-5 所示，机器肺的微孔薄膜具有很强的气体渗透性，与天然肺相似，允许氧气进入患者的血液中。人工肾应用一种薄膜循环处理血液，这种薄膜是扁平片状或一束中空再生纤维素纤维，可将不需要的废料过滤出来。

二、按用途不同分类

按照用途不同，医用纺织品可分为治疗类、纺器类和防护保健类。治疗类包括止血、消痒纺织品，舒适功能纺织品，抗病毒用纺织品等；纺器类，包括人造血管、人造气管、人造食管、人造肾等；防护保健类，包括手术衣、洁净服、防电磁辐射服、防毒服、手术单、消毒包扎用和湿巾面罩、医护人员的制服，以及住院病人用的床单、被罩、窗帘等。

三、按使用场所不同分类

按照使用场所不同，医用纺织品可分为手术室纺织品、住院病人用纺织品和医护人员用

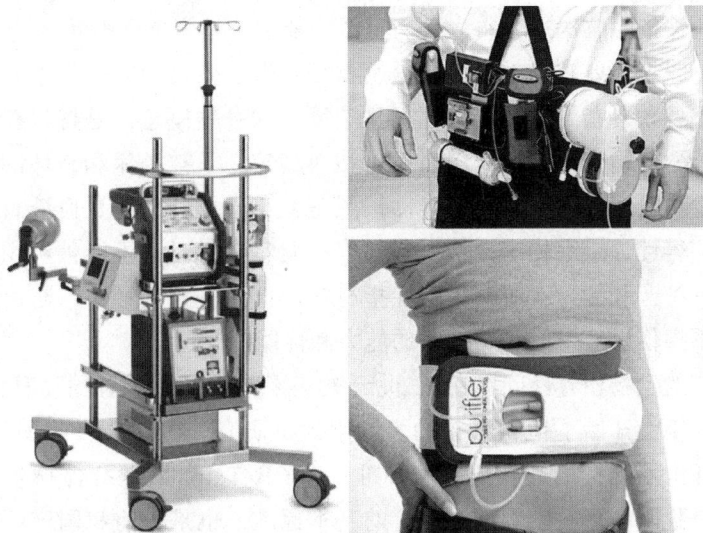

图 8-5　人体专用器官类生物医用纺织品材料

纺织品。手术室用纺织品，包括手术衣、洁净服、手术单、手术包、吸血巾等；住院病人用纺织品，包括患者服、床单、被罩等；医护人员用纺织品，包括白大褂、护士装、帽子、口罩等。

四、按织造方法不同分类

按照织造方法不同，医用防护服又可分为机织物、针织物、编织物和非织造物等。

第二节　生物医用纺织品的性能要求

生物医用纺织品是生物医用材料的一个类别，是具有特殊性能与特种功能的材料，用于疾病的预防、诊断、治疗与康复，部分材料可替换损坏的人体组织、器官以维持机体健康或增强机体功能。生物医用材料由于直接用于人体或与人体健康密切相关，因此其必须对人体无毒、无致敏性、无刺激、无遗传毒性、无致癌性，对人体组织、血液、免疫系统等不产生不良反应。其理化性能、生物安全性和可靠性必须满足以下要求。

（1）生物医用材料应具有良好的生物相容性；

（2）生物医用材料生物稳定性要好，特别是对于长期植入体内的生物医用材料，应具有良好的耐生物老化性能；

（3）对于暂时植入体内的生物医用材料，要求在确定的时间内材料须降解为可被人体吸收或代谢的无毒单体或片段；

（4）物理和力学性质稳定；

（5）易于加工成型，价格适当；

（6）便于消毒灭菌，无毒无热源，不致癌、不致畸。

而对于不同用途的生物医用材料，还有具体的要求，且侧重点不同。

在生物医用材料性能要求中最重要的是生物相容性。生物相容性是生物医用材料与人体之间相互作用产生各种复杂的生物、物理、化学反应的一种概念，是材料在生物体内处于被动变化过程中，能耐受宿主各系统作用而保持相对稳定，不被排斥和破坏的生物学特性，又称生物适应性和生物可接受性。生物相容性按照是否与心血管系统及血液直接接触，分为组织相容性和血液相容性。组织相容性指材料与组织器官接触时，不能被组织所侵蚀，材料与组织之间应具有一种亲和能力；血液相容性指材料与血液直接接触时，与血液相互作用不引起凝血或血栓、不损伤血液组成和功能等的能力和性能。

生物医用材料的生物相容性问题在20世纪70年代初开始受到各国政府和学术界的重视，我国在20世纪80年代开始了生物材料的生物学评价研究。1997年，我国开始将ISO 10993医疗器械生物学评价系列标准转化成国家标准，即GB/T 16886医疗器械生物学评价系列标准。该系列标准是我国医疗器械生物学评价的基本标准，也是目前我国广泛使用的生物材料和医疗器械生物学评价的标准体系。

第三节　生物医用纺织品的应用

一、医用敷料

当皮肤受损时，医用敷料需要充当皮肤的临时屏障，用以覆盖伤口、创面直至创面再上皮化或过渡到重建永久性的皮肤屏障。目前，"伤口湿润环境愈合"理论已经成为慢性伤口处理的"黄金标准"。湿润环境是一个适合于伤口愈合的微环境。该微环境指适度湿润、温暖、微酸（pH＝6.4±0.5）、低氧的环境。

早期的敷料功能单一，主要是覆盖保护创面和吸收渗液。近几年，其从单一功能发展到多功能，并逐步扩展到探究具有促进上皮化、引导组织再生、促进伤口愈合、减轻疼痛、止血、防止与创面肉芽组织粘连、减轻愈合后的瘢痕程度等功能的高端敷料。目前，在该领域的主要生产企业为3M、Acelity、V. A. C.、Therapy等国际厂商，具有较强的研发实力及产业基础，产品以高价、高品质路线为主。随着国内厂商在技术与品质上的不断进步，高端医用敷料领域未来有较大的国产替代空间。

二、手术缝合线

手术缝合线是外科手术中最不可或缺的线体材料，也是生物医用纺织品最为典型的应用。该种线体材料多由纤维单丝、多丝编织或多丝捻合结构构成。其发展历经由马鬃、植物纤维制成缝合线到最早的可吸收羊肠缝合线，再到20世纪以后，随着外科医生对抗张强力、易于打结和持结稳定性要求的逐渐提高，化学合成不可吸收缝合线（PP、PET、PA等）及金属缝合线逐渐成为主流发展方向。1970年，美国Cyananid公司研发了世界上第一根化学合成

PGA 可吸收缝合线（Dexon），从此开启了可吸收缝合线（PLA、PLGA、PPDO）的快速发展。当前，我国基层医院所使用的缝合线仍多以不可吸收的真丝缝合线为主，可降解缝合线产品的研发仍面临着一些难题，因而目前多以进口为主。究其原因，在于可吸收线材所用原料国产化加工困难，匀质缝合线专用加工设备缺乏等亟待解决的"卡脖子"问题，这也成为当前高分子合成、纺织材料加工成型等多学科专家联合攻关的重点。

此外，具有抗菌性能的缝合线被证实可防止细菌在缝合线上聚积，从而降低近 1/3 手术部位感染风险，因而如何更好地赋予缝合线长效持久的抗菌性能也是主流发展方向。甲壳多糖类缝合线具有天然的抑菌性能，但受制于较低的力学强度。鉴于传统缝合线起作用时不是作为一种促进伤口主动愈合的因素，而是作为一种被动因素，它们会破坏组织内的血管，减少伤口内的氧气含量，限制伤口的愈合，最终使其形成疤痕。因此，促进组织重塑的生物活性缝合线的开发也越来越受到关注。

三、人工血管

近 20 年来，心血管疾病已成为全球的头号死因之一。据统计，全世界每年死于心血管疾病的人数高达 1500 万人，占全球死亡总数的 20%～30%，全球血管植入生物医用材料产业迅速发展，产业规模不断提高。1952 年，VOORHEES 等首次成功制造了通透性维纶人工血管。现今的血管替代品已取得了长足进步，可将 PET、膨体聚四氟乙烯（e-PTFE）、PU 等材质通过针织、机织、编织和非织造等方式加工成人工血管，并应用于临床，如表 8-5 所示。人工血管按治疗病变血管组织的手术方式不同可分为替换型和腔内隔绝型（图 8-6）。使用替换型人工血管需将病变的血管切除，换上人工血管，达到治疗血管疾病的目的。腔内隔绝型人工血管是由金属支架和织物覆膜构成的复合体，使用该类血管时，术中无须切除病变血管，只需采用将病变段的血管隔绝于正常循环血流之外的微创术。

表 8-5　目前临床应用及在研的血管移植物

血管大类	详细分类	应用示例
自体血管	动脉	髂动脉、右胸动脉
	静脉	隐静脉
合成血管	针织	PET 针织血管
	机织	PET、蚕丝机织血管
	静电纺	PU、PCL 血管
	挤出成形	e-PTFE 血管
生物响应型血管	组织工程	有或无细胞种植
	生物复合型（合成+生物活性材料）	PCL-肝素、合成大分子-生长因子
	可降解（合成或天然大分子）	PGLA、PLA、PCL、COL 血管

人工血管按照材料分类，主要可以分为自体、合成和生物激发型血管，在自体移植物供体不足的情况下，合成血管是移植物的主流选择。e-PTFE 人工血管具有优异的组织相容性、

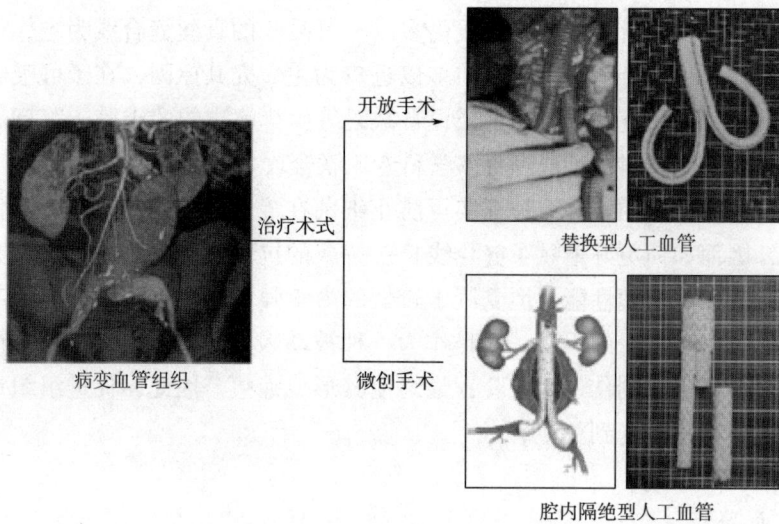

图 8-6　用于治疗血管动脉瘤的替换型与腔内隔绝型人工血管

抗凝血性和抗血液渗透性，但内皮细胞会在其内表面过度增殖，直接导致血管内壁变小，影响通畅率。蚕丝人工血管易于缝合，具有优异的组织相容性，但其弹性和顺应性欠佳。最早被广泛使用的人工血管材料是PET，优异的可缝合性、化学稳定性和力学性能使其在大、中口径人工血管（$\Phi>6mm$）的应用上有着明显优势。然而，小口径人工血管（$\Phi<4mm$）移植环境血压低、血流速度较慢，易形成血栓或内膜异常增生，移植后远期通畅率低。

　　为避免或减轻人工血管移植后可能出现的问题，近年来的研究主要从两方面入手。一是改善人工血管的顺应性，使其与自体血管相匹配；二是加速血管内皮化，使内膜增生和血栓形成的概率降低。东华大学团队应用一系列原创技术着手解决顺应性问题，基于无缝管道多元纺织微成型装备、均质梯度管壁成型技术、变直径管状织物制备技术、自波纹化管壁的设计与成型技术、纬编微成型技术结合冻干技术制备无缝一体化技术，增加了人工血管的结构可设计性、延伸性和挠曲性，进而提高了顺应性。血管微创治疗是近年来具有突破性的重要医疗技术，血管支架是其核心器械。与人工血管不同，用于治疗复杂主动脉瘤的覆膜支架所用的纺织基覆膜性能上需要满足无缝、均质、厚度<0.1mm、无渗透、耐磨等要求。

四、疝修补片

　　疝气是人体内游离组织或器官离开正常生理位置，通过人体间隙、缺陷或薄弱处进入其他部位而形成的疾病，根据患病部位的不同疝气可分为腹股沟直疝、腹股沟斜疝、脐疝和切口疝等。由于疝气无法自愈，治愈疝病的唯一方法是通过植入疝修补片进行手术治疗（图8-7）。2017年我国成人腹股沟疝采用无张力疝修补术的已高达100万例，位居世界第一。

　　当前临床使用的补片可分为不可吸收、可吸收、复合及生物补片四大类（表8-6）。生物补片主导的内源性修复类似于机体组织愈合生理过程，能够促进新纤维组织的形成和组织重

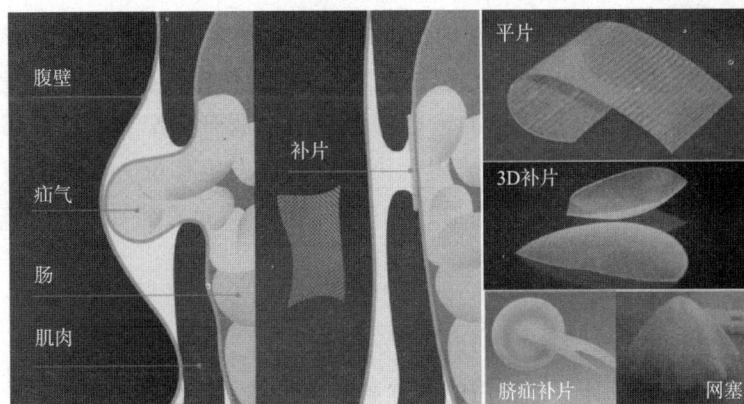

图 8-7 基于疝修补片的无张力疝修补术

塑，不会因异物刺激诱发排异反应而造成过多瘢痕组织，具有很强的抗感染力，即使出现感染性伤口也无须取出补片。但其最大的缺点就是价格昂贵，难以普及到每一位病患身上。因此，当前临床应用最普遍的补片还是多由合成高分子制成。国内外对于补片的研究多数集中于经编结构设计和物理性能优化，针织物的孔隙可设计范围宽、弹性好，拥有一定的延展性。其中，经编织物形状稳定性好且不易脱散，其在腹腔内可起到物理支撑的作用，暂时性替代腹壁缺损。但不可吸收补片植入缺损部位后，作为刺激原引发炎症反应而生成致密的胶原纤维，胶原纤维和补片共同形成"钢筋—混凝土"结构的瘢痕组织而达到加固修复腹壁缺损处的目的，术后容易产生无法消除的皱缩（重型补片的皱缩高达 15%~45%，轻型补片的皱缩为 3%~15%）以及慢性疼痛和异物感。补片孔径大小也会影响补片与宿主组织的结合，如 e-PTFE 补片孔径较小（<10μm），纤维母细胞无法穿过，虽然降低了组织粘连及脏器侵蚀的风险，但这种相对不透性却增加了局部血清肿的发生。细菌（直径约 1μm）可穿过补片，而巨噬细胞、多核白细胞（直径约 10μm）却无法穿过，加重了感染的风险。因此，开发促腹壁愈合、低并发症的补片是当前纺织和腹壁外科研究的重要方向。

表 8-6 目前临床应用的疝修补片

分类		来源	特点
合成高分子材料	不可吸收材料	PP 补片、PET 补片、e-PTFE 补片	比较传统，早期市场占有率高，应用广泛，但有一定感染风险
	复合补片	PP+e-PTFE 材料、聚丙烯+可吸收材料	具有两种材料多重优势，可减少 PP 用量，在防粘连和抗感染方面提升显著，逐步成为主流应用
	可吸收材料	PGA、PLGA	有一定临床应用，完全吸收期约 3 个月
生物材料	自体组织	自体腹壁真皮片、亡者皮肤等	相容性好，无排斥，供给来源有一定限制
	异体组织	脱细胞异体组织补片（猪、牛真皮或者黏膜下层等）	生物相容性好，异物感小，术后不适反应小，但价格比较贵，在免疫原性去除等方面仍有提升空间

五、输尿管支架管

输尿管支架管是放置在患者输尿管内部的中空管状支架，主要应用于解除输尿管梗阻、保持输尿管引流通畅、减少尿外渗、促进输尿管黏膜的损伤修复、支撑输尿管，并将尿液从肾盂内引流入膀胱，促进输尿管切口的愈合并能预防输尿管狭窄。不可降解输尿管支架管（橡胶、硅树脂、PP 等）术后需二次拔出，长期放置会发生移位、意外断裂无法取出等问题，约 80% 的患者可能出现患侧腹部出血、肾功能积水，严重者会导致肾损伤甚至死亡，使用可降解支架管可大大降低上述并发症。

六、人工肾

人工肾（图 8-8）是临床普遍采用的一种血液净化技术，也称作血液透析法，它能减轻肾衰竭患者的症状，延长生存期。据 Nature 最新报道，全球频发的肥胖症、糖尿病致使肾脏劳损严重，预计到 2030 年，全世界将有 540 万人必须接受透析或移植。内径为 $250\sim400\mu m$、壁厚为 $30\sim100\mu m$ 的生物医用中空纤维是人工肾透析器装置中最不可或缺的核心材料，通过上万根中空纤维平行排列组合而成的透析装置，可保留血液中的蛋白质和血球成分，去除低分子的无用物或有害物如尿素等，使病人康复或维持生命。我国临床使用的血液透析器由支撑结构和透析膜组成，中空纤维膜以进口产品为主导（国外品牌占比接近 70%）。随着现代医学的不断发展进步，研究人员开始着手构建既有肾小球过滤功能，又具备肾小管重吸收功能的生物人工肾。这种装置的重要一步是形成"活膜"，其由中空膜表面上紧密的肾细胞层组成，并且可以将分子从细胞一侧运输到另一侧。

图 8-8　经由体外血管网络诱导术获得的血管化人工肾结构示意图

七、人工肝

除人工肾外，具有自支撑结构、填装密度高、截留分子量可设计的中空纤维膜材料在人工肝领域也获得了应用。其中人工肝支持系统是基于肝细胞强大的再生能力，通过体外的机械、理化和生物装置，清除各种有害物质，补充必需物质，改善内环境，为肝细胞再生及肝功能恢复创造条件，或者延长肝移植患者等待肝源的时间。东华大学与瑞金医院研制的聚醚砜人工肝透析器不会改变人体正常激素水平，在临床上获得了较好效果，目前的研究重点是如何提高肝细胞体外培养效率，使其在较长时间内维持分化再生能力及生化功能活性。同时，由于通过大量支架的阻力大，所需的灌流强度大，致使细胞受剪切力大，改进反应器的质能传递属性，能使其更接近生理状态。

八、医用口罩

新冠肺炎疫情的爆发，让医用纺织品再次显示出其重要性和不可或缺性，也使民众对防雾霾、防流感、防病菌等不同功能口罩的需求不断增加，未来的口罩行业竞争激烈，在供过于求的市场环境下，好品质的产品才能独占鳌头。我国医院用口罩主要分为3类，分别为医用防护口罩（防护级别最高）、有创操作环境下使用的医用外科口罩以及普通一次性医用口罩，所用原材料主要由纺粘非织造材料、熔喷非织造材料、热风非织造材料、针刺非织造材料，以及耳带、鼻梁条等辅料构成。当前我国口罩生产企业面临着产品品质不高、智能化技术装备缺乏和缺乏自有品牌等问题，口罩产品的防护性和舒适性这两大关键性能还未达到最优化的平衡。

九、医用防护服

相对于欧美地区，我国医用防护服材料的研发起步较晚，国内医疗机构除了部分有特殊需求的手术外，大部分医生首选棉质手术衣。即使是在2003年传染性非典型肺炎大规模流行期间，由于医疗机构采购技术的审核标准较低，市场的主流还是选用传统的手术衣。当时国内尖端的防护服为SERS，是由解放军总后勤部军需装备研究所和相关公司合力开发，采用Crosstech材料制成的防水透气抗菌服装，能对病毒穿透织物入侵机体起到一定的防护作用。

近几年，我国复合材料防护服发展迅速，目前国内外使用的防护服面料大都采用聚丙烯纺粘—熔喷—纺粘（SMS）复合非织造布（图8-9）。该材料可通过优化整理剂浓度、烘焙温度、抗静电剂配比等工作，获得聚丙烯SMS材料"三拒一抗"后整理工艺。一方面能够有效防水、防污、防渗透，阻隔性能优异，免除了大量医护人员因为医疗织物引起的感染问题；另一方面解决了一次性防护服防护性能差、透气性差问题，更解决了废弃医用织物处理产生的环境污染和一次性非织造布医用织物高成本问题。在先进材料和技术的扶持下，未来的防护服还可以更为智能化，如防护服自身携带风机、电池及过滤单元，靠这些单元往防护服内输送无病毒的空气。这样的正压防护体系不仅能大幅提高防护服的安全性，还能够为穿戴者提供呼吸用的新鲜空气，将热量与水蒸气带走，降低起雾，提高穿着舒适性等。

十、健康监测纺织品

健康监测纺织品是将心电监测技术与纺织材料相结合，用于感知人体健康指数的一类

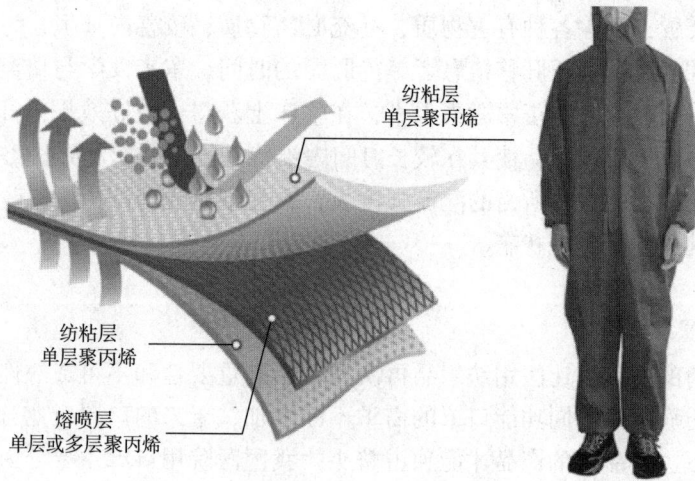

纺粘层
单层聚丙烯

纺粘层
单层聚丙烯

熔喷层
单层或多层聚丙烯

图 8-9　防护服用 SMS 复合非织造布结构示意图

纺织品。表 8-7 所示为目前国内外部分健康监测纺织品。该类产品的核心部件是纺织柔性压力传感器，能将人体产生的离子导电信号转化为可用外部导电器件进行监测的信号。日本东丽公司（TORAY）和通信运营商（NTT）共同研发了一种新纤维材料 Hitoe。该纤维可以较好地读取人体表面微弱的电信号，将其与服装设计相结合可实现 24h 监测人体心率变化。目前该产品主要应用于体育服装、高温环境中的工作服装以及病人心率监测服装等。麻省理工学院的研究人员将潮湿敏感的微生物细胞整合到服装材料中，这些微生物细胞根据感知到的穿着者体表温湿度的变化而扩张或收缩，调节人体温湿度，提高穿着者的舒适性。

表 8-7　国内外部分健康监控纺织品简介

产品名称	系统构成	监测指标	特征与应用
Life Shirt	服装、数据分析等子系统	心电图、呼吸、血氧饱和度、运动、姿势等	手术环境下监测患者生理参数
My Heart	织物传感器胸带、计算机	心电图、活动等	预防、诊断心血管疾病发病率
Intellitex	织物电极、柔性集成电路、数据处理和无线传输、服装	心电图、呼吸、温度等	预防、监测婴儿猝死综合征
Health Shirt	光电容器传感器、织物传感器、计算机	心电图、血压等	可接入不同功能的监测设备
Vital Jacket	生理感测系统、无线通信、数据分析、计算机	心电图、呼吸、血氧饱和度、温度、运动等	可设置为不同生命体征监测
寸草心	服装、柔性集成电路	心电图、呼吸等	心脑血管系统的长期监护和及时预警

第四节 生物医用纺织品的发展现状与趋势

医用纺织品因为对科学技术要求高，市场需求量大，前景广，已经成为产业用纺织品中的重要领域。我国是医用纺织品的生产大国，欧盟国家、美国、日本等发达国家和地区是我国主要出口的目的地，而全球最高端的医用纺织品市场还是以欧盟、美国等为主。我国虽然是医用纺织品的生产大国，但很多高端医用纺织品因受到高新技术不足的限制仍需要依赖进口，人均医疗资源也无法同发达国家相提并论，但医用纺织品的消费量却远远大于发达国家。另外，我国高端医用纺织品的普及度还不够高，民众对医用纺织品的认识只停留在普通医用纺织品方面。民众大多数会选择进口产品，但这些进口产品中有些可能是中国工厂代加工的，这种现象的产生与民众的普遍意识是相连的，认为国产的不如进口的，但其实国产品牌质量并不差。因此，应提高民众的认知度，同时推动对医用纺织品的需求。

整体而言，我国生物医用纺织品产业发展特点如下。

（1）科学技术创新能力快速提升。相关原料加工及制品技术不断创新，产业能力呈不断上升的趋势，并已向多功能、智能方向发展。

（2）国际市场地位有所提高。总产值现占医疗器械总出口的12%，尤其在医用防护和卫生保健用品方面在世界较为领先。

（3）产业稳步发展。随着国内医用纺织品市场需求的增加和各种行业标准的引入和提高，国内医用纺织品行业市场逐步进入健康稳定的发展阶段。2018年中国生物医用纺织品消费需求超过50万吨，到2020年超过60万吨，尤其经过新冠肺炎疫情，这一数据将会进一步增大。

尽管我国生物医用纺织品领域已取得了长足发展，但由于我国生物医用材料生产起步较晚、技术水平较低，尚未形成规模。目前80%以上的成果仍藏于实验室，约70%的高端生物医用纺织品依然需要进口。国际上生物医用纺织品势必将朝着可降解、复合化、功能化、微创化、智能化方向发展。生物医用纺织品的发展除不断提升自主与集成创新能力，加强公共平台及人才队伍建设，强化产学研医结合等措施外，深化国际合作交流，时刻把握技术发展新动向，做到与国际、国内同领域同步，先并跑，最终实现领跑，也是我国生物医用纺织材料领域研究的突破和产业转型升级的关键。相信随着纺织行业产业结构的升级和调整，产业用纺织品上下游产业链的深度融合，会有越来越多的高性能生物相容性纺织产品实现国产，为提高人们的生活质量做出贡献。

参考文献

［1］顾其胜，侯春林，徐政. 实用生物医用材料学［M］. 上海：上海科学技术出版社，2005.

［2］陈松岩，陈哲，王硕凡. 骨修复生物材料临床研究进展［J］. 浙江中西医结合杂志，2018（10）：

892-895.

[3] 李岩, 沙赟颖, 孙婷婷, 等. 化学合成高分子生物材料研究进展 [J]. 云南化工, 2019, 46 (2): 73-74, 77.

[4] 李爱民, 孙康宁, 尹衍升, 等. 生物材料的发展、应用、评价与展望 [J]. 山东大学学报 (工学版), 2002 (3): 287-293.

[5] 师昌绪. 材料大词典 [M]. 北京: 化学工业出版社, 1994.

[6] 顾汉卿. 生物材料的现状及发展 (一) [J]. 中国医疗器械信息, 2001 (1): 45-48.

[7] 顾汉卿. 生物材料的现状及发展 (二) [J]. 中国医疗器械信息, 2001 (3): 42-45.

[8] 奚廷斐. 生物材料进展 (一) [J]. 生物医学工程与临床, 2004 (3): 184-189.

[9] 奚廷斐. 生物材料进展 (二) [J]. 生物医学工程与临床, 2004 (4): 244-248.

[10] 杨志勇, 樊庆福, 顾德秀. 生物材料与人工器官 (一) [J]. 上海生物医学工程, 2005 (4): 236-240.

[11] 杨志勇, 樊庆福, 顾德秀. 生物材料与人工器官 (二) [J]. 上海生物医学工程, 2006 (1): 35-39.

[12] 李芳霞, 孙志丹, 李涛, 等. 生物医用天然高分子材料研究进展 [J]. 化工新型材料, 2013, 41 (5): 5-6, 18.

[13] 李宝玉. 生物医学材料 [M]. 北京: 化学工业出版社, 2003.

[14] Yingpei Lim, Abdul Wahab Mohammad. Physicochemical propertie of mammalian gelatin in relation to membrane process requirement [J]. Food Bioprocess Technol, 2011 (4): 304-311.

[15] Franz Sandra, Rammelt Stefan, Scharnweber Dieter, et al. Immune responses to implants-A review of the implications for the design of immunomodulatory biomaterials [J]. Biomaterials, 2011 (28): 6692-6709.

[16] Saini Monika, Singh Yashpal, Arora Pooja, et al. Implant biomaterials: A comprehensive review [J]. World Journal of Clinical Cases, 2015 (1): 52-57.

[17] 郭万里, 杨英文, 杨东风, 等. 新型交叉学科纺织生物材料学研究 [J]. 安徽农业科学, 2015, 43 (11): 382-384.

[18] 杨飞, 王身国. 中国生物医用材料的科研与产业化现状 [J]. 新材料, 2010 (7): 42-45.

[19] Williams D F. The Williams dictionary of Biomaterials [M]. Liverpool, Liverpool University press: 1999.

[20] Rigby A J, Horrocker A R. Textile materials for medical and healthcare application [J]. Textile Institute, 1997 (3): 83-93.

[21] 程浩南, 李芳. 纺织材料在医学领域的应用和发展 [J]. 产业用纺织品, 2017 (35): 28-31.

[22] 王璐, 关国平, 王富军, 等. 生物医用纺织材料及其器件研究进展 [J]. 纺织学报, 2016, 37 (2): 133-140.

[23] 王德海. 医用纺织品的分类与防护功能 [J]. 针织工业, 2017 (1): 9-12.

[24] 陈超, 单其艳, 杨铭, 等. 蚕蛹壳聚糖复合止血材料的制备及凝血性能初探 [J]. 丝绸, 2011, 48 (6): 12-16.

[25] 李静静, 朱海霖, 雷彩虹, 等. 介孔生物玻璃/丝素蛋白复合多孔海绵的结构及止血性能研究 [J]. 功能材料, 2017, 48 (2): 2096-2101.

[26] 负秋霞. 医用纺织品的发展及应用 [J]. 合成材料老化与应用, 2015 (4): 142-147.

[27] 樊光辉, 曾东汉, 张宜, 等. 竹纤维在医疗领域的应用研究进展 [J]. 华南国防医学杂志, 2016, 30 (7): 476-478.

[28] 祝国成, 杨红军, 欧阳晨曦, 等. 纬编织物增强小口径丝素聚氨酯人造血管的力学性能研究 [J]. 透

析与人工器官，2011，22（2）：5-9.

[29] 夏文，李政，华嘉川，等. 细菌纤维素复合材料的应用进展 [J]. 化工新型材料，2016，44（11）：20-22.

[30] 陈文彬，张秀菊，林志丹. 银负载细菌纤维素纳米复合材料的制备及抗菌性能研究 [J]. 材料导报，2011，（14）：6-11.

[31] 秦益民. 医用纺织材料的研发策略 [J]. 纺织学报，2014（2）：89-93.

[32] 谢旭升，李刚，李翼，等. 生物医用纺织肠道支架研究进展 [J]. 产业用纺织品，2016，34（10）：1-10.

[33] Li G，Liu J，Zheng Z Z，et al. Structure mimetic silk fiber-reinforced composite scaffolds using multi-angle fibers [J]. Macromolecular Bioscience，2015（8）：1125-1133.

[34] Li G，Liu J，Zheng Z Z，et al. Silk microfiber-reinforced silk composite scaffold：Fabrication，mechanical properties，and cytocompatibility [J]. Journal of Materials Science，2016（6）：3025-3035.

[35] 徐智泉. 纺织材料在医学研究中的应用 [J]. 信息记录材料，2018（7）：41-42.

[36] 吴雨芬，汪郁明. 生物医用纺织材料在康复医学中的应用 [J]. 生物医学工程学进展，2017（4）：208-214.

[37] 孙熊，姜怀. 高端智能纺织材料的应用研究 [J]. 上海化工，2012（11）：1-4.

[38] 程浩南. 纺织材料在医用纺织品设计中的应用和发展 [J]. 产业用纺织品，2019（1）：1-11.

[39] 付少举，张佩华. 高生物相容性医用纺织材料及其研究和应用进展 [J]. 纺织导报，2018（5）：34-40.

[40] Si Y，Zhang Z，Wu W R，et al. Daylight-driven rechargeable antibacterial and antiviral nanofibrousmembranes for bioprotective applications [J]. Science Advances，2018（3）：5919-5931.

[41] Zhu T，Wu J R，Zhao N，et al. Superhydrophobic/superhydrophilicjanus fabrics reducing blood loss [J]. Advanced Healthcare Materials，2018（7）：1701086-1701095.

[42] Ma Y，Bai D C，Hu X J，et al. Robust and antibacterial polymer/mechanically exfoliated grapheme nanocomposite fibers for biomedical applications [J]. Acs Applied Materials & Interfaces，2018（3）：3002-3010.

[43] 严拓，刘雅文，吴灿，等. 人工血管研究现状与应用优势 [J]. 中国组织工程研究，2018，22（30）：4849-4854.

[44] 李毓陵. 生物医用纺织材料的研究和发展前景 [J]. 棉纺织技术，2010（2）：65-68.

[45] 田园媛. 世界医疗纺织业最新发展一瞥 [J]. 中国纤检，2017（4）：130-131.

[46] 王佳莹，胡玲燕. 医用纺织品的应用及发展趋势研究 [J]. 天津纺织科技，2019（2）：62-64.

[47] 王璐，King M W. 生物医用纺织品 [M]. 北京：中国纺织出版社，2011.

[48] 李彦，王富军，关国平，等. 生物医用纺织品的发展现状及前沿趋势 [J]. 纺织导报，2020（9）：28-37.

第九章　国防军事与航空航天用纺织品

航空航天产业亦是军用与民用密切结合的产业，由航空航天需求推动发展起来的新技术与民用领域深度融合所创造的巨大价值，已在欧美等发达国家得到了很好的实践。在我国推进军民融合深度发展的战略部署下，航空航天高科技纺织品的军民融合发展具有重要意义。

第一节　国防军事与航空航天用纺织品的分类

一、国防军事用纺织品的分类

（一）军人用纺织品的分类

1. 常规军服

常规军服包括常服、作训服、礼服和工作服四大系列。具体分为春秋常服、夏常服、毛（绒）衣、大衣、礼服、作训服、体能训练服及配套的军（贝雷）帽、军鞋（靴）和服饰共10大部分。中国人民解放军自1950年以来，主要着装过50式、55式、65式、85式、87式军服，并分别于1997年和1999年在驻港、驻澳部队试穿97式军服。当前使用07式军服，由礼服（包括军官礼服、仪仗队礼宾服、军乐团礼宾服和文工团演出服）、常服（包括春秋常服、夏常服、冬常服）、作训服和标志服饰4个系列组成，并明确了礼服、常服和作训服的着装规定。

2. 防护服

防护服指的是服装或与其相关的其他织物，可以保护服用者不受恶劣环境的影响，以防受伤或死亡。军用防护与民用防护在许多方面有巨大的差异。军用纺织品的功能标准是保护身体、应对环境、可伪装、对付特殊战场威胁、防火、隔热、不受闪光伤害，以及成本经济。其类别主要为以下几种：迷彩伪装服、防弹防刺服、阻燃耐高温服、防生化服、防核服、抗浸防寒服、代偿抗荷服、防辐射服等。

3. 单兵用具

单兵用具包括内衣、衬衣、头巾、手套、手帕、帽子、防弹头盔、袜子、被套、床单、背包、背带、鞋带、沙袋、睡袋、毯子、蚊帐、雨披、绳索、帐篷、吊床、擦枪炮布、纱布、绷带、三角巾等。单兵用具是士兵作战、训练、值勤或执行特殊任务时的生活和防护用具，也是单兵装具中的第一大类。

4. 执行特定任务用品

如伪装网、登山靴、排雷服、避雷（电）靴、防爆服、防酸防碱服、防毒面具、防弹背心、降落伞、捕俘网、旗帜、救生衣等。

5. 其他个人用纺织品

如军队医院、军校、军工厂、军队后勤等非军事训练和作战场合工作的军人使用和穿着的各种工作服等。

（二）国防军事装备用纺织品的分类

国防军事场所指营房、哨所、医院、军事基地、卫星发射场、导弹发射场、军事院校、军舰、潜艇、坦克、装甲车、航空器、军工厂、战俘营、军事监狱、战壕、阵地、坑道、掩体、隐蔽所等军人在平时和战时活动的场所。在这类场所，除了被装用纺织品和装备用纺织品外，常用的纺织品如下：

（1）各种隐蔽/伪装系统用器材，如隐蔽/伪装网等。

（2）各种照明用器材，如电线、电缆、电子器材的绝缘材料等。

（3）各种通风、透气器材，如管材和滤材等。

（4）各种警戒与防护性器材，如报警、防爆、防火、防水、防核辐射、防生化系统器材。

（5）各种脱险与救护用器材，如绳索、云梯、救生衣、潜水衣、救生筏、充气垫、光气船、防毒面罩等。

（6）营房、哨所、医院、军事基地、卫星与导弹发射场用的阻燃性建筑材料。

（7）军舰、潜艇、坦克、装甲车、车辆内装饰阻燃材料和仪器内抗静电装饰材料。

（8）军事通信和指挥系统用的传导与制导光缆等。

（9）军用机场、道路、桥梁、舟桥、库房、水坝用的纤维制品等。

二、航空航天用纺织品的分类

传统意义上认为，航空航天用纺织品主要有纺织复合材料、宇航服及降落伞三大类。然而，随着纺织材料和技术的创新，新型纺织材料及纺织品在航空航天领域的应用已经不断拓宽，因此笔者进一步梳理航空航天用纺织材料及纺织品的分类（图9-1、图9-2），并在此基础上总结了纺织材料及纺织品在航空航天领域的特性。

（一）军用航空类纺织品

1. 航空器结构材料

碳纤维复合材料、硼纤维/环氧树脂复合材料、玻璃纤维复合材料等在航空器件中起着举足轻重的作用。因为此类复合材料具有高强度、高模量、低密度、耐高温等特性，常常在主承力结构（机翼、机身）、次承力结构（垂尾、平尾）、零部件（口盖、舱门、整流罩、襟副翼）、关键部件（刹车片、发动机喷管、高温热交换器材料）等骨架材料中有着广泛应用。

如图9-3所示，美国F-22战斗机是一型单座双发高隐身性第五代战斗机，具有隐身性能和态势感知能力，复合材料含量为24%，是世界上综合性能最佳的战斗机；欧洲NH-90直升机的机身全部用复合材料制成，隐身性好，抗冲击能力较强，是双发多用途直升机；美国X-45无人机的复合材料含量高达90%以上，具有低探测、维护方便、执行任务费效比高等诸多优点。

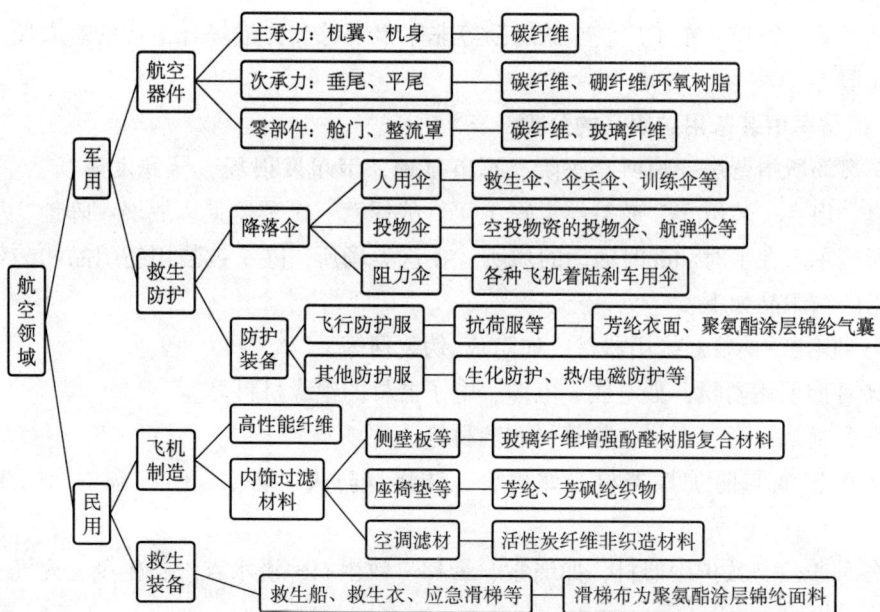

图9-1 航空用纺织品分类

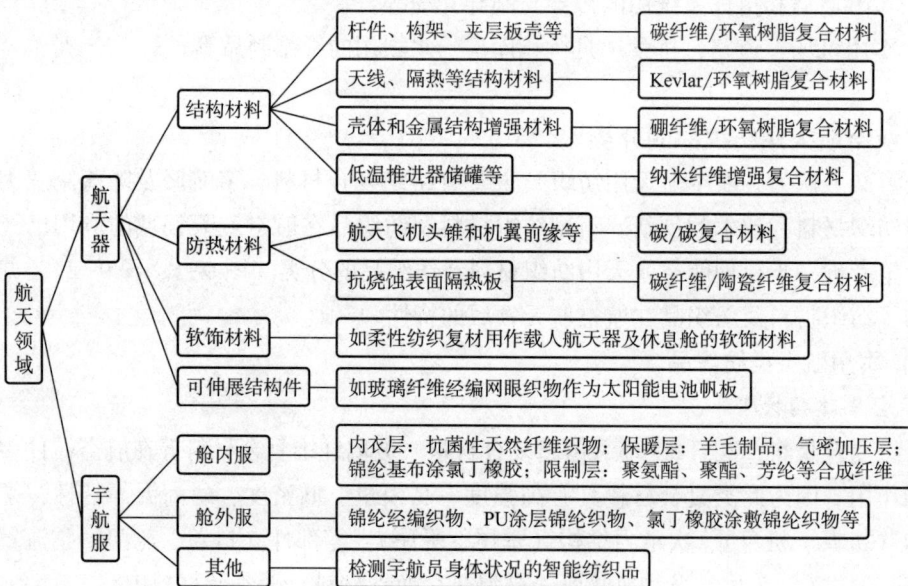

图9-2 航天用纺织品分类

2. 救生防护材料

（1）降落伞。用于降落伞的纺织品材料，必须具有较高的强度、一定的伸长度和透气量、重量轻、耐热等特性。降落伞中2/3的材料由纺织材料构成，包括伞衣、引导伞、伞绳、

图 9-3　F-22 战斗机、NH-90 直升机及 X-45 无人机

背带系统、伞包等。强重比和低透气量是降落伞材料追求的两项主要性能，细旦高强锦纶是降落伞材料的主要材料，芳纶及超高分子量聚乙烯纤维由于在强度等方面的优势，也用于降落伞材料。

降落伞主要分为人用伞、阻力伞和投物伞。人用伞又分为救生伞、伞兵伞等。救生伞能充气展开使乘员减速降落并安全着陆，是拯救应急离机乘员的降落伞。阻力伞一般装在机后，当飞机着陆时张开，产生一定的空气阻力，来缩短飞机着陆时滑跑距离，根据其使用目的与环境，应满足以下要求：耐磨性好、强力高、耐气候性好。投物伞即空投物资装备用的降落伞，空投的物品重量可以从几十千克到几十吨，因此所使用纺织材料必须具有强度高、重量轻、弹性好、化学稳定性好、抗老化、耐磨损等特性。

（2）防护装备。如图 9-5 所示，防护装备主要分为飞行防护服和其他防护服。飞行防护服包括抗荷服、高空代偿服、抗浸服、调温服、跳伞服、通风服、液冷服等，如飞行员抗荷服在正过载作用时对人体起到保护作用，一般由芳纶衣面和聚氨酯涂层锦纶气囊组成。其他防护服主要有生化防护、阻燃和热防护、电磁防护、静电防护等，将在第十二章进行详细讲解。

（二）民用航空类纺织品

1. 飞机制造

民用飞机的复合材料应用部位与军用飞机类似。在复合材料的用量方面，世界两大大型客机制造商波音和空客的最新机型均超过了 50%，如空客 A350-XWB（图 9-4）复合材料用量为 53%，波音 B787 为 50%。复合材料纺织品也广泛应用于内饰过滤材料，例如，将玻璃纤维增强酚醛树脂复合材料用于天花板、行李箱、侧壁板、门装饰板、隔板和储存间等，具有良好的阻燃特性；将芳纶纸蜂窝芯材用于制造较厚的装饰板，如天花板、行李箱、侧壁板等，具有良好的抗压缩性能；将芳纶和芳砜纶织物用于座椅垫、座椅套、挂帘等，具有良好的阻燃防火性能；将活性炭纤维非织造材料用作空调滤材等。

2. 充气救生装备

复合材料纺织品在充气救生装备上的应用也极为广泛，如应急滑梯或滑梯救生筏、救生船、救生衣等。以应急滑梯为例，其包括滑梯布、滑梯外包罩和气瓶材料，其中滑梯布一般

图 9-4　空客 A350-XWB 及内饰

为聚氨酯涂层锦纶面料，滑梯外包罩一般为玻璃纤维或碳纤维增强复合材料，气瓶材料一般内胆为铝合金，外层为碳纤维缠绕的高强度复合材料。

（三）　航天器制造用纺织品

1. 航天器结构材料

由于对航天器刚度要求的不断提高，为了提高复合材料的比模量，需要采用模量更高的纤维材料，例如，碳纤维材料目前已从高模量碳纤维（如 M40）发展到超高模量碳纤维（如 M55J、M60J）。因此，高性能碳纤维的发展是航天器结构用复合材料的一个必然的趋势。此外，由于暴露在星体外的大型结构件对高导热材料的需求，高导热率纤维材料也是一个重要的发展方向。

纺织复合材料在航天器结构中应用颇多，如图 9-5 所示。采用碳纤维/环氧树脂复合材料，主要用于杆件、构架、加筋板壳、夹层板壳等主要或次要承力结构件；采用 Kevlar® /环氧树脂复合材料，主要用于天线结构、隔热结构材料等；采用硼纤维/环氧树脂复合材料，主要作为杆件、壳体和金属结构的增强材料；采用碳纳米管（CNT）增强复合材料，应用于如航天飞机低温推进剂储罐。

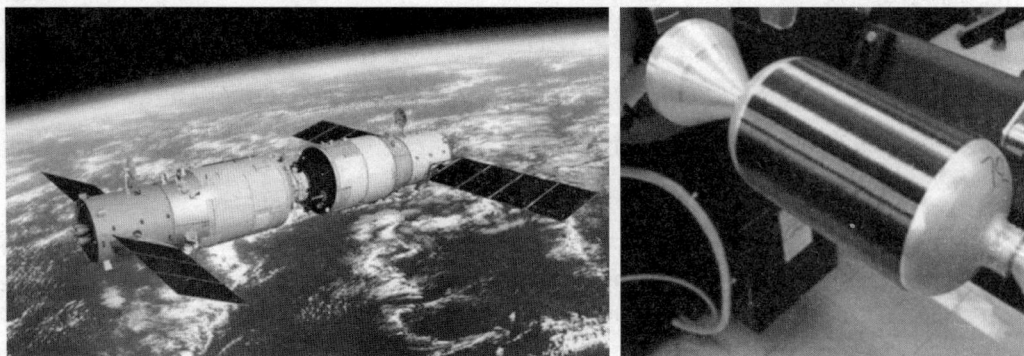

图 9-5　航天器及外层缠绕碳纳米管复合材料的低温推进剂储罐

2. 航天器防热材料

碳/碳复合材料也常应用于航天飞机头锥和机翼前缘、火箭头、发动机喷管等；用作抗烧蚀表面隔热板，则使用碳纤维或陶瓷纤维增强陶瓷基复合材料，因为其具有良好的隔热阻燃性能。

3. 航天器软饰材料和可伸展结构件

柔性纺织复合材料是用各种纤维制成的机织物、针织物、非织造物、二维编织物和三维编织物作为增强材料所制成的复合材料，主要以橡胶为基体，具有质量强、强度高、柔性好等特点，经常用作载人航天器及空间站内宇航员休息舱的软饰材料。

经编网眼织物具有强度高、面密度小、网格尺寸可设计、不脱散等特殊的优良性能，在航天领域中的可伸展结构件方面得到广泛应用。如玻璃纤维经编网眼织物作为"天空二号"空间试验站太阳能电池帆板，这是一个可以承载电池片，承受空间环境介质侵蚀且重量极轻的载体。采用玻璃纤维原料、经编工艺生产。具有重量轻、密实、有网孔结构、材料强度高、模量高、耐原子氧、有自修复能力等特性。又如，将金属丝经编网眼织物作为星载可展开天线，其材料具有质量轻、强度高、柔软、纵横向具有一定延伸性、网格尺寸具有可设计性等特性。如图 9-6 所示。

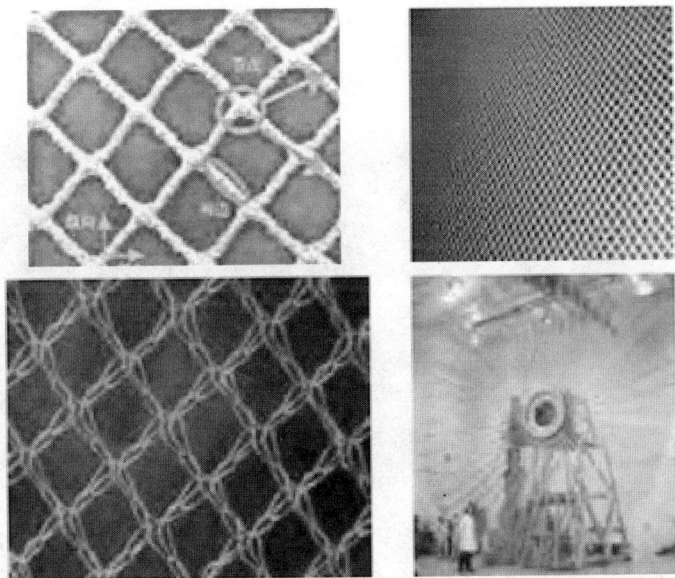

图 9-6 玻璃纤维经编网眼织物太阳能电池帆板（上）与金属丝经编网眼织物星载可展开天线（下）

（四）宇航员太空生活用纺织品

1. 航天服

宇航服具有专用性和高成本特性，如目前航天员舱外活动装备（EMU）使用的多层结构绝热材料在火星空间探测中将会失去效用，对不同太空领域的探索也将不断催生新的宇航服材料和技术。未来对宇航服的要求，不仅要求专用性，也要求更高的功能性和更加轻薄便捷，以满足宇航员适应频繁太空活动的需要。宇航服分为舱内服和舱外服。

（1）舱内服。舱内服一般包括内衣层、保暖层、通风散热层、气密加压和限制层。内衣一般采用柔软、舒适、具有抗菌功能的天然纤维或功能性纤维针织物；保暖层一般由羊毛制品或合成纤维絮片制成；气密加压层一般由锦纶基布涂氯丁橡胶制成；限制层一般采用聚酰胺、聚酯、聚四氯乙烯、芳纶等合成纤维制成；通风散热层一般嵌入通风气流导管或制成蜂窝结构。

（2）舱外服。舱外航天服是航天员走出航天器到舱外作业时必须穿戴的防护装备，具有防辐射、隔热、防微陨石、防紫外线等功能。基本由 13 层结构材料构成，使用的纤维制品主要是锦纶经编织物、PU 涂层锦纶织物、氯丁橡胶涂敷锦纶织物以及聚四氟乙烯、Kevlar® 和 Nomex® 等纤维制品。

2. 饮用水、气体循环系统

纳米纤维膜常常作为过滤材料应用于航天领域。如美国 Ahlstrom（奥斯龙）公司研制的纳米铝纤维介质材料 Disruptor®，芯层由直径 2nm 的铝纳米纤维、颗粒状活性炭及抗霉菌剂组成，用于太空水循环系统，具有很好的离子交换功能、吸附能力以及有效去除病毒的功能。气体分离膜则可用于载人航天器二氧化碳处理。

在其他太空实验中，宇航员可通过基于经编间隔织物的装置在月球和火星上种植西红柿等植物，该装置中的过滤器系统还可将合成尿转变成植物营养剂用于蔬菜种植，而藻类系统可以提供氧气，并且在必要时有解毒功能。如图 9-7 所示。

图 9-7　纳米铝纤维介质材料与经编间隔织物

第二节　国防军事与航空航天用纺织品的性能要求

一、国防军事用纺织品的性能要求

（一）一般性能要求

1. 军人用纺织品的一般性能要求

因为士兵防护用服装使用的特殊要求，使得这类服装不同于一般的服装，在使用的地理环境、生理需求、物理性能等方面均需要具有特殊功能和特点。

（1）实用性。在实际作战环境中，防护服需对化学试剂、火焰、热辐射、弹道冲击有很好的防护功能。

（2）超强性。当士兵在特殊环境中作战时，防护服能防水、防雨雪、防风、防蚊虫，并具有透气和隔热的功能。

（3）舒适性。防护服具有最低的热应力，体积小，重量轻，透气（汽）隔热等性能，具有超强的舒适感。

（4）便捷性。防护服具有重量轻、体积小、防尘、易维护的特点，易于携带。

（5）耐用性。防护服战术动作适应性要强，结实耐用，具有成本低、使用寿命长的特点，减少后勤保障供应的压力。

2. 国防军事装备用纺织品的一般性能要求

（1）在产品的开发上，由于涉及高科技和尖端技术，因此开发难度大，经费投入较多。

（2）军事和商业价值高，备受各国重视，竞争激烈，保密性强。

（3）在产品的性能上，特别突出产品的防护性能，即对军人及其装备的保护性能，如能够防弹、防火、阻燃、耐高温、耐高寒、防核辐射、防生化、防激光、防雷达及防红外、夜视、热成像侦察等。

（4）在产品的功能上，不仅要求有高功能，同时还要求兼有多功能，以便适应平时、战时多种不同条件和环境的需要。

（5）对产品的综合性能和极端环境条件下的适应能力要求非常高。

（6）与常规纤维制品数量多、品种少的特点相反，军用纤维制品具有品种多、数量少和系列化的特点。

（二）特殊性能要求

1. 信息化、智能化和高科技化

发展军事装备的信息化、智能化和高科技化是打赢未来战场的保障。新一代单兵系统要将装备情报、监视和侦察系统，具备更快的通信、战场态势判断、敌我识别等数据信息交互能力。单兵装备是美军部署最为广泛的战斗系统，也是美军武库中最重要的装备。近年来，美军"士兵"项目执行办公室通过开发、采办、部署和维护等现存的单兵装备，同时大力发展智能化单兵装备，着力打造未来战场上的超级战士。

2. 综合性能多样化

随着纳米新材料的不断发展，为高端军事、国防用服装和装备的功能化和高性能提供了更多的可能性。据报道，美国哈佛大学研制出一种新型防弹隔热材料，将多孔网状结构和定向纤维相结合，以同时获得隔热和防弹两种性能，克服了传统防护材料无法满足多种需求的局限。此外，在海上作战过程中，受到弹击不仅仅是普通的子弹，往往还有燃烧弹等。为避免战场因材料燃烧造成的人员伤亡，应用于舰船的防弹板材料必须具备一定的阻燃效果，并且其产生的烟气尽可能无毒无害，以保障人员安全。

3. 高防护性、轻量化

面对战场上各种枪林弹雨的攻击，士兵们的生命受到严重威胁，而头部是人体至关重要的部位之一，掌控着生命体的一切思想和行为。为应对变化的战场威胁，防弹头盔必须不断向轻量化、高防护方向进步。此外，传统的防弹材料多采用防弹钢板，利用增加材料厚度或叠层使用等手段实现其防护效果，这给装甲装备造成较大的重量负担，制约战术战略的有效发挥。而重量是影响装甲装备实现战场快速反应能力的主要因素之一，现代高技术战争对装甲装备的重量指标提出了极为苛刻的要求，即在满足高抗弹性的前提下，必须同时具有轻量化、高性能化、高机动灵活性等特性。

4. 极端环境条件下的适应能力

士兵作战环境十分复杂，在作战过程中，所用的装备和服装必须能够适应不同的作战环境，如在寒冷的环境下保证士兵的保暖性和作战的轻便性，在复杂地形下的隐蔽性等，以及其他各种恶劣环境的适应性。

二、航空航天用纺织品的性能要求

航空、航天用纺织品的发展是现代航空航天事业高新技术和产业取得突破的前提条件。按使用范围，航空航天材料可分为结构材料与功能材料。结构材料总的发展趋势是轻质化、高强度、高模量、耐高温、低成本；而功能材料则朝着高性能、多功能、多品种、多规格的方向发展。出于现代高性能飞行器发展的需要，结构—功能一体化和智能化也是材料的重要发展方向。

航空航天材料的重要性能包括其物理性能（例如密度），力学性能（例如刚度、强度和韧性），化学性能（例如腐蚀和氧化），热性能（例如热容量和导热率）和电学性能（例如电导率），了解这些性能以及它们的重要性对于航空航天技术的发展至关重要。

为航空航天领域的产品选择最佳材料是一项重要任务，对于飞机来说，要对飞机发动机排放的成本、飞行性能、安全性、使用寿命以及对环境的影响各个方面进行取舍，表9-1中列出了航空航天工程师在选择材料时必须考虑的关键因素。

表9-1　航空、航天用纺织材料的关键因素

成本	1. 加工成本，包括机加工、成型、成形和热处理成本 2. 使用中的维护成本，包括检查和维修成本 3. 回收和处置费用
可利用性	有稳定且长期的材料供应
制造	易于制造，低成本和快速制造工艺
密度	低密度有利于轻量化
静态力学性能	刚度（弹性模量），强度（屈服和极限强度）
疲劳耐久性	抗各种疲劳源裂纹的产生和扩展（例如应力、应力腐蚀）

续表

损伤容限	1. 断裂韧性和延伸性，以抵抗裂纹扩展和破坏 2. 由于切口（例如窗户）、孔（例如紧固件）和结构形状变化而引起的缺口敏感性 3. 抗鸟击、维修事故（如飞机上掉落的工具）、跑道碎片的影响、冰雹的冲击
环境耐久性	耐腐蚀性、抗氧化性、防潮性、耐磨性、空间环境（例如微气象冲击、电离辐射）
热性能	在高温下热稳定，软化温度高，低热膨胀性能，非/低可燃性，低毒烟雾
电、磁特性	防雷击的高导电性，雷达穿顶的高（电磁）透明度，隐身军用飞机的雷达吸收特性

具体来说，航空航天用纺织品应具备以下几点要求。

（一）轻量化

轻量化是航空航天器最主要的研究课题之一，尤其是对太阳系更远端天体的探索活动及服务于空间站的航天货物运输，由于重量而造成的高成本问题将迫使航天器不得不进一步实现轻量化。

随着工业轻量化时代的到来，汽车、电子产品、航空航天以及船舶运输等行业都在寻求高稳定性、高强度以及更轻量的复合材料作为制造产品零部件的首选，金属已经不再是各类零部件制造的唯一选择，两大航空巨头波音和空客在新一代民用机型上越来越多地使用复合材料代替传统金属。其中，热塑性纤维增强材料无论在重量、强度以及成本投入方面都有较大优势。另外，使用纳米纤维做增强相的先进复合材料也充分展示了其在航天领域的应用前景，被誉为"新一代轻质结构的工程复合材料"，其中，碳纤维复合材料（CFRP）是目前先进的复合材料之一，是以碳纤维（织物）或碳化硅等陶瓷纤维（织物）为增强体，以碳为基体的复合材料的总称。据相关资料统计，在国外的军机上，碳纤维复合材料使用量已经达到25%~30%，如F-22"猛禽"战斗机的复合材料用量约为25%，其中碳纤维复合材料为主体材料；F-35"闪电Ⅱ"联合攻击战斗机采用35%的碳纤维复合材料，大大降低了机体重量；欧洲台风战斗机使用了大量的复合材料和其他先进材料，比例达到了40%，其中，机身、机翼（包括内侧后缘襟翼）、垂尾和方向舵等大部分都使用了碳纤维复合材料。

（二）高温耐蚀性

2020年8月12日，NASA成功发射"帕克太阳探测器"（Parker Solar Probe），首次飞抵太阳外大气层的日冕区域，对太阳实施近距离详细探测。这一任务意味着探测器必须能够承受500~1400℃的高温，还要抵御高强度的太阳辐射环境，以及探测器从发射到进入太阳外大气层及返回过程中温度剧烈变化的冲击。为此，工程师们为帕克太阳探测器设计了由2层碳/碳复合材料面材和1层4.5英寸（14.4cm）厚的碳泡沫芯层组成的隔热罩，如图9-8所示，其中碳泡沫芯层空气含量高达97%，与碳/碳复合材料配合可以起到很好的防热效果。NASA表示，该热防护罩能够使探测器核心部位的主要仪器维持在29.44℃上下，确保核心仪器不受高温影响。

（三）灵活性

2019年，美国航天局发布了具有更大灵活性和更高安全性的新一代宇航服，计划供宇航

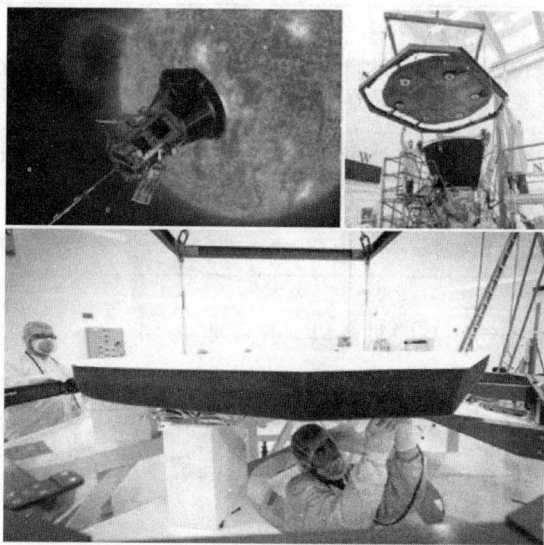

图 9-8 帕克太阳探测器结构及其防热罩的安装测试

员在 2024 年登月活动中使用。新一代宇航服被命名为"探索舱外移动单元"。新宇航服至少进行了 4 个方面的改进，最大特色是"移动性"更好，更加灵活。宇航员从国际空间站出舱进行太空行走时，下肢活动较少，而在月球表面行走并展开科研活动时，下肢活动较多。新宇航服的设计充分考虑这种需求，其加压服下半身安装了多个关节轴承，允许臀部弯曲和旋转，膝盖处有更大弯曲度，并采用了类似登山靴的柔性鞋底。

陶瓷基复合材料也是当前研究人员重点研究的航空航天材料，陶瓷基复合材料抗弯强度高、耐热性强、比重小，能够承受较高的热浪冲击。实际运用中，为了增强陶瓷基复合材料的韧性，保证复合材料的使用质量，会在陶瓷基复合材料形成过程中加入一定量的纤维素，使陶瓷基复合材料具有一定的柔韧度，增强陶瓷基复合材料的使用性能。

（四）智能化和功能多样性

复合材料智能化研究，能够给国家创造经济效益和社会效益，在未来，智能型先进复合材料会应用在航空航天器外表：在未来航空器表面增加各种传感器，能够对周围环境各种信息进行实时的检测，以及通信，使用电子设备和其它飞机系统，保证飞机在某些特殊情况下平稳操作。在减小航空航天器体积的基础上，为了满足航空航天器的突防能力要求，许多结构部件需要同时具备多种功能以及优良的性能，现阶段，多功能先进复合材料的研究已经从双功能型向三功能型方向甚至多功能方向转变。随着先进复合材料的不断发展，其不断融合了许多优异的物理性能、化学性能、生物性能、力学性能等。

由智能结构制成的自适应飞机机翼，能实时感知外界环境的变化，同时驱动机翼发生弯曲、扭转以改变翼型和攻角，从而获得最佳的气动特性，并大幅减轻质量，提高响应速度，减小转弯半径，改善雷达散射截面，增大升阻比。例如，当飞机在飞行过程中遇到涡流或猛烈的逆风时，机翼中的智能材料就能迅速变形，并带动机翼改变形状，从而消除涡流或逆风的影响，使飞机仍能平衡地飞行。美国应用形状记忆材料（SMA）制成了夹心结构树脂基复合材料，用于"柔性机翼"，该机翼可在各种飞行速度下自动保持最佳翼形，提高飞行效率，并可自行抑制出现的危险振动。

第三节　国防军事与航空航天用纺织品的应用

一、迷彩伪装服

迷彩伪装服是将军服织染成或在外表面涂敷成各种大小斑点、条带等图案，以改变目标的光学特性，减少目标与背景在光学热红外、微波波段等电磁波的散射或辐射特性的差别，模糊目标的主动探测信号（如雷达、激光测距仪发射的信号）与被动探测信号（指探测方不发射任何信号，只接受目标的反射信号或辐射信号），减少目标被光电侦察仪器发现的概率。因此，不同的探测信号对伪装服的要求不同。对毫米波雷达要求能吸收毫米波，对激光测距信号要求能局部强吸收，对可见光、近红外夜视侦察能模拟自然界的反射，对红外热成像侦察要尽量降低目标的发射率和温度。目前，许多重要军事研究机构正在研究多波段伪装服，开发出了能够兼容可见光、近红外和热红外波段的新一代迷彩涂料。该涂料通过控制原料配方可以控制可见光、近红外和热红外波段迷彩斑点的尺寸和反差，不同辐射率、不同面积比的迷彩花纹不仅可以提供宽波段迷彩图形，而且还能够将能量在体系内部进行转移，通过不同的辐射渠道将部分热量传递出去，同时与季节环境植物的红外辐射率相近，从而大幅提高了迷彩服的伪装性能。随着新的军事侦察技术和精确制导武器的不断出现，伪装材料向着多波段兼容和便捷轻型的方向发展。

二、防弹衣

防弹衣在人体防护上的重要作用，主要源于其防弹层对于低速弹头或弹片所具有的防护效用，且可有效吸收与消解弹头、弹片的动能，在控制一定凹陷的前提下减少或降低对人体胸部、腹部，甚至是颈部（针对高领防弹衣而言）的伤害程度。从防弹衣发展的历程及各种类型的防弹材料来看，以各类高性能纤维织物为主要防弹材料的软质防弹衣，通常利用高性能纤维织物来"捕捉"子弹或弹片，从而达到防弹目的。在防弹衣的材质选择上，目前主要有硬质防弹材料与软质防弹材料两大类。为了保证防弹衣能够最大限度地消耗弹头、弹片的动能，各类防弹材料必须具备强度高、韧性好以及吸能性强的特点。就硬质防弹材料而言，其主要采用特种钢、超强铝合金、氧化硅、碳化硅等金属或非金属硬质材质。考虑到相关人员在穿着防弹衣后，仍需较为灵活地完成各项动作，而硬质防弹材料一般均不具备柔韧性，故前述硬质材料主要以防弹插板或增强面板形式使用。而软质防弹材料除需具备高强度性能外，对于其柔韧性也有较高要求。因而，软质防弹衣或软硬式防弹衣的内衬材料大多采用高性能纤维织物。当前，诸如凯夫拉（Kevlar）、特沃纶（Twaron）、斯拜克特（Spectra）等高性能纤维织物以其优良的综合性能，成为软质防弹材料的主要选择。而硼纤维或碳纤维等高性能纤维，虽也具有极高强度，但其柔韧性较差，且不易被纺织加工，故并不适宜作为防弹材质。

三、防化、防生化服

防化、防生化服是指能够防御化学毒物（如氯化氰）、毒气（如氯气、光气）和生化武器（如天花、鼠疫和炭疽）等侵害的特种服装。这些有害物质不仅毒性大、传染性强、致人死亡率高，而且只要使用一次就可以使许多人死亡，特别是对天花、鼠疫和炭疽这三大生化武器，到现在人类还没有任何有效的药物可以对抗。

防御化学毒物、毒气和生化武器的基本原理是以中和、交换、物理吸附、清扫等方法，将有害物质分解、过滤、清除掉。主要方法是采用活性炭为主体的面要界的处水活性炭纤维、活性炭布、活性炭毡、活性炭泡沫塑料等材料制成防毒口罩、面罩、手套、鞋靴、鞋套、防化与防生化服，利用含有特殊化学功能基团的离子交换纤维将有毒气体吸附、过滤或将有害物质截留。离子交换纤维也可以与他纤维混纺制成由三层织物组成的防化与防生化服。外层为含有阴离子交换基团的功能性纤维织物，可以有效地吸附各种碱性气体或将芥子气一类的毒气分解为小分子气体；第二层为阳离子交换纤维织物，可以将各种酸性气体或毒性气体分解出的小分子气体有效地吸附；内层为棉纤维，起到吸汗、保暖作用。美国使用渗透、半渗透及不渗透材料系统来防生化武器。渗透系统使用活性炭作里布，可透湿且能够防化学物质，是以锦纶经编织物为基布，涂覆富含活性炭的聚氨酯泡沫制成。由于活性炭具有良好的吸附性能，因此该表面层可有效吸收气体化学物质。通过表层处理可用于防液体渗透。采用涂层和覆膜形式的半渗透系统，可设计成具有各种大小孔径的微孔和超微孔材料，具有湿蒸气传输速率高、耐水压好及防化学和生物最理想的平衡性能。美军飞行员防生化作战服使用的就是富含泡沫的活性炭微孔半渗透膜。在海湾战争中，德国推出了三种新型防化服，其吸毒过滤材料也是采用活性炭泡沫颗粒，防护效果非常好，完全可以防止各种有毒气体和液体的毒害，在24h内可抵抗三次芥子气的进攻。

四、防核服

核武器的主要危害来自冲击波、近距离辐射（γ射线和中子辐射）和远距离高强度的瞬间热辐射，其对人体的危害程度，与核武器的大小、当量、类型和爆炸的高度地带特征环境有关。几乎任何材料都不能避免紧靠核爆炸区人员受到的冲击波与近距离辐射的危害，因而防核服主要是防御核爆炸瞬间高强热辐射和由此引起的火焰危害。防火焰灼伤的首要要求是服装外层阻燃，并能够最大量地发散辐射热。当外层服装已吸收了辐射热并向内层服装传递时，防止服应能在防止辐射热时尽量长时间地保持完整，这使得防核服性能的提高与耐高温阻燃防护服的开发密切相关。目前美国防核服使用涤棉混纺织物，对清除污垢工艺耐久性较好，有利于对放射性沾污的清除和洗涤。

五、耐高温阻燃防护服

耐高温阻燃防护服是指采用先天性阻燃纤维加工而成的特种阻燃服装。该类防护服具有永久的防火隔热功能，在遇火及高温下不会产生融滴，始终能保持足够的强度和服用性能，面料尺寸稳定，不会强烈收缩或破裂，具有耐磨损、抗撕裂、质量轻和穿着舒适等综合特性。

美国、日本及西欧等国家和地区先后开发出了芳香聚酰胺、PAN、PPS、PBA、三聚氰胺（MF）等阻燃性优良的先天性阻燃纤维。其中由美国杜邦公司发明并工业化生产的 Nomex ⅢA 纤维是目前全世界使用最普及的阻燃防护服材料。该纤维是一种阻燃耐高温的纤维，遇火不融滴、不助燃，高温时会炭化，能有效地防止突发火灾带来的危险，被作为高科技产品应用于航空航天等尖端领域。无论战时或训练期间，Nomex ⅢA 的舰艇制服可为遇到突发火灾时在航空母舰甲板上指挥飞机起降或在机舱里管理轮机的海军士兵提供更多逃出火灾区域的机会，使严重烧伤的可能性降到最低。而坦克、军车一旦被导弹或炮弹击中，坦克兵或军车驾驶员可利用 Nomex ⅢA 的防护性在几秒钟内撤离，避免遭受严重烧伤和死亡。据统计穿着 Nomex ⅢA 制服的士兵在战斗中烧伤的死亡率明显较低。由于 Nomex ⅢA 防护服能为穿着者提供及时逃离火灾的宝贵的几秒钟，使遭受火灾的烧伤度降到最低点，并且它具有轻便、舒适、透气性好、耐磨及耐撕裂性好，母液着色的纤维色彩丰富，色牢度好等优点。因此，美陆军和海军陆战队战车士兵及空军的所有兵种士兵与指挥员都配备了 Nomex ⅢA 防护服，包括耐重力服、连体制服、飞行夹克、救生服、内衣、地勤服等。在发达国家，这类新型防护服不仅作为特种军服使用，还被广泛用作各类宇航服、消防服、警用防暴服、赛车服、石油化工防火工作服等。

六、抗浸防寒服

人体热量将很快散失，常常会导致遇难者体温过低及严重的心室纤颤而死亡。医学试验研究证明，在低水温浸泡下，人体各种生理功能的综合体现为在水中的耐受时间，其耐限的主要生理指标是身体的核心温度（常以直肠温度表示）及人体的散热程度，一般以 377kJ、523kJ 及 735kJ 的散热来分别表示人体轻度、中度及重度受冷程度。当无特殊装备防护时，浸泡在 4℃ 水中的人，存活时间只有 20~30min；在接近 0℃ 水中的生存时间只有几分钟；即使在 15℃ 水中，存活时间也不超过 6h。抗浸防寒服分湿式和干式两种，湿式虽能适当延长人在冷水中的存活时间，但远不如干式。干式抗浸服由多层组成，外层是连身式防水服，中间是保暖层，里层是毛衣裤及衬衫等。目前性能比较先进的是由美国和英国研制出的 MK-5A、MK-10 和 CWU-62/P 型抗浸防寒服及配套的救生筏系统（LES/r），可分别提供在 0℃ 水中 1.5~2h 及在 4℃ 水中 4h 的救生时间。其中美制 CWU-62P 型抗浸防寒服的外套，还配备有充气、防风、阻燃的防水帽及防水手套，配套的救生筏系统还带有防风及防海浪的篷。当穿着抗浸防寒服的乘员落水后，可立即打开救生筏，进行必要的联络自救，并以此延长海上救援的等待时间。抗浸防寒服的防寒效果主要是通过防止海水浸入并同时降低衣物层的热传导来实现的。美国 Danalco 公司近来开发出由三层高性能材料组成的商标为 Seal SKinz 的系列防寒产品。外层是含杜邦莱卡的尼龙弹性织物，有极好的伸编配合性和耐久舒适性，中间层是能有效地起到抗浸、保暖的薄膜层，既能让汗气散逸出去，又能防止海水渗入；紧贴皮肤的最里层由杜邦公司的 Cool Max 聚酯纤维制成。这种高性能防寒服目前已为美国海、陆、空三军和皇家海军等选用。

七、代偿抗荷服

战斗机在高空低压环境中飞行时，高空飞行密闭服可通过代偿抗荷提供人体生存必需的压力、氧气和适宜的温度环境，起到对压力骤变应急防护的作用。但由于飞行服为密闭式，时间一长就会产生热应激效应，从而缩短飞机的滞空时间，甚至会危及飞行员的安全。俄罗斯研制出了一种先进的代偿抗荷服，已装备在第三代战斗机上，通风散热效果很好，在40℃舱温条件下，能够使飞行员的下身平均皮肤温度维持在31℃左右，皮肤和皮下血管处于正常收缩状态，可以保证飞行员承受一定的高压过载。

八、宇航服

（一）第一代宇航服

1961年5月，阿仑·谢泼德第一个成功地进行了美国最早的载人航天飞船计划——"水星"计划的亚轨道飞行。飞行所用的航天服［图9-9（a）］，是由当时美国海军的高性能战斗机飞行员穿着的MK-4型压力服加以改进的，内层是有橡胶涂层的尼龙材质，外层由镀铝尼龙制成，肘和膝关节部分缝入了金属链，容易弯曲。这套宇航服能抵抗太空紫外线和热辐射，但它的缺陷是，当内压提高时，宇航员很难活动身体，正常状态时，头盔允许上下活动头部，而增压时就不能摆动了。这就是第一代宇航服。在"水星"计划期间，水星航天服被不断改良，使之更加实用、安全。

（二）第二代宇航服

第二代宇航服是在20世纪60年代中期的"双子星座"计划中诞生的，由于"双子星座"计划要求航天员进入太空在轨道上作会合或入坞的活动，所以这种航天服要求具有极佳的运动性［图9-9（b）］。在封入空气压的压力囊外蒙上了一层用特氟纶混纺材料织成的网，即使空气压使航天服整体膨胀也容易弯曲。航天员在发射、太空行走、返回的整个过程中都要穿着G4C型双子座航天服。它还带有降落伞装置、浮力装置、微流星防护装置以及隔温系统，能够保护航天员不受太空温度变化的影响。1965年，双子星4号的宇航员艾德·怀特身穿这种宇航服完成了美国的首次太空漫步。

（三）第三代宇航服

第三代航天服是实施阿波罗计划时使用的航天服，是美国设计用于月球表面的航天服［图9-9（d）］。与之前的太空漂浮不同，宇航员要在遍地都是岩石的月球上行走并弯下腰采取岩石标本，这款航天服在关节周围制成伸缩自如的褶皱，大幅提高了其运动性能。但是，必须穿着特殊的"内衣"。内衣外的航天服由内绝热层、压力层、限制层几层重叠。在衣服的最外层还有由聚四氟乙烯与玻璃纤维制成的保护层。再戴上强化树脂制成的盔帽、与航天服几乎一样的多层的手套，穿上金属网眼的长筒靴，就是完整的阿波罗航天服了。阿波罗航天服与过去的航天服相比，根本的差别是采用了便携式生命保障系统，即将生命保障系统固定在背上，以进行供氧、二氧化碳的净化和排除体热。在1969年首次登月时，尼尔·阿姆斯

(a) NASA第一代宇航服
——水星计划套装

(b) NASA第二代宇航服
——双子座宇航服

(c) 新一代宇航服

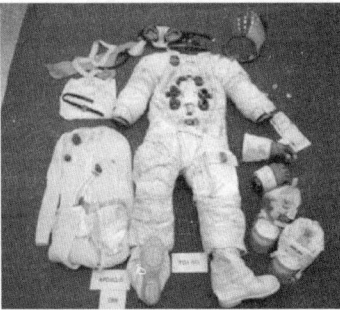

(d) NASA第三代宇航服
——航天飞机用航天服

(e) NASA第四代宇航服
——阿波罗宇航服

(f) 新一代宇航服

图9-9 宇航服发展过程

特朗和巴兹·奥尔德林身穿的就是这套航天服。

（四）第四代宇航服

第四代航天服如图9-9（e）所示。航天飞机用的航天服不是定做的，而是根据人体的造型将航天服分为几部分，各个部分选择合适的尺寸组合成航天服。使用后，也不像过去那样送进博物馆，而是把航天服再分解，各部分清理后再次使用，计划使用寿命是15年以上。

比起阿波罗时代的航天服，穿着需要耗费1h以上，航天飞机用航天服只需要10~15min就能穿戴好。航天飞机用航天服还有新的生命保障系统，可以在7h内向剧烈消耗体力的航天员供给必要的氧、冷却水、电力，头盔内侧还可供给500mL的饮料和少量的航天食品。还配备尿抽吸装置，小便可以在航天服中排泄。此后航天服的发展就更具有科技性和美观性。

（五）新一代宇航服

空间站时代，宇航员需要长期在太空生活，虽然空间站提供了对宇航员身体的基本保护，但仍需要穿着轻便的防护服装以针对性地对人体提供保护。NASA正在设计一种新款宇航服［图9-9（c）、（f）］，它可以适配所有宇航员的体型，手臂移动性会比以往的宇航服更加灵活，能够使宇航员触摸到头顶和身体两侧。NASA 不仅计划在月球使用它，还会再加以修改调整后用于未来的火星任务。

航天服的制造和发展时间还相当短，未来的航天服想要更适合人类航天和太空生活的需要，还有很长的路要走。

九、航空航天装备力学增强件

纺织复合材料具有质量轻、强度高、耐腐蚀性好、抗疲劳性好、减震性好、可设计性强等优异物理性能和使用性能，目前已在航空航天领域有了较多的应用。

（一）航空领域用力学增强复合材料

在航空领域，纺织复合材料应用于飞机结构部件的历程经历了三个阶段：第一阶段，在受载不大的简单零部件上采用复合材料，如舵面阻力板、口盖、起落架舱门等；第二阶段，在承力较大的次承力结构上采用复合材料，如水平尾翼、垂直尾翼、鸭翼等；第三阶段，在主承力结构部位采用复合材料，如机身、机翼盒段等。

全球化经济的快速发展促进了飞机制造业的蓬勃发展，随着纺织复合材料技术研究的不断深入和飞机设计的不断优化，纺织复合材料在商用飞机上的应用取得了一定进展。

波音公司和空中客车公司是目前全球最大的两家商用飞机制造商，其所研发和制造的飞机在民用飞机领域一直处于前沿和风向标的地位。

如图 9-10 所示，波音公司研制的 B787 中复合材料占比达到全机重量的 50%，纤维增强复合材料（CFRP）广泛应用于机身、机翼、平尾、垂尾、机身地板梁、后承压框等部件，并首次在机翼和机身的大部分承力骨架结构上使用了 T800 碳纤维增韧环氧树脂复合材料。纺织复合材料的大量使用，大大降低了飞机运行时的空气阻力，提高了疲劳强度，延长了机体寿命。

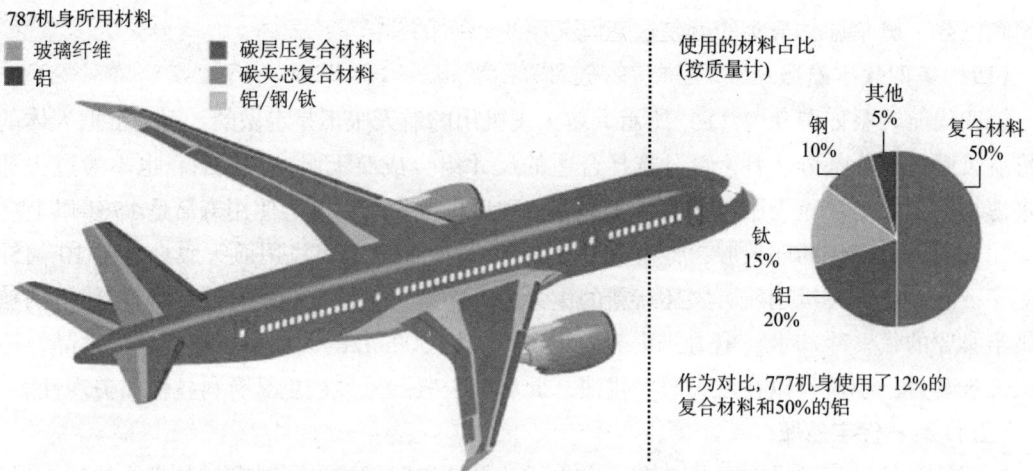

图 9-10　波音 B787 材料使用情况

如图 9-11 所示，空客公司 A380 在方向舵、升降舵、减速板、水平尾翼、副翼、垂直和水平稳定器、起落架舱门、整流罩、后密封隔框、后压力舱等部位采用了碳纤维增强复合材料（CFRP），CFRP 的使用量占总重的 22%。为了与波音 B787 竞争，空客公司研发的 A350XWB 宽体飞机机身大量采用 CFRP，且在机翼的上下蒙皮、桁条、前后翼梁等零部件采用 CFRP，CFRP 整体占比 52%。

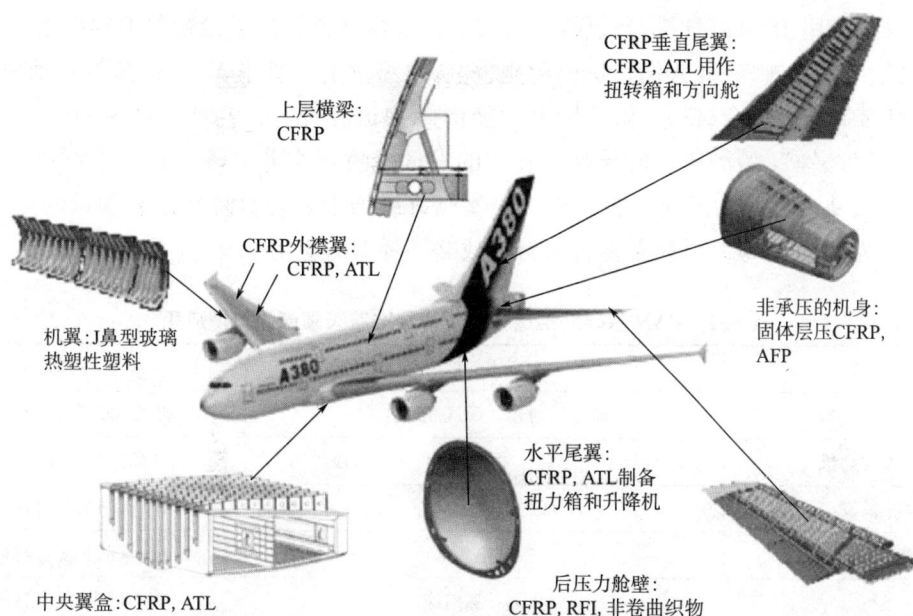

图 9-11 空客 A380 复合材料使用情况

航空发动机的性能很大程度上决定了飞机的航行性能，随着纺织复合材料制备工艺的不断成熟，发动机叶片也已采用纺织复合材料制备。如图 9-12 所示，Snecma 公司采用三维机织复合材料成型技术制备了新一代发动机 LEAP-X，发动机重量减少 450kg 以上，燃油效率提高了 16%，其发动机叶片是世界上首个通过机场跑道异物（FOD）试验的中小推力涡扇发动机复合材料风扇叶片。

图 9-12 LEAP-X 发动机和风扇叶片

（二）航天领域用力学增强复合材料

在航天领域，纺织复合材料主要应用于运载火箭和导弹武器的主/次承力结构件（如整流罩、导弹弹头、发动机壳体等）。1970年美国核潜艇"三叉戟C4"潜地导弹发动机壳体首次采用芳纶复合材料，具有明显的减重效果。美国"侏儒"小型地对地洲际导弹三级发动机燃烧室的壳体是由IM-7碳纤维/HBRF-55A环氧树脂经缠绕工艺制备而成，"三叉戟Ⅱ（D5）"的一二级固体发动机壳体采用CFRP材料制备，"爱国者"导弹及其改进型的发动机壳体材料也已采用T800碳纤维/环氧树脂（C/E）复合材料替换了最初的D6AC钢。"战斧"式巡航导弹、"大力神"-4火箭、法国阿里安-2改型火箭、日本M-5火箭等发动机壳体也采用了碳纤维制备的复合材料。俄罗斯多功能洲际弹道导弹SS-7型"白杨-M"以及"白杨-M2"和"圆锤"型潜艇发射导弹，它们的发动机喷管均采用了黏胶基碳纤维增强酚醛复合材料。表9-2所示为聚丙烯腈（PAN）基碳纤维增强复合材料在航天领域的典型应用；表9-3所示为PAN基碳纤维防热复合材料在战略导弹上的应用。

表9-2　PAN基碳纤维增强复合材料在航天领域的典型应用

应用部位	应用部件	材料种类
再入飞行器	储运发射箱、燃气舵组件等	碳/酚醛防热复合材料
火箭发动机	燃烧室绝热套、喷管座部件、扩散段等	碳/酚醛防热复合材料
固体火箭发动机	喉衬等防热部件	碳/碳防热复合材料
轨控发动机	推力室身部	碳/碳防热复合材料
飞行器	头部、翼前缘	碳/碳防热复合材料
弹体/箭体结构	整流罩、复合基座、惯组基座、卫星支架、	碳纤维/环氧树脂复合材料
	级间段、发射筒、仪器舱，诱饵舱等	碳纤维/环氧树脂复合材料
火箭发动机、助推器	壳体	碳纤维结构复合材料

表9-3　PAN基碳纤维防热复合材料在战略导弹上的应用

导弹型号	使用部位	防热材料
民兵Ⅲ	MK-12A鼻锥、喷管	细编穿刺碳/碳、碳/酚醛复合材料
三叉戟Ⅰ	MK-5鼻锥、发动机喷管喉衬、扩散段、防热环	3D或4D碳/碳、碳/酚醛复合材料
MX系列	MK-12A鼻锥、发动机喷管喉衬、扩散段、防热环	3D或细编穿刺碳/碳、碳/酚醛复合材料
侏儒	MK-21A头锥	细编穿刺碳/碳复合材料
Peacekeeper	发动机喷管喉衬	3D碳/碳复合材料
白杨-M	发动机扩散段	碳/酚醛复合材料

采用纺织复合材料制备的卫星结构件不仅承重能力强，而且在高低温环境下变形量极小。"旅行者"航天器的天线反射器、支撑架，北约卫星天线支撑结构等均采用了纺织复合材料。国内纺织复合材料在卫星发动机支撑装置中也已有所应用，"嫦娥一号"卫星采用卫星空间

桁架结构用三维编织复合材料整体连接件，替代了原有的金属结构支架，减重约40%。表9-4所示为碳纤维复合材料在国外空间飞行器上的应用；表9-5所示为高性能碳纤维复合材料在我国卫星、飞船上的典型应用。

表9-4　碳纤维复合材料在国外空间飞行器上的应用

应用部位	材料	典型型号
卫星的太阳电池阵结构	碳纤维/环氧复合材料蜂窝结构面板	国际通信卫星号Ⅲ号、Ⅳ号、Ⅴ号和Ⅵ号
	碳纤维/环氧树脂复合材料网格板	法国的电信Ⅰ号和直播卫星、德国直播卫星、瑞典通信卫星
飞行器的天线结构	碳纤维/环氧树脂复合材料为面板的铝蜂窝夹层结构	美国的海盗号飞行器
	碳纤维/环氧树脂复合材料	Anik-blhecksat-V、ERS-1等卫星上的导波和滤波器件
卫星本体结构	碳纤维复合材料	日本ETS-1卫星的壳体
国际空间站的桁架结构	碳纤堆/环氧树脂复合材料管	美国的国际空间站

表9-5　高性能碳纤维复合材料在我国卫星、飞船上的典型应用

应用领域	应用部位/部件	材料种类
卫星	太阳电池基板	C/E网格面板、边框+铝蜂窝
	复杂曲面天线反射面	C/E面板+铝蜂窝
	承力筒	C/E加筋筒体
	太阳电池支撑体	C/E加筋结构
	连接架	C/E面板+铝蜂窝
	照相机镜筒	C/E复合材料
神舟飞船	太阳电池基板、连接架	C/E复合材料

第四节　国防军事与航空航天用纺织品的发展现状与趋势

现阶段随着纺织材料和纺织技术的创新，纺织品在国防、军事与航空航天领域的应用范围不断拓宽。对于军事、国防领域来说，现代战争高科技化的发展，使军队的装备水平不断提高，对军用纺织品的性能提出了更高的要求，由此也促进了新技术和新材料在纺织产业的应用。我们有理由相信，随着科学技术的日新月异，各种新型纺织材料及复合材料的不断问世，未来的军用纺织品将会在功能性、防护性、复合性、智能性等方面上一个台阶。这些都标志着纺织品在航空航天领域拥有巨大的应用前景和经济前景。下文中主要盘点航空航天用

纺织材料及纺织品的一些新的发展方向。

一、航空航天器轻量化

轻量化是航空航天设备必须解决的技术问题和成本问题。碳纳米管和石墨烯等纳米纤维材料具有优异的力学、电学和热学性能。拓宽它们在航天器的应用范围，既可以有效降低航天器的重量，又可以强化它们的结构性能，提高耐用性和安全性。

气凝胶被认为是世界上最轻的固体。目前科学家已制备出在液氮温度（-196℃）下具有超弹性和高强度的聚合物气凝胶。在承受超过其重量的 10000 倍压力后，仍可以恢复到其原始大小。在极端恶劣条件下也表现出出色的隔热性、阻燃性和性能稳定性等重要特征。该材料可用于航天器的防热材料、充气减速器材料、宇航服等（图 9-13）。

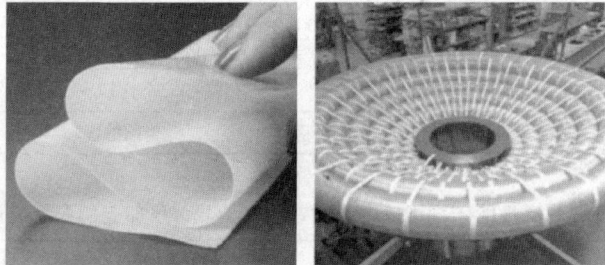

图 9-13　柔性聚酰亚胺气凝胶及在航天器减速材料中的应用

二、柔性纺织材料的应用

据不完全统计，由于技术垄断，我国高端柔性纺织品大多要从国外进口，进口额大约为 60 亿美元。随着通信、广播、地球和空间探测等事业的飞速发展，对由柔性网面以及网状可展开抛物面天线的需求越来越大。国内研究团队应用玻璃纤维以及极细金属纤维研制的经编柔性面料已成功应用于"天宫一号""北斗"等飞行器和卫星，创造了巨大的科研和经济价值（图 9-14）。此外，随着全球民用航空的迅猛发展，我国已成为世界第二大民用航空市场。

图 9-14　星载天线金属网制备及其应用示意图

这意味着对于降落伞、飞艇以及飞机内饰材料等柔性纺织品的功能性纤维原材料的研发、产品的结构设计以及产量的要求也越来越高。对于纺织从业者而言，这既是挑战也是机遇。

三、功能性、智能化纺织材料的应用

随着太空探索事业的发展，人类将更频繁进入太空环境。所以在未来宇航服除了要满足新的功能要求之外，还要具有重量轻、灵活性大的特点，以便宇航员更好地执行各项空间考察任务。芳纶、碳纤维、被动弹性材料和静电纺丝材料等功能性纤维已被应用于宇航服来实现轻量化、提升其灵活性。此外，一些功能性（防辐射、克服失重环境等）或智能性元件（生物传感器）也被集成在宇航服上，来帮助宇航员实现健康监测、缓解病症和辅助锻炼等。

四、光纤传感器的应用

航天器在长期飞行过程中，由于疲劳、腐蚀、材料老化以及高空中的环境等不利因素的影响，不可避免地产生损伤积累，因此利用光纤传感器对航空器结构的健康监测十分重要。光纤传感器必须满足质量轻、体积小、带宽宽、灵敏度高、耐高温、耐腐蚀、抗电磁干扰能力强、易于埋入材料内部等要求。现阶段光纤传感器已经能获取航天器在飞行中的变形、应力和温度等实时信息。从发展趋势来看，大规模、高密度、高精度、多参量光纤传感系统是航空航天光纤传感技术的发展方向。

在国际航空航天产业加速发展的背景下，高强重比和轻量化、耐空间各种特殊环境纺织材料的研发，柔性纺织品和近体仿形成型制造工艺的设计，以及功能性和智能化纺织产品的开发，是航空航天纺织品的发展趋势，也是纺织行业能够深度参与航空航天产业的关键。

参考文献

［1］晏雄，邓炳耀. 产业用纤维制品学［M］. 北京：中国纺织出版社，2019.

［2］石吉勇，刘丽英. 新型纺织服装在现代战争军需上的应用［J］. 纺织科学研究，2014（9）：94-97.

［3］沈臻懿. 防弹衣. 生命守护神［J］. 检察风云，2015（12）：42-44.

［4］季自力，王文华. 美军大力发展智能化单兵装备［J］. 军事文摘，2020（3）：24-28.

［5］陈虹，虎龙，吴中伟，艾青松，等. 芳纶防弹材料阻燃性能的开发［J］. 高科技纤维与应用，2019，44（5）：61-64.

［6］杨莹雪，张秀芹，杨丹，等. 纤维增强复合材料防弹头盔壳体的研究进展［J］. 北京服装学院学报（自然科学版），2019，39（3）：93-100.

［7］徐明国，赵海英，张起明，等. 轻量化防弹材料应用［J］. 汽车实用技术，2019（3）：159-161.

［8］宋庆庆，袁红，张梦醒. 液体防弹衣及其研发现状［J］. 现代制造技术与装备，2016（10）：53-54.

［9］张扬眉. 美国航天基金会《航天报告（2017）》概要［J］. 国际太空，2017（12）：23-28.

［10］卢波. 2017年国外空间探测发展综述［J］. 国际太空，2018（2）：15-22.

［11］廖小刚，王岩松，宋尧. 2017年国外载人航天发展综述［J］. 载人航天，2018（2）：279-284.

[12] 罗渠. 美国商业载人航天项目最新进展 [J]. 国际太空, 2018 (3): 35-40.

[13] 陈汉华, 张军, 杨安元. 先进材料在军用飞机上的应用 [J]. 装备制造技术, 2010 (9): 188-189.

[14] 石颢, 何丹琪. 先进复合材料在飞机结构中的应用探讨 [J]. 中国高新技术企业, 2016 (18): 58-59.

[15] 陈绍杰. 复合材料技术与大型飞机 [J]. 航空学报, 2008 (3): 605-610.

[16] 吴一波. 碳纤维复合材料在航空工业中的应用技术 (上) [J]. 2013 (2): 14-22.

[17] 陈绍杰. 复合材料技术发展及其对我国航空工业的挑战 [J]. 高科技纤维与应用, 2010 (1): 1-7.

[18] GLEICH K F, KETZER M, CHRISTENSEN B, et al. Method for producing wet-laidnon-woven fabrics, in particular non-woven glass fiber fabrics: 加拿大, 2810951A1 [P]. 2013.

[19] ZHUANG X, SHI L, JIA K, et al. Solution blown nanofibrous membrane for microfiltration [J]. Journal of Membrane Science, 2013 (2): 66-70.

[20] 苏小萍. 碳纤维增强复合材料的应用现状 [J]. 高科技纤维与应用, 2004 (5): 34-37.

[21] 葛明龙, 田昌义, 孙纪国. 碳纤维增强复合材料在国外液体火箭发动机上的应用 [J]. 导弹与航天运载技术, 2003 (4): 22-26.

[22] 谢晓芳, 王强华. 复合材料在飞机主体结构上大显身手 [J]. 玻璃钢/复合材料, 2004 (4): 11-13.

[23] 朱晨, 纪朝辉, 郭英. 复合材料在航空工程中的应用研究现状及展望 [J]. 航空维修与工程, 2003 (3): 25-27.

[24] Li J W, Ye Q, Ding L, Liao Q F. Modeling and dynamic simulation of astronaut's upper limb motions considering counter torques generated by the space suit [J]. Computer Methods in Biomechanics and Biomedical Engineering, 2017 (9): 929-940.

[25] Mouritz A P. Introduction to aerospace materials [M]. Sawston: Woodhead Publishing Limited, 2012.

[26] 莱丹. 专门针对航空航天复合材料加工的红外加热解决方案 [J]. 现代塑料, 2020 (3): 34-35.

[27] 李喜志, 柳辉. 浅谈复合材料在航空航天领域中的应用 [J]. 设备管理与维修, 2020 (2): 131-132.

[28] 周庆庆. 先进复合材料在航空航天领域的应用 [J]. 科技风, 2017 (17): 11.

[29] 严合燕, 林诗婷, 屈紫寒. 世界新型航天服研发一瞥 [J]. 中国纤检, 2020 (1): 116-118.

[30] Victor G. structural health monitoring of aerospace composites intrôduction [M]. Academic press, 2016.

[31] 杨冰. 一个小碎片葬送了"哥伦比亚号": 安全没有侥幸 [J]. 现代班组, 2017 (1): 24.

[32] 李贺军, 罗瑞盈, 杨峥. 碳/碳复合材料在航空领域的应用研究现状 [J]. 材料工程, 1997 (8): 8-10.

[33] 王春净, 代云霏. 碳纤维复合材料在航空领域的应用 [J]. 机电产品开发与创新, 2010, 2 (23): 14-15.

[34] 王雪琴, 俞建勇, 丁彬. 纳米纤维隔热材料在航空航天领域的应用进展 [J]. 纺织导报, 2018 (S1): 68-72.

[35] 鹿自忠, 齐春山, 唐文珍. 陶瓷纤维产品及其应用 [J]. 航空制造技术, 2005 (6): 55-57.

[36] 朱逸生. 纤维材料在航空领域的应用 [J]. 合成纤维, 2009, 4 (38): 1-4.

[37] 杨雪梅. 酚醛阻燃复合材料在民用飞机上的应用 [J]. 工程与试验, 2015, 3 (55): 30-34.

[38] 李存云. 国外贮热保温纺织品的开发 [J]. 产业用纺织品, 1993 (5): 9-12.

[39] 郭笑坤, 殷立新, 詹茂盛. 低介质损耗雷达罩用复合材料的研究进展 [J]. 高科技纤维与应用, 2003 (6): 29-33.

[40] 伍行健. 机载雷达的防护镜 [EB/OL]. [2020-11-15]. http://www. 81. cn/bqtd/2018-05-29/con-

tent_ 8044501. htm.

［41］ WANG T, LONG M-C, ZHAO H-B, et al. An ultralow-temperature superelastic polymer aerogel with high strength as a great thermal insulator under extreme conditions ［J］. Journal of Materials Chemistry A, 2020, 8 （36）：18698-18706.

［42］ 于秀娟, 余有龙, 张敏, 等. 光纤光栅传感器在航空航天复合材料/结构健康监测中的应用 ［J］. 激光杂志, 2006（1）：1-3.

第十章　交通运输用纺织品

交通运输用纺织品是指用于日常民用的水面、地面和空中交通工具中的纤维制品或被交通工具使用者和管理者穿着的具有特定功能的纺织品。其中包括轮胎帘子布、内饰用纺织品、安全带和安全气囊、填充用纺织品、过滤用纺织品等。交通工具用纺织品种类繁多，以汽车工业为消费主体，用量占到90%以上。目前，汽车中超过40个部件可以由产业用纺织品制成，从车顶棚到热绝缘装置，从发动机、排气管道到车厢隔音材料的各个部位，交通工具用纺织品发挥着重要的装饰和功能性作用。

第一节　交通运输用纺织品的分类

交通运输用纺织品包含的内容十分丰富，其分类方法也多种多样。

一、按功能分类

（1）美观舒适的内饰织物。包括座椅外套、头枕、超细纤维人造皮革、车顶衬底、地毯、地垫、遮阳板等。

（2）以碰撞保护为主的安全防护材料。包括避免碰撞材料（如汽车安全带、降落伞、弹射伞）、安全气囊（有一定的透气性能）、衣着及碰撞保护装备（赛车服、摩托和自行车头盔、甲板和轮机舱用防护服）、碰撞警示反光材料（交通警察反光背心、反光安全服、发光二极管背心、反光晶格）等。

（3）橡胶类复合材料制品的软性骨架材料。包括轮胎帘子线、同步传送带、各类密封浮层充气材料（如飞机滑梯、橡皮艇、救生筏、巡逻艇、飞艇、带气囊的滑翔伞、热气球等）、管道（如汽车油门管道、刹车液管道、冷却管道、润滑管道、助力转向管道）。

（4）高性能轻量化的结构骨架材料和内、外饰构件。主要是用于交通工具壳体的刚性纤维增强复合材料，如汽车壳体、飞机壳体、高铁壳体、轮船壳体、汽车底盘、汽车发动机、车身底架、主悬架弹簧、航空发动机壳体及叶片、车用气罐、油箱、传动轴、自行车骨架、摩托车零部件、火车连接件、船用雷达、控制用电路板等，还有热塑性纤维增强材料的关键结构件，如内装饰仪表盘、挡泥板、缓冲梁、座椅、备胎舱、隔音板、前段支架、座椅底架等。

（5）外遮盖材料。如汽车顶篷、汽车罩、飞艇、各类盖布（火车、货车）、跑车篷布等。

（6）其他功能性纤维制品。包括以非织造材料为主的部分碳/碳复合材料，如缓冲垫、缝隙填充材料、隔音材料、隔热材料、密封材料、蓄电池隔膜材料、刹车片和离合器等；提供动力的帆船风帆等；捆绑材料如绳索；高空交通工具如御寒、供氧、防震及加压的特殊工作服，如高空加压服、代偿服、抗荷服等。

二、按运输工具分类

汽车用纺织品占交通领域用纺织品的比例较大，汽车业为其主要消费市场。其中，以装饰性为主的包括汽车座椅面料、地毯织物、车顶篷、车盖布、门饰及护壁等，以功能性为主的包括安全气囊、轮胎帘子线、安全带、传动带、刹车片等。

火车用纺织品主要为车内装饰材料（包括座椅、窗帘、地毯）和卧铺车被褥等。这些材料除要求具有较高的阻燃性外，其耐久性和除尘性也必须达到一定标准。

飞机用纺织品主要包括内饰材料、座椅面料、地毯和安全带等。飞机用纺织品对性能的要求远高于一般交通工具，对其阻燃性要求尤为苛刻。

船舶用装饰纺织品除满足美观和舒适的基本要求外，还必须满足严格的防火标准，地毯的染色必须满足高级别的牢度耐久性。船舶用功能纺织品主要包括船帆和绳索，这两类纺织品对耐光降解性和抗紫外线性能有着非常高的要求。

三、按织物种类分类

织物种类主要包括针织物、机织物和非织造布。

针织物由线圈沿横向或纵向顺序弯曲成圈并相互串套而成，其弹性和延伸性好。由于孔状线圈的存在，针织物的透气性和柔软性好，主要用作驾乘人员的座椅面料、交通工具内表层装饰和少量的过滤材料。针织毛绒织物色彩丰富、柔软舒适，被广泛应用于中高档汽车装饰面料。纬编全成型织物由于其形状的可塑性而被广泛应用于汽车座椅面料、设备的管状防护面料等。而经编间隔织物由于其结构稳定，具有良好的抗震抗压性能及较高的隔声效果，很早就被欧洲的汽车工业广泛采用。

机织物由两组或两组以上纱线以90°交织而成，因其纱线延伸性和收缩性小而结构紧密、手感硬挺、耐磨性好，但透气性不如针织物。由于尺寸稳定、表面平整，机织物的染色印花图案相对于针织物来说更为精细。机织物主要用于驾乘人员座椅面料、特殊部位的过滤材料及安全气囊等。

非织造布由短纤或长丝随机或定向排列形成纤网再加固而成。其具有较高的耐久性、柔软性、过滤性、弹性和吸湿性，且质量轻、成本低，被广泛应用于车内座垫、车门内衬、地毯、防震毡、隔热毡和过滤芯等特殊部位。

第二节　交通运输用纺织品的性能要求

一、一般性能要求

（一）阻燃性

阻燃性能是从安全角度出发对交通领域用纺织品提出的性能要求。GB 8410—2006 标准中规定了汽车内装饰材料燃烧特性的合格标志为：不燃烧或可以燃烧但燃烧速度不大于100mm/min、火焰在60s内自行熄灭且燃烧长度不大于50mm。阻燃性高的纺织品可以有效地降低火焰蔓延的速率，甚至可以减小燃烧的概率，从而为受灾中的人员和财产提供更多的转移时间。2019年又新增了客车内饰材料的燃烧特性标准GB 38262—2019。

（二）色牢度

对交通领域用纺织品的色牢度要求，包括耐日晒、耐汗渍水渍和耐摩擦三个方面。如汽车座椅面料由于车前挡风玻璃的倾斜而长期暴露在阳光下，因此要求具备良好的耐日晒色牢度；在火车或汽车中，驾乘人员与座椅长时间接触，座椅面料易受到汗渍水渍侵蚀，故应具有较高的耐汗渍、水渍色牢度。随着时间或使用次数的增加而褪色的纺织品便失去了其装饰的意义，因此，色牢度是交通工具座椅用织物的基本要求。

（三）耐磨性

交通领域用纺织品如地毯、座椅面料、车用安全带、刹车带和船用绳索等，长时间经受持续的高压摩擦会大幅折损其使用寿命，不符合经济美观的装饰要求，也降低了安全稳定的功能要求。因而要提高交通领域用纺织品的耐磨性。

（四）防污性

交通工具在长期使用过程中会沾染一定的污渍，包括驾乘人员汗渍、发动机油渍、灰尘及水渍等。车内的清洁由于细节部位太多而有一定的难度，而汽车针织内饰面料，特别是座椅、壁部和顶篷材料不能经常洗涤，因此其防污就显得更加重要。

二、各结构部件的特殊性能要求

（一）内饰用纺织品的性能要求

交通运输内饰用纺织品是一种重要的表皮材料，包覆在飞机、高铁、汽车等交通工具的内饰零部件上，在保护内饰零部件的同时，营造良好的内饰空间环境。目前，交通运输用内饰纺织品包括座椅类纺织品、地毯、窗帘、门饰等。汽车内饰用纺织品分类如图10-1所示。

内饰用纺织品性能要求，包括外观要求、常规要求、功能要求等。

1. 内饰用纺织品外观要求

内饰用纺织品的外观遵循内外装饰的协调性、设计风格的统一性、色彩纹理设计的流行性三个基本原则，满足消费者审美需求、文化内涵需求、心理情感需求，提升内饰设计的整体效果，给予消费者更强的舒适感、安全感。

随着新技术的不断发展，通过创新的感知质量提升类整理技术，赋予内饰面料丰富多样的装饰性能。感知质量提升类整理技术包括数码喷墨印花技术、激光表面处理技术、3D压纹技术、层压贴合技术、绗缝绣花技术、磨毛起绒技术等，在实现个性化设计、增加内饰设计视觉和触觉效果方面发挥了重要作用。

2. 内饰用纺织品常规要求

内饰用纺织品的常规要求，以汽车内饰用纺织品为例。汽车用纺织品检验常以ASTM（美国材料与试验协会）、AATCC（美国印化工作者协会）和SAE（美国机动车工程师协会）

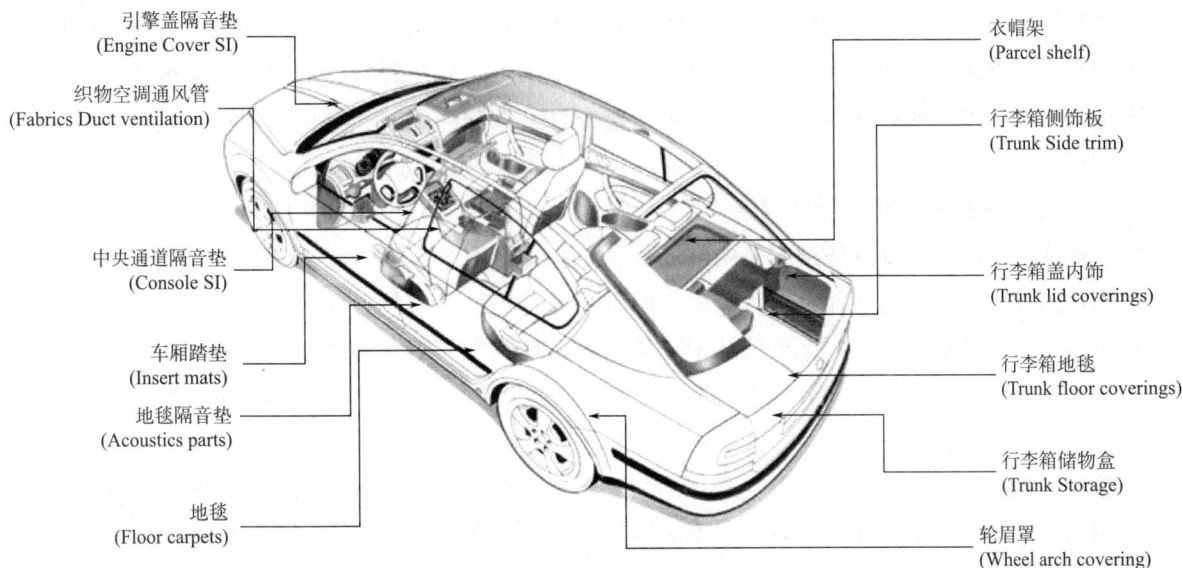

图 10-1 汽车内饰用纺织品分类

三个组织制定的标准为依据。ASTM 制定的主要是物理测试，如强力、纱线支数等测试方法；AATCC 制定的标准则侧重于化学测试，如色牢度的测试方法，因而它与 ASTM 的工作是互补的；SAE 制定的标准包括汽车各零部件的测试方法，其对纺织品测试方法的规定主要体现在对被覆纺织品材料的汽车零件的测试。国内汽车标准通常采用 QC/T 标准，该标准等效或等同于美国 SAE 标准，常规标准则采用 ASTM、AATCC 等标准。

（1）气味要求。飞机、高铁、汽车内空间狭小、密闭性好，空气污染对驾乘人员的健康有重大影响。因此，内饰材料对气味要求很高，不仅不能对身体有害，而且也不能刺激人的嗅觉感官。人类可以识别约 1 万种气味，其中只有 20% 是人类喜欢的。不同地区的人对气味也有不同的理解，对气味类型的喜好也不同。比如，在欧洲，人们认为皮革应当有皮革的味道，但是在中国，终端消费者认为没有气味才是最好的。部分内饰纺织品生产过程中添加了各种助剂，因此生产出来的织物很难达到车用内饰"无气味"的检测要求。因此，为了得到气味较小的内饰纺织品，在其生产过程中，尽量少地使用有机溶剂或助剂；所生产的纺织品需要经过气味检测。

（2）高色牢度。高色牢度包括：耐光照色牢度，耐湿擦、酸擦、碱擦色牢度。国标体系中 GB/T 8426—1998《纺织品 色牢度试验 耐光色牢度：日光》和 GB/T 8427—2019《纺织品 色牢度试验 耐人造光色牢度：氙弧》有关曝晒方法的选择都有 5 种。而各个汽车厂商关于车用座椅测试样品的耐光照色牢度所采用的标准不尽相同。德国大众汽车公司采用 PV1303 方法，美国通用汽车公司则采用 SAE J1885 方法，该方法是用可控照射和水冷却氙弧设备对汽车内饰部件进行加速暴露，持续一定时间的照射以后，对照 AATCC 灰色卡评定等级，汽车内饰要求达到 3 级以上。

（3）耐磨性和尺寸稳定性。座椅类纺织品长时间在较大的压力下经受持续的摩擦，故座椅类纺织品要具备良好的耐磨、耐压性能，且织物具有一定的使用寿命。同时为了保持座椅的美观，还要求座椅用纺织品在使用过程中尽量不产生勾丝和起毛起球现象。要维持驾乘的舒适感和座椅的美观，座椅类纺织品需要与座椅合适搭配，同时具有良好的尺寸稳定性。良好的尺寸稳定性要求织物的拉伸强力、弹性回复率都达到一定的要求。

3. 内饰用纺织品功能要求

内饰用纺织品需要具备纺织品的常规要求，还需要经过一定的功能价值附加类整理技术，以满足内饰用纺织品的功能要求。功能价值附加类整理技术，包括抗菌整理技术、阻燃整理技术、自清洁整理技术、硬挺整理技术、负离子整理技术、芳香功能整理技术。其中，法国Breyner公司开发的GREENFIRST®抗菌整理产品，适用于Oeko-Tex® Standard 100的所有4大类别的产品，包括儿童用品。

（1）阻燃性能。燃烧性能是内饰面料的强制标准要求。以汽车用纺织品为例，根据最终应用车型的不同，采用的标准和限值要求均不相同。通常来讲，一般家用轿车的内饰材料要求满足GB 8410—2006《汽车内饰材料的燃烧性能》的要求，即燃烧速度≤100mm/min。JT/T 1095—2016《营运客车内饰材料阻燃特性》中要求座椅用及其他纺织材料要满足：垂直燃烧速度≤100mm/min；氧指数≥28%；烟密度等级≤50。因此，大多数情况下，需要对汽车内饰面料进行阻燃整理，以确保其燃烧性能满足强制标准要求。内饰面料的阻燃整理方式主要有浸轧整理和涂层整理两种。使用的阻燃剂类型多为磷系阻燃剂。选择阻燃剂时要考虑阻燃整理对面料表面质量的影响，采用合适的添加比例，减少阻燃剂对面料本身性能、质量的影响。

（2）雾淞现象。雾淞现象是指在汽车挡风玻璃上形成的雾状沉积物，它影响视线，也很难去除。它是由来自装饰材料的易挥发物质的蒸化产生的，如塑料板、聚氨酯泡沫，也包括织物。汽车内饰织物如果没有经过很好的拉幅或者精练，会因为在纱线染色、织造和整理过程中所使用的润滑剂的积累而产生很严重的雾淞现象。由于绒类织物正面的纤维表面积要大得多，雾淞现象会更严重。由挥发性的物质引起的雾淞现象更加重要，它影响到车内的空气质量。汽车内饰用纺织品需要满足FZ/T 60045—2014《汽车内饰用纺织材料　雾化性能试验方法》的要求。

（二）碰撞类纺织品性能要求

1. 汽车安全带织物性能要求

安全带织物的性能要求是强度高、绕曲性佳、耐高温、耐磨以及和弹性体的强黏结性。其强度主要由经纱保证，有一定的抗拉强度，耐摩擦、阻燃、防静电、耐热、耐光、耐老化、重量轻、颜色均匀、色牢度好、柔韧性好、使用方便。为保证在碰撞事故中安全带起约束人体向前移动的作用，既不会因织带过硬伤及被约束者身体，也不会因其弹性过大使乘员产生过量的移动而碰撞到车身内部件，要求安全带既有一定的伸长性能，又不超过标准中规定的伸长值，且受到巨大的冲击力伸长后伸长部分不回复，以保证安全带对人体的保护作用。

2. 安全气囊用织物性能要求

安全气囊使用的纤维材料要求具备以下性能。

（1）气囊囊体具有高强度、低比重、良好的摩擦性能和弹性。

（2）合适的热学性能。具有高熔点、高熔值，难燃，耐（2）100℃高温，利于抵御囊体展开时所产生的热负荷，以有效阻燃。

（3）具有一定的透气性。空气袋既要能储存气体，又要有适当的释放能力，要求透气性的流量控制在 $28\sim29Nm^3/m$，透气均匀。

（4）折叠体积小，织物厚度≤0.4mm，织物柔软，在-30℃下可折叠和弯曲，抗弯折10万次，在气囊充胀时，不易擦伤人脸部的皮肤。

（5）具有较高的化学稳定性、抗老化性，在100℃和最大压力下存放7天，在40℃和92%相对湿度下存放6天，不得有任何变化，能安全使用5~15年。

3. 轮胎帘子线性能要求

帘子线作为轮胎的骨架结构，必须具备以下性能。

（1）强度和初始模量高，足够的断裂强力保证轮胎的抗负载能力。帘子线的抗张强度是保证轮胎承受空气压力的基本性能，设计时，轮胎的强度安全系数以帘子线的抗张强度为基准。

（2）断裂伸长率较高，使轮胎在承受剧烈的外部冲击时拥有较大的变形区，能够经受冲击。伸长率是判断轮胎受到变形时帘子线能否适应变形的指标。

（3）尺寸稳定性好，加负荷时延伸度要好，蠕变要小。伸长弹性率、蠕变率、收缩率除对轮胎尺寸稳定性有影响外，还对平点、胎侧龟裂、胎面橡胶龟裂、均匀度有影响。该指标还决定轮胎制造工艺路线、轮胎制造尺寸等。

（4）耐热性好，高温时的强伸度是推测轮胎行驶中温度上升和下降时的轮胎强度和制定帘子线热定形条件所必须考虑的特性。高温时，强伸度受热老化现象是硫化时硫化温度高引起的强力下降引起的。

（5）耐疲劳性能好，耐冲击负荷好。轮胎常在平坦路面上行驶，有时也会突然碰到凹凸不平的路面，受到冲击性的外力。工程机械用轮胎对抗冲击性要求更高。

（6）良好的黏合性能，保证在轮胎运行中帘子线与橡胶不会脱开。

第三节　交通运输用纺织品的应用

一、交通运输用内饰纺织品

（一）座椅类纺织品

座椅类纺织品包括座椅、座椅套、坐垫、靠枕、颈枕、扶手包覆物等，是飞机、高铁、汽车等交通工具的重要组成部分，可采用机织、针织、非织造等方式制备（图10-2）。符合性能要求和检测标准的座椅类纺织品，能为驾乘人员带来舒适的乘坐体验，降低驾驶人员的驾驶疲劳感，提高交通运输安全性。

| (a) 飞机 | (b) 高铁 | (c) 汽车 |

图 10-2　座椅类纺织品

飞机客舱座椅不但要外观美观，而且要求有较好的弹性、热稳定性、光稳定性。不同飞机客舱制造商因各自产品的差异对座椅织物的偏好也存在差别。某型飞机客舱座椅使用的非金属材料清单见表 10-1。

表 10-1　某型飞机客舱座椅使用的非金属材料

材料类别	品种	规格/mm	使用部位（按部件）	
			经济舱	公务舱
阻燃面料	面料	—	座椅垫	座椅垫
阻燃皮革	真皮	—	座椅垫	座椅垫、扶手、上盖/下盖
阻燃挡火层	挡火布	PA7	座椅垫	座椅垫
聚氨酯	泡沫	LPS-4/T PU	座椅垫、靠背、头枕、泡沫靠背	座椅垫、靠背、头枕、泡沫扶手、上盖
聚乙烯	泡沫	L-4500B$_2$	座椅垫	座椅垫

高铁座椅面料作为高铁客舱的重要组成部分，一方面，通过不同的花型纹理和色彩搭配设计为乘客呈现宽敞、舒适、温馨的客舱环境，减少旅客的视觉疲劳和烦躁情绪；另一方面，通过材料的选择与工艺搭配，为乘客的生命安全提供保障。作为公共交通的内饰材料，高铁座椅面料必须保存严苛的阻燃防火安全技术条件，确保乘客安全。2010 年 10 月，中华人民共和国铁道部发布了 TB/T 3237—2010《动车组用内装材料阻燃技术条件》行业标准，标准规定了座椅内饰面料的阻燃防火性能指标。

汽车座椅用纺织品常采用的原料为聚酯纤维、聚丙烯纤维，主要纱线结构有直长丝纱、假捻丝、空气变形纱等。座椅织物有色织和匹染两种，织物整理时经常用润滑剂和抗静电剂，经整理后的织物再进行层合，国外较普遍的是层合阻燃材料层，形成三层织物面料，即表层织物、聚氨酯泡沫和内衬材料。汽车座椅的舒适性是汽车座椅用纺织品的重要指标之一。

（二）地毯用纺织品

航空地毯的设计需要充分考虑地毯的编织结构、密度、材料性能要求、适航要求、环境要求、维护要求和吸收噪声要求。通常航空地毯需要满足以下四个通用要求：①地毯应包含永久性抗静电纤维成分；②在制约公差范围内均匀涂覆背胶，避免地毯松散；③具有色彩稳定性和尺寸稳定性；④具有绒口、绒圈结构的地毯应具有至少65%的圈绒。

汽车地毯作为汽车重要的内饰件，除了自身功能外，其缓冲性、隔热保温、吸音降噪和VOC性能都至关重要，同时也是评价整车舒适性、安全性的重要考量项。聚氨酯泡沫材料为常用材料。软质聚氨酯泡沫不仅具有极佳的弹性回复性、柔软舒适性、化学稳定性，还具有优良的加工性、绝热性等，是一种性能优良的缓冲材料；此外，聚氨酯泡沫质轻、比强度高、吸音降噪性能好，能满足当下汽车轻量化、节能环保、舒适安全的发展要求。交通工具中地毯用纺织品如图10-3所示。

交通运输内饰用纺织品是集科学设计、艺术美感于一体的产业用纺织品，随着消费者对内饰用纺织品的要求和需求增加，在保证内饰用纺织品品质的同时，增加内饰用纺织品创新性和多样性，使内饰用纺织品功能化、绿色化、个性化和时尚化，提升其附加值和产品竞争力。

(a) 飞机

(b) 汽车

图10-3 地毯用纺织品

二、交通运输用外饰纺织品

交通运输外饰用纺织品，主要指汽车外饰用纺织品，包括敞车顶篷（如可折叠式车篷）、汽车套、汽车盖布、货车盖布、沿口织物和轮胎罩等（图10-4）。任何汽车外饰用纺织品均需要用聚氯乙烯或橡胶等进行涂层增强，其最主要的考虑因素是耐气候性。

(a) 汽车盖车布

(b) 货车盖车布

图10-4 盖布类纺织品

汽车外饰主要用来防止砂砾和虫类等对车身装潢的损害。这类织物由聚酯非织造布或聚酯针织物表面覆乙烯基材料或膨化乙烯基材料制成。轻型两用车盖布是用来保护货物的，其底布是毛圈布衬纬织物或普通聚酯宽幅平布。覆盖用纺织品可保护汽车不受日晒、雨淋、雹打、落雪等严重气候因素的影响。常年通用的全天候盖布由聚酯原料和抗震垫材制成。

三、交通运输用刚性纺织品

随着高性能纤维和成形技术的发展，复合材料在工业领域的应用越来越广泛，其中在交通运输领域中的用量，一直占世界复合材料总产量的首位。交通运输用刚性纺织品多指交通运输领域所使用的轻质高强纺织复合材料。在当前全球能源短缺和环境污染的严峻形势下，纺织复合材料在交通运输领域的大量应用为降低运输工具的燃油消耗量和排污量起到了重要作用，同时也为交通运输工具的提速提供了有力保障。纺织复合材料在交通运输工具上的应用广泛，品类较多，本章节主要从自行车、汽车、高铁三个领域简要介绍所使用的纺织复合材料产品。

（一）自行车用纺织复合材料

自行车自问世以来，其制造材料从最初的木质材料，到后来的轻质合金材料，再到现在的新型碳纤维和玻璃纤维复合材料，一直在不断地更新换代。同时，自行车的工艺造型和力学性能也在不断地创新，尤其是近年来所使用的较为广泛的碳纤维复合材料，在降低自重的前提下，极大地提高了竞技赛车用自行车的耐震和使用寿命，为自行车产业带来了全新的革命。

从20世纪80年代开始，欧美一些国家的自行车厂商便陆续开始尝试使用碳纤维复合材料开发自行车车架，所制备的碳纤维复合材料车架的重量较合金材料轻，且强度和刚度等性能也较为突出。碳纤维复合材料的密度仅是钢材的20%，铝制材料的50%，因此碳纤维自行车相比传统的金属材料所制成的产品重量可轻30%左右，由于车身自重的减轻，使有效骑行能力增加了45%。碳纤维自行车除了在重量上具有优势之外，在安全性能方面也具有突出的优势。众所周知，碳纤维的拉伸强度是钢的4倍以上，由其制备的复合材料产品可承受极大的力学冲击。此外，与金属材料冲击过程中的塑性变形不同的是，碳纤维复合材料为脆性材料，受外界冲击后会通过自身的损伤断裂来吸收能量，更大地保护了骑行人员的安全。碳纤维复合材料刚度大，受力后的弹性形变较小，自振频率高，不易出现共振现象，从而大幅提高了自行车的减震效果，进而提高了使用过程中的舒适性。

在制备碳纤维自行车过程中，可通过利用纺织加工技术将碳纤维复丝编织成织物，再通过铺层等工艺制备相关部件产品，也可通过缠绕成型的加工方式制备车架等管状结构产品。为使自行车外形更符合人体工程学的要求，欧美等国家和地区的自行车生产厂家采用编织机将碳纤维直接编织成车架状的预制体，再通过复合成型工艺进行固化成型。计算机辅助受力分析和强度计算结果显示，整体编织的成型方式比缠绕和铺层的效果要好很多，此外，在生产过程中也可节省劳动力，降低原材料的浪费。

随着纺织编织技术和复合成型工艺的发展，碳纤维自行车的加工难度和加工成本大幅降低了，其车身重量在不断地刷新。2020 年，斯洛文尼亚共和国的 Berk 公司推出了一款重量仅为 3986g 的碳纤维自行车，如图 10-5 所示。该车的车架选用了日本东丽高等级 MJ 系列的碳纤维，并混合 T1000 规格的碳纤维制成，车架与车座支架和坐垫选用整体成型制造，使包含车座支架和坐垫在内的整个车架重量仅为 631.1g。前叉选用了市场上最轻量的 THM Scapula，在不影响使用的前提下，经过磨光处理后，该前叉重量仅为 228.8g。为使得整车的重量达到最轻，生产商在自行车其他方面选用了超轻材料，例如，质量为 111.7g 的超轻飞轮，质量为 76.9g 的碳纤维盘片（图 10-6），质量为 203.6g 的车把和把立。

图 10-5　碳纤维自行车

图 10-6　碳纤维盘片

（二）汽车用纺织复合材料

在当前全球能源短缺和环境污染的严峻形势下，纺织复合材料在汽车工业中的大量应用为降低车辆燃油消耗量和排污（如 CO_2）量起到了重要作用，同时也为竞技赛车的提速提供了有力保障。2020 年 10 月 27 日，由工业和信息化装备工业司指导，中国汽车工程学会牵头组织编制的《节能与新能源汽车技术路线图 2.0》在上海发布，围绕汽车产业碳排放总量和新能源汽车的发展规划提出了新的要求。其中指出，到 2035 年我国汽车产业碳排放量较峰值下降 20% 以上，载货汽车油耗较 2019 年水平降低 15%~20%，客车油耗较 2019 年水平降低 20%~25%。另外，在面向 2035 年的总体目标中提出，新能源汽车逐渐成为主流产品，汽车产业基本实现电动化转型。

汽车的能耗情况与车辆本身的重量息息相关，而纺织复合材料具有密度小，成型性好、力学性能好等优点，因此，为实现汽车燃油消耗量和碳排放总量的总体目标，选用轻质高强的纺织复合材料是必经之路，即选用轻质高强的复合材料取代传统的质量较重的金属材料。

20 世纪 50 年代，全球最大的汽车制造商美国通用汽车公司利用手糊成型的工艺制备了纤维增强复合材料车身壳体，首次运用于雪佛兰超级跑车。1979 年美国福特汽车公司生产了一辆碳纤维复合材料汽车，初步实现了汽车轻量化的目标，在燃料利用率方面提高了 38% 左右。该车的车体面板、传动轴、板弹簧以及发动机机体和连杆等部件均使用了碳纤维复合材料。此后，碳纤维复合材料在汽车上的应用受到了汽车等交通运输领域的普遍重视。作为高性能纤维之一的芳纶也受到了青睐。20 世纪 80 年代，英国将芳纶也应用在汽车壳体的生产制备上，并成功开发了芳纶复合材料汽车壳体，并通过进一步的冲击测试验证了高性能纤维复合材料的优异力学性能。进入 20 世纪 90 年代，随着热塑性片状模塑料冲压成型技术和树脂注射成型技术的研究开发成功，复合材料在汽车领域的应用达到了空前的规模。

21 世纪初，先进纺织编织技术的发展，为复杂结构复合材料预制体的开发设计提供了技术保障，从而进一步推动了复合材料在汽车领域的应用和发展。目前，以碳纤维为原料的复合材料在重型车辆和高端车辆上得到了广泛的应用。2007 年，整车采用碳纤维复合材料制成的梅赛德斯—奔驰 SLR 迈凯伦高性能跑车正式发布，该车车架纵梁和乘员舱均采用全碳纤维复合材料制成，在降低车身重量的同时，大幅提高了车辆碰撞过程中的安全系数。2013 年，宝马公司推出两款大量使用碳纤维复合材料的 i3 与 i8 车系，宝马 i3 碳纤维复合材料车架如图 10-7 所示。随着 i3 与 i8 车系的量产，开启了碳纤维复合材料在汽车上应用的风暴，各大汽车厂商纷纷开始进行复合材料的研发。作为汽车主承力件之一的汽车轮毂，除了要承受整车质量外，更重要的是需要在行驶过程中传递驱动和扭矩，因此对其强度和抗冲击性能要求极高。利用碳纤维制备的轮毂首先质量得到了大幅降低，此外，由于复合材料具有优异的力学性能，大幅减少了车轮的转动惯量，减少了车辆提速时间和制动距离。图 10-8 展示了碳纤维轮毂。2015 年年底，美国福特汽车生产商宣布正式销售配制有碳纤维轮毂的野马 Shelby GT350R 车系，这也使福特成为全球首家将碳纤维轮毂应用于量产车的汽车生产厂家。

图 10-7　宝马 i3 碳纤维复合材料车架　　　　　图 10-8　碳纤维轮毂

新能源汽车主要指电动汽车和燃料电池汽车，从根本上缓解了能源短缺和环境污染的问题。然而新能源汽车当前所面临的主要技术问题在于减重，在确保整车的安全性和可靠性前提下，相同容量车载电池下，更轻的车辆续航能力更优。相关研究表明，在乘用车上广泛使用复合材料产品，可实现整车质量减少 40% 的效果，百米加速时间缩短 8%，制动距离减小 5%，安全性能也会有所提高。因此，各国汽车生产商在生产新能源汽车过程中对复合材料情有独钟。2010 年，美国 Proterra 公司成功生产出世界上第一款复合材料纯电动巴士——Eco-Ride BE35，如图 10-9 所示。该车车体由玻璃纤维复合材料制成，其他非主承力部件则使用玻璃纤维织物和针刺毡复合材料制成，相比常规巴士，该车重量有所降低，燃油效率方面则提高了 4 倍。此外，该车配制的快速充电功能，可快速完成充电，一次可行驶 48km（30 英

里）左右。该车研发过程中将复合材料作为主承力件车身的首选材料，并利用水溶模具等新工艺降低了车体复合材料的成本，使该车成为世界上首款可批量生产并上路运营的全复合材料纯电动巴士。截至 2020 年 11 月，EcoRide BE35 巴士已累计售出 1000 辆。

图 10-9　世界上第一款复合材料纯
电动巴士——EcoRide BE35

（三）高铁用纺织复合材料

截至 2007 年 4 月 18 日，中国铁路已完成了 6 次大提速，同时也标志着中国铁路跻身世界先进铁路行列。而截至 2019 年底，中国高速铁路运营总里程数达 3.5 万千米，位居世界第一。当前，国内高铁最高时速达到了 380km/h。近年来高铁的飞速发展，与复合材料息息相关。复合材料在高铁上的成功应用为减轻高铁车辆重量起到了关键性的作用，为提高高铁速度提供了重要技术支撑。高速运行的高铁对复合材料性能的要求远高于汽车中所使用的材料，其中作为列车主要的承力结构件，更是对材料的性能要求极高。高铁的司机室、车体和转向架等均属于主承力结构件，在高铁的整车重量中占比较大，车体部分占车辆总重 15%～35%，转向架占比为 25%～35%。因此，利用复合材料成功生产列车主承力件是实现列车轻量化的关键。

复合材料高铁车体的使用可以降低车辆的重心，提高车辆运行中的稳定性。复合材料车体的制备工艺可分为两类，一类是利用拉挤成型工艺制备的车体外板，然后通过铆接的方式与铝合金框架进行连接；另一类是采用热压成型工艺制备的两个半圆形车体，之后采用互相铆接的方式进行连接，此方法较铝合金材料制备的车体可减重 30% 左右。中国自主研发的标准动车车组复兴号如图 10-10 所示，其车体在基于高强度和轻量化

图 10-10　复兴号

的铝合金车体基础上，在车体的局部结构件中使用了更加轻质高强的碳纤维复合材料。此外，在复兴号的车厢侧壁板等部位也使用了具有耐高温、阻燃的碳纤维复合材料。高铁转向架主要用于集中列车在高速行驶过程中所受到的冲击载荷，因此，需具备突出的力学性能和抗疲劳性能。20 世纪 80 年代，德国 AEG 和 MBB 公司开发了世界首款复合材料转向架。之后，日本采用纤维缠绕成型方式成功开发了碳纤维复合材料转向架，重量仅为 300kg，相比钢质材料减轻了 70%。复合材料转向架如图 10-11 所示。

除高铁中的主承力件之外，其非主承力件部分也大量使用了复合材料产品。非主承力件多以减轻重量为目的，同时兼具耐酸碱、耐老化、隔音隔热、绝缘性好和易于设计维修等优点。高铁上的非主承力件复合材料主要用于车窗、车前头盖板、空调风道板、地板、座椅、

行李舱和车门等部位。该类产品采用纤维增强复合材料既可解决腐蚀问题，又能达到降低噪声的功能。

图 10-11　复合材料转向架

第四节　交通运输用纺织品的发展现状与趋势

随着社会开放程度的不断提高，海陆空涉及的交通设施同步飞速发展。交通工具朝着高端大型、节能环保的方向不断发展，同时推动着轻量、高性能的纺织品及其复合材料逐步替代钢铁，成为近年来纺织行业极具发展潜力和高附加值的新兴产品。

汽车作为重要的交通工具，具有非常强的代表性。汽车的高速发展为汽车用纺织材料的发展提供了契机。汽车用纺织材料使用比例巨大，涉及车顶、安全带和安全气囊、门板面料、地毯、座椅面料、轮胎帘子线、车厢过滤材料和吸声材料等。汽车用纺织材料除了要满足基本的透气、密度、材质、花型等要求外，还要满足人们新提出的有关舒适性和安全环保性等方面的要求。

碳纤维增强热塑性复合材料依靠优良的物理、化学性能，以及可根据产品要求进行精细化结构设计，集智能化、自动化与精密生产于一体的制造工艺，成为最受德国汽车厂商青睐的纺织基复合材料，奔驰、宝马、奥迪等高端品牌汽车企业最新的产品线布局中均涉及该类材料。大数据分析显示，德国汽车厂商申报的碳纤维增强热塑性复合材料核心技术应用专利数量全球领先，且适用性更高。

中国是汽车超级大国，汽车产业是国民经济的支柱产业。随着汽车产业的蓬勃发展，人们对汽车用纺织材料的需求量必定呈逐渐上升的趋势，且由于汽车用纺织材料性能不同，其在汽车中的使用部位也有较大的差异，汽车用纺织材料必将迎来巨大的发展机遇。根据中国产业用纺织品协会数据显示，2013~2018 年中国交通工具用纺织品纤维加工量一直维持稳步上升，2018 年已经达到 86.8 万吨，较上年增加 10.3%（图 10-12）。

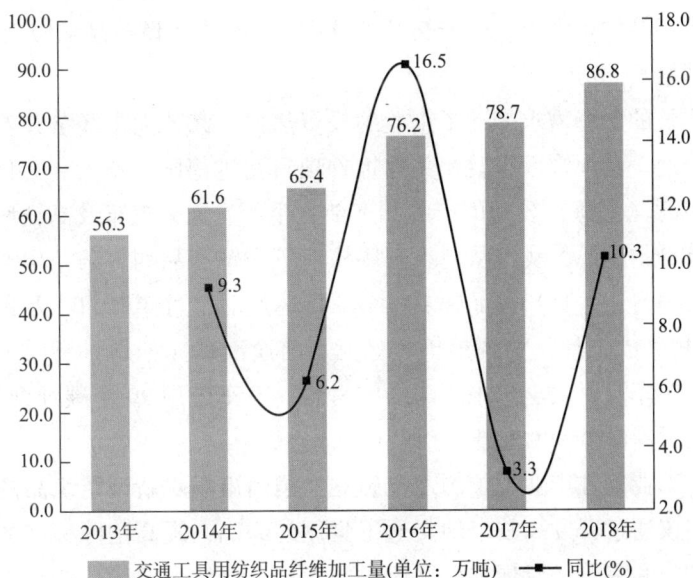

图 10-12　2013~2018 年中国交通工具用纺织纤维加工量

依据目前汽车行业和国家政策的相关要求，汽车用纺织材料的主要发展趋势：

1. 轻量化

汽车的轻量化是以车辆节油、提高续航里程为目的，特别是随着电动车的快速发展，汽车轻量化的要求越来越突出。目前，市场上出现了玻璃纤维增强工艺技术、碳纤维与玻璃纤维混用技术、回用碳纤维技术等。

2. 环保化

主要包括原材料环保、生产环保、开发环保这三方面。原材料环保指原材料中不得含有 VOC 或重金属。目前，由于车辆使用者对健康安全越来越关注，人们对车内气味、有害挥发物含量的要求越来越高。生产环保是指在生产制造过程中尽量减少非绿色环保的生产工艺，不产生污染物。开发环保是指尽量少用热固性材料，多选用热塑性材料；尽量选用无废料产生的工艺，如模内注料一体成型工艺；多选用能循环利用的材料，减少废料。

3. 循环利用

目前，生产零部件的原材料成本、垃圾处理成本越来越高，这些均逼迫供应商设法循环利用，减少废料。

4. 新工艺及新材料

开发新工艺及新材料有利于提高材料性能，降低材料综合成本，改进材料质量。另外，随着人们对汽车乘坐环境要求的不断提高，产业用纺织品在汽车内饰、隔音、降噪、减重等方面的独特优势正逐步凸现出来，受到消费者和生产商的广泛关注。据统计，每辆汽车耗用产业纺织品材料平均为 $42m^2$，主要用于内装饰（座席、车顶篷、侧面板、地毯、行李厢等）、增强材料、里衬、垫底织物、轮胎、皮带、气囊、消声器和隔热器材等。除汽车外，产业用纺织品材料在高铁和飞机中的应用范围也在持续扩大，不仅包括传统的座椅面料，还广泛应用在外部机件和内部结构增强上。随着交通工具用纺织品在下游产品上应用范围的不断拓展，行业发展呈现持续增长态势。

目前，日益增长的市场需求带动了企业的投资热情。江苏大丰经济开发区的川岛汽车部件江苏有限公司交通工具内饰面料及相关内饰件项目引进德国、意大利、日本等国家的先进设备，承接扩大川岛（上海）公司的产品和产能，生产、加工汽车及高铁座椅面料，开发国产飞机等工业用特种纺织品，实施从坯布到座椅套等内饰产品的一条龙生产模式，产品应用涵盖丰田、本田、马自达、日产等品牌。整个项目达产后，可年产 800 万米交通运输工具内饰面料及 1238 枚相关内饰件，实现销售 5 亿元。前途汽车（苏州）有限公司首款车型 K50 正式量产下线，该车车身材质全部采用碳纤维材料，整车应用 29 个碳纤维复合材料外覆件，总重量比传统钢板材料降低 40% 以上。

随着中国汽车工业支柱产业地位的逐步确立，国内市场对新型纺织品的需求量必将呈现持续增长态势。建议通过开发高技术的交通工具用纺织品，提高国际标准的采标率，加速国家、行业标准的制定和完善，以标准引导市场的发展，促使企业优化产品结构，提高新产品开发能力，消除技术壁垒，增强产品竞争力。

根据前瞻产业研究院预测，未来中国交通工具用纺织纤维加工量将会维持在 10% 左右的增速，预计 2024 年中国交通工具用纺织纤维加工量将达到 156 万吨。巨大市场带来的机遇与挑战，已成为我国交通工具用纺织品生产企业发展的强劲吸引力，不仅掀起了创新开发的热潮，也为国民生活质量的提高提供了无限空间。图 10-13 所示为 2021~2024 年中国交通工具用纺织纤维加工量预测。

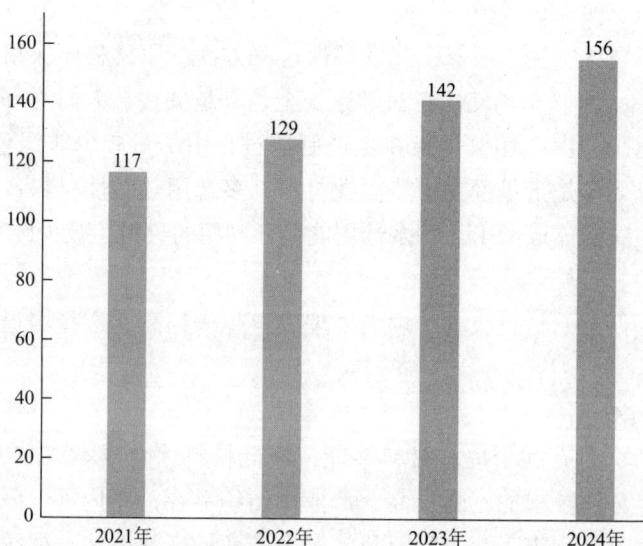

图 10-13　2019~2024 年中国交通工具用纺织纤维加工量预测

参考文献

［1］吴双全，王楠，谢姗山，等. 汽车内饰纺织品整理技术研究与应用进展［J］. 针织工业，2020（7）：56-59.

［2］倪冰选. 汽车装饰用织物新国标解读［J］. 纺织导报，2017（9）：86-88.

［3］魏峰，王峥，刘基俊. 汽车及内饰部件醛酮类物质测试过程影响因素的分析［J］. 产业用纺织品，2018，36（5）：41-44.

［4］吴双全，李雅，范小红. 复合功能型聚酯纤维高铁内饰针织面料开发［J］. 针织工业，2017（9）：8-11.

［5］吴双全，胡敏，陈春琴. 无烟高阻燃高铁座椅面料制造工艺及性能研究［J］. 上海纺织科技，2017，45（6）：45-46.

第十一章　安全防护用纺织品

安全防护用纺织品作为保护从业人员在生产和工作中减轻职业伤害的必要防护装备，其综合性能关系到工作人员的生命安全与作业效率。根据 GB/T 20097—2006 的定义，防护服（Protective Clothing）是指防御物理、化学和生物等外界因素伤害人体的工作服，如热防护、冷防护、化学防护、电力防护等。防护服不仅要具备特殊作业环境所需的防护功能，还要保证作业人员的工作效率及穿着舒适性。随着社会发展对安全防护需求的增加和人们防护意识的提高，各种功能防护服已成为国内外纺织服装领域的热点。

第一节　安全防护用纺织品的分类

安全防护用纺织品作为个体防护装备之一，根据防护领域不同，可分为一般防护用纺织品和特殊作业防护用纺织品，其中特殊作业防护用纺织品可在由物理、化学、生物及综合因素引起的复杂高危环境下，对人体起到一定的防护遮蔽作用，达到隔绝外界危险源的目的。按照使用场所和防护性能，可以分为热防护用纺织品、防寒服用纺织品、化学防护用纺织品、辐射防护用纺织品、电弧防护用纺织品、生物防护用纺织品、机械冲击防护用纺织品等，如图 11-1 所示。

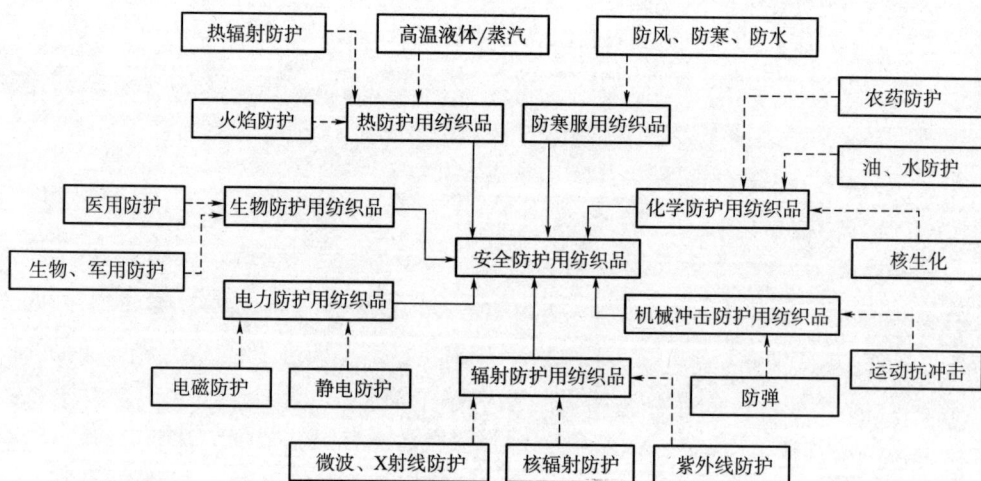

图 11-1　安全防护用纺织品的分类

一、热防护用纺织品

在各类防护用纺织品中，热防护用纺织品是应用最为广泛的品种之一。热防护用纺织品是指在高温环境中穿用的、能促使人体热量散发、防止热中暑、烧伤和灼伤等危害的防护装备。因此，热防护用纺织品必须具备阻燃性、隔热性、拒液性、燃烧时无熔滴产生、遇热时能够保持纺织品的完整性和穿着舒适性等性能，广泛应用于部队、消防、应急救援、石油化工、冶金、天然气、食品加工等行业。

热防护用纺织品的防护原理是减少环境传导热、辐射热、对流热向人体的传递，从而抑制人体皮肤温度的快速上升，达到隔绝热源、促进人体热量散发的目的。热防护用纺织品主要用于热防护服的制作，根据服装的结构特征，热防护服可以分为单层热防护服与多层热防护服，其中单层热防护服主要用于石油化工、冶金、天然气和食品加工等行业，多层热防护服主要用于野地灭火、建筑灭火等危险场景。国际标准化组织 ISO/TC159 根据防护对象将热防护服分为 4 类：火焰对流热防护服、辐射热防护服、接触热防护服和熔融金属热防护服。根据热源类型，热防护服装分为单层阻燃防护服、多层灭火防护服、热辐射防护服、高温液体防护服及高温蒸汽防护服等。

二、防寒服用纺织品

防寒服，通常是指在极低温（-40~-10℃）且有大风的环境中，能够维持人体正常生理指标的服装。防寒服一般具有防风、防水以及优良的隔热性能，广泛应用于应急救援、采矿、开采石油、装卸搬运、农田耕作、冬季登山、极地探险等作业环境中，是提高工作人员的作业效率与保证安全舒适的必要条件。

防寒服从穿着的用途来分，有生活防寒服、军用防寒服和特殊用途防寒服；从穿着层次来分，有内衣、棉衣及外套防寒服；从防寒服材料及保暖技术的应用来分，有传统途径防寒服和新型保暖途径防寒服；从穿着条件来分，有普通防寒服、高原防寒服和极冷防寒服。普通防寒服是针对一般寒区环境而设计；高原防寒服以普通防寒服为基础，是为高原寒区环境而设计；极冷防寒服以普通防寒服为基础，是为高寒区环境而设计，能耐-50℃的严寒气候，具有较好的防风、防寒、防水、透湿性能。

三、化学防护用纺织品

化学防护服是指用于防护化学物质对人体造成伤害的服装，可覆盖整个或绝大部分人体区域，包括躯干、手臂和腿部等。根据 GB 24539—2009 标准中对化学防护服类别和整体防护性能的定义，化学防护服可以分为 4 大类，其中有 3 类适用于应急救援（ET）的场合，如表 11-1 所示。气密型化学防护服（1-ET）是指应急救援工作中作业人员所需的带有头罩、视窗和手足部防护的，为穿着者提供对气态、液态和固态有毒有害化学物质防护的单件化学防护服，同时需要配置自给式呼吸器或长管式呼吸器，能够防护 15 种危险化学物质。非气密型化学防护服（2-ET）主要是对液态和固态有毒有害化学物质进行防护，能够防护 12 种液态危险化学物质。喷射液密型化学防护服（3a 与 3a-ET）主要是防护具有较高压力液态化学物质的防护服。泼溅液密型化学防护服（3b）是指防护具有较低压力或者无压力液态化学物质的防护服，即能够防护液体泼溅。颗粒物防护服（4）是防护散布在作业场所环境中颗粒物的防护服。

表 11-1　GB 24539—2009 中化学防护服的类别和整体防护性能

类别代号	化学防护服的类别	整体防护性能
1-ET	气密型	气密性、液体泄漏性能
2-ET	非气密型	液体泄漏性能
3a	喷射液密型	液密喷射、液密泼溅
3a-ET	喷射液密型-ET	液密喷射、液密泼溅
3b	泼溅液密型	液密泼溅
4	颗粒物防护服	—

四、辐射防护用纺织品

（一）核辐射防护服

随着核技术的发展和广泛应用，它在为人类提供高效、清洁能源的同时，也存在着核辐射泄漏的可能性。核泄漏一般情况下对人员的影响表现在核辐射。核物质也叫作放射性物质。放射性物质可通过呼吸吸入、皮肤伤口及消化道吸收进入体内，引起内辐射。其中，γ 射线辐射可穿透一定距离被机体吸收，使人员受到外照射伤害，接触核辐射的人会出现皮肤发红、毛发脱落、眼疾、神经衰弱、癌症、畸变等症状。因此，核辐射防护服作为屏蔽核辐射传播的有效个体防护装备之一，其防护性与舒适性的研究显得十分紧迫。

（二）电磁辐射防护服

电磁辐射防护服在 20 世纪 80 年代末期得到迅速的发展，早期主要应用在军用、国防和特殊领域（如冶金、化工制造业等），针对人们日常生活的民用防护服较少。但自 20 世纪 90 年代开始，随着人们对电磁辐射的认识越来越深入，有关电磁防护研究及电磁波对人体影响的报道越来越多，电磁辐射防护服的应用逐渐走进人们的生活中，开始被广大普通消费者所关注。电磁辐射防护服主要有防辐射孕妇装、防辐射童装、防辐射马甲、防辐射围裙、防辐射内衣等，用于防护人为电磁辐射源对人类健康的影响，如大中型广播电视发射站、移动通信发射基站、高压线、变电站、城市交通运输系统、个人无线通信设备、各种家用电器等。

（三）紫外线防护服

在工业生产与日常生活中，紫外线的应用也较为常见，适量紫外线有益于成长发育、增强抵抗力，但过多地接触紫外线就会有一定危害，如红斑、痒、水疱、水肿、皮肤癌等。日光中紫外线产生于太阳光球层，波长在 400~180nm，其中，400~320nm 为长波紫外线（ultraviolet A，简称 UVA），320~290nm 为中波紫外线（ultraviolet B，简称 UVB），290~180nm 为短波紫外线（ultraviolet C，简称 UVC）。为了减少紫外线对人体皮肤的伤害，具有防紫外线能力的服饰产品已成为人们出行与工作必备之物。

五、电弧防护用纺织品

电弧引起的高温等危害对电力工作人员的生命安全造成了重大威胁，电弧防护服是电力行业进行电弧防护的重要装备之一。19世纪80年代，杜克能源公司和阿莫林公司开始了对电弧防护用纺织品的研究。美国职业安全和健康署（OSHA）利用杜克公司早期的研究成果发展了OSHA标准，与此同时，美国材料试验协会（ASTM）发布了电弧测试方法，引发了众多国家对电弧防护用纺织品的研究。1995年，美国国家防火协会（NFPA）确定了电弧伤害边界条件，美国国家电气安全规范（NESC）中增加了电弧防护的相关要求。目前我国发布了DLT 320—2010个人电弧防护用品通用技术要求，电弧防护用纺织品应具有阻燃、防电焊火花、防金属屑喷溅、防静电、透气透湿、吸湿排汗、手感柔软、穿着舒服等性能。电弧防护用纺织品的防电弧原理是：当纺织品一旦接触到电弧火焰或炙热时，内部的高强低延伸防弹纤维会自动迅速膨胀，从而使纺织品变厚且密度变大，形成对人体保护性的屏障。

六、其他安全防护用纺织品

安全防护用纺织品种类繁多，除了以上列举的几类安全防护用纺织之外，还有医用防护纺织品、机械冲击防护纺织品等。医用防护纺织品主要用于隔离微生物细菌的渗透或传递，减少传染病的快速传播，如艾滋病、乙肝、肺结核、SARs病毒以及新型冠状病毒（2019-nCoV）等。机械冲击防护纺织品作为抵抗外界冲击的有效装备之一，通过将震动吸收材料整合在特殊设计的服装或纺织品中，以吸收来自降落或物体冲撞而突然引起冲击力的震动，从而减轻外界冲击对人体生命安全的影响，包括防弹服与运动冲击防护服。

第二节 安全防护用纺织品的性能要求

一、热防护服的性能要求

美国、欧盟、中国都建立了各自的灭火防护服标准，如NFPA1971《建筑物火灾用灭火防护服标准》、EN469《消防员防护服标准》、GA10《消防员灭火防护服标准》等。根据这些标准的要求，灭火防护服普遍采用多层织物组合，通常由外及内依次为：外层、防水透汽层、隔热层，其中隔热层通常还包括舒适层。根据人体工效学的理念，灭火防护服整体还需要满足安全性、舒适性、动作灵活性及美观性的要求。

外层织物一般分为固有阻燃材料和阻燃后整理材料，国外通常使用Nomex、聚苯并咪唑（Polybenzimidazole，PBI）、Kevlar纤维制作外层织物。1962年，杜邦公司成功研发了高性能的间位芳纶——Nomex，被广泛应用于军事、航天、消防等其他特殊行业领域。该纤维具有良好的阻燃、隔热的特性，但是在强热流条件下容易发生收缩和撕裂。因此，为了减小服装的热收缩，Nomex常常与对位芳纶Kevlar进行混纺。后来随着PBI纤维在消防领域的应用，更进一步提高了面料的抵抗高温、化学品的能力。与芳纶相比，PBI纤维能够提供更强的火灾防护性能，同时能够保持服装的完整性，具有弹性而不发生热收缩现象。另外，我国也自主研制了芳纶1313以及拥有自主知识产权的芳砜纶，它们均具有较好的隔热、阻燃性能，满足国内外消防标准的热防护要求，但在高温热暴露之后，服装会出现明显的收缩与脆化现象等，因此具有一定的局限性。

防水透汽层主要采用涂层织物或层压织物，基布由高性能阻燃纤维材料构成，如涂层PTFE膜/基布Nomex、涂层TPU膜/基布Nomex等，能够减小服装外层与隔热层的摩擦力，从而减轻人体的热应力。同时，基于液态水与水蒸气的分子大小差异，防水透汽层能够阻止外环境液态水的进入，促进人体汗液向外界环境的蒸发，从而减少隔热层水分的蓄积量，提高消防作战的效率。

隔热层需具备较好的隔热性与舒适性，通常利用松软轻便的针刺或水刺毡制作而成，如芳纶毡或芳纶与其他阻燃纤维混合成毡等。

热防护用纺织品作为高温环境下使用的个体防护装备，能够减少或防止人体皮肤烧伤，提高消防作战效率。其热防护性能的好坏，直接关系到作业人员的安危。因此，准确评价热防护用纺织品的热防护性能，在不同场合选择合适的热防护用纺织品具有重要意义。目前，评价热防护用纺织品综合性能的方法主要有小尺度台式测试以及全尺度假人测试，如表11-2所示。

表11-2 干态与湿态条件下的热防护性能评价标准汇总

标准名称	测试设备	热源/kW/m²	评价原理
NFPA 1971—2007	TPP测试仪	84（辐射50%，对流50%）	Stoll准则
ASTM F2700—2008	TPP测试仪	84（混合热源）	Stoll准则
ASTM F2703—2008	TPP测试仪	84（辐射50%，对流50%）	Stoll准则
NFPA1977—2016	RPP测试仪	84（辐射100%）	Stoll准则
ASTM F1939—2015	RPP测试仪	21，84（辐射100%）	Stoll准则
ASTM F2731—2018	SET测试仪	8.5±0.5（辐射100%）	Henriques烧伤积分模型
ASTM F1060—2008	接触热防护测试仪	表面接触热：316℃	Stoll准则
ISO 6942—2008	RPP测试仪	5~10，20~40，80（辐射100%）	TF，HTI
ISO 17492—2019	TPP测试仪	80（辐射50%，对流50%）	TF，HTI
ISO 9151—2016	火焰热暴露测试仪	80（闪火）	TF，HTI
ISO 13506—2017	燃烧假人测试系统	84（±2.5%）	Henriques烧伤积分模型
ASTM F1930—2018	燃烧假人测试系统	84	Henriques烧伤积分模型

过去几十年来，大多数研究学者倾向于使用TPP（thermal protective performance）测试仪（如NFPA1971）和RPP（radiative protective performance）测试仪（如NFPA1977）评价纺织品热防护性能，如图11-2所示。虽然TPP与RPP评价方法简单实用，但是仍然存在许多缺陷，如仅适用于铜片传感器、外部热流密度恒定、短时间热暴露的情形，这是因为金属类热流传感器的测量准确性会随着热暴露时间的延长而减小，同时这类评价方法也不能评价热蓄积以及水分积聚造成的烫伤等。

近些年来不少研究学者提出了更加精确的评价指标，如HTP（heat transfer performance，ASTM F2700—2008）、TPE（transfer protective evaluation，ASTM F2703—2008）、SET（stored

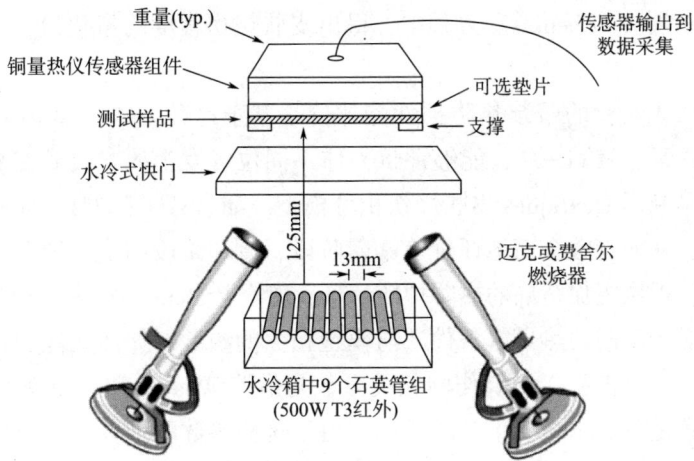

(a) TPP测试仪

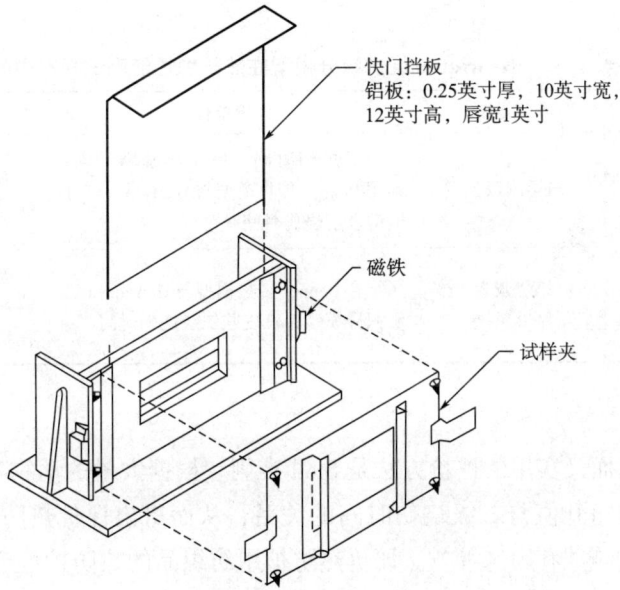

(b) RPP测试仪

图 11-2　纺织品热防护性能测试仪

energy test，ASTM F2731—2011）等。综合来看，这些评价方法可以划分为三类：Henriques 烧伤积分模型、Stoll 准则和其他评价指标。其他评价指标主要是涉及 ISO 的评价标准，如 TF（heat transmission factor；ISO 6942—2002，ISO 9151—1995），HTI（heat transfer index；ISO 6942—2002，ISO 17492—2003，ISO 9151—1995）等，这些指标是利用热量的穿透率或者传感器温度上升一定的值所需的时间来评价热防护用纺织品的性能。

1. Henriques 皮肤烧伤积分模型

目前 Henriques 皮肤烧伤积分模型应用最为广泛，大多数学者结合 Pennes 皮肤传热模型计算皮肤不同位置的温度，再将皮肤深处 80μm（或者 200μm）处的基面温度代入 Henriques 提出的一阶阿伦尼乌斯（Arrhenius）方程中，得出皮肤烧伤程度的量化值，从而评价皮肤发生的烧伤情况。

目前，全尺度假人实验的服装热防护性能评价是基于这种方法，如 ISO 13506 和 ASTM F1930 中的假人测试等（表 11-3），能够评价人体不同位置发生的二级或三级烧伤情况。而有部分织物实验也是利用 Henriques 皮肤烧伤积分模型，如 ASTM F2731，此标准实验考虑了冷却阶段热量变化，从而能够全面地评价热暴露阶段、冷却阶段的烧伤情况，可以预测面料的最小热暴露时间，提供更加精确的热防护性信息。理论上 Henriques 积分模型适用于所有的热暴露条件，但是对于不同的热暴露条件，与模型相关的参数，如活化能和指数因子，存在较大的差异。目前，计算皮肤二级烧伤的相关参数是借鉴 Weaver 和 Stoll 的实验数据，计算皮肤三级烧伤的参数是基于 Takata 的实验数据。由于这些参数测量环境的限制，使用范围也具有局限性。同时 Henriques 烧伤积分模型的计算涉及复杂的皮肤传热模型，给模型的推广带来了极大的限制。

表 11-3　Henriques 烧伤积分模型在热防护性能测试标准中的应用

标准名称	测试设备	评价指标	优缺点
ASTM F2731—2011	SET 测试仪	二级烧伤时间、最小热暴露时间：利用 Pennes 传热模型与 Henriques 积分模型求解烧伤时间	能够评价冷却阶段的能量传递状况，热蓄积，加压
ASTM F1930—2011，ISO 13506	燃烧假人测试系统	结合 Pennes 传热模型与 Henriques 烧伤积分模型评价皮肤二级烧伤时间	能够评价真实着装下服装的热防护信息以及人体不同部位的烧伤状况

2. Stoll 准则

另外一种简单而又实用的评价方法是 Stoll 准则。根据大量的动物实验测得的恒定热流条件下铜片热流计的净升值与二级烧伤时间的关系，从而得出评价热防护性能的经验关系式。大多数小规模台式测试利用这种方法评价热防护用纺织品的热防护性能，如利用 TPP 实验仪器测量的强热流暴露下纺织品的热防护性能，包括 NFPA1971、ASTM F2700、ASTM F2703。

与 TPP、HTP 评价方法相比，这种方法能够提供更多的烧伤信息，但是由于 Stoll 准则不适用瞬态热流量暴露，由热暴露到冷却阶段过程中的热流密度的巨大变化会导致 Stoll 准则的失效，因此得出的最小热暴露时间有待进一步验证。Stoll 曲线虽然在评价瞬态热流、三级烧伤以及蒸汽烫伤等方面存在缺陷，但是由于 Stoll 准则的简便性而得到广泛的应用。

3. 其他评价方法

一些 ISO 热防护性能评价标准采用其他的评价指标（如 TF、HTI）来评价面料的热防护性能，如 ISO 6942、ISO 17492、ISO 9151。如表 11-4 所示，TF 是指面料的热量穿透率，即穿过面料的热流量大小与入射的热流量大小的比值，HTI 为传感器温度上升 12℃ 或者 24℃ 所需要的时间与标定热流密度的乘积。这两种评价指标由于没有涉及皮肤烧伤层面，故原理比较简单，同时适用于任何条件的热暴露情形。但是提供的面料热防护信息比较有限，不能预测皮肤的烧伤时间，一般仅作为不同纺织品热防护性能对比使用。

表11-4　其他热防护性能评价方法

标准名称	测试设备	评价指标	优缺点
ISO 6942	RPP 测试仪	$TF=Q_c/Q_o$ $HTI=t_{12}\times R$ 或 $HTI=t_{24}\times R$ R 为标定热流密度；Q_c 为穿过面料的热流量大小；Q_o 为入射的热流量大小	不能评价皮肤的烧伤状况，仅评价面料的隔热能力
ISO 17492	TPP 测试仪	$HTI=t_x\times80$，$TTI=t\times F$，t_x 为传感器温度上升12℃或24℃所需的时间，t 为人体皮肤二级烧伤所需要的时间	既可以评价面料的热传递速率，也可以评价皮肤的二级烧伤时间
ISO 9151	火焰热暴露测试仪	$HTI=t_x\times80$，t_x 为传感器温度上升12℃或24℃所需的时间	仅能够比较不同面料温度上升的速率，无法提供更详细的信息

二、防寒服的性能要求

防寒服一般具有多层结构，通常是由面料、里料、辅料和填充材料构成，其防寒性能不但与各种原材料的性能有关，还很大程度上取决于服装内部静止空气层的含量，主要与服装面料的厚度、克重、层数和组合方式等有关。防寒服各层织物具有不同的性能需求：最外层织物主要具有防水、防风、拒油的功能，防止外界物质侵入服装的防护层；保暖材料为穿着者提供温暖舒适的感觉，具有较好的隔热性能，主要通过涤纶絮片或其他类似结构的保暖材料来增加静止空气；反射层的主要功能是反射人体新陈代谢所产生的热量，减少人体热量的散失。

目前，针对防寒服的性能研究主要集中在热湿舒适性能，包括保暖隔热性能、防水透湿性能等，通过控制人体与外界环境之间热湿传递从而达到保温防寒的目的。保暖隔热性能是指服装通过控制人体与外界环境之间的热辐射、热传导和热对流，从而达到保温的目的。当外界温度低于人体的温度时，通过增加服装的厚度，提高静止空气含量，减少人体向外界环境辐射热量、传导热量或减少人体与环境之间的热对流，从而起到保暖隔热的作用。防寒服的保暖隔热性能取决于织物的导热系数、织物的厚度、织物的紧密度、外部环境的温度以及皮肤和服装之间的空气层厚度等。防水透湿性能是指防寒服可以防止外界水分侵入服装内部，而人体汗液蒸汽可以散发出去的能力。人体大部分的热量需要通过服装散出，14.5%是由皮肤表面蒸发汗水而散发。在低温环境下，当服装浸水或者人体汗液蓄积在人体与服装中无法排出时，由于水的导热系数很大，整体服装系统的热阻会降低，导致服装的保暖隔热性能下降。

三、化学防护服的性能要求

参照 GB 24539—2009《防护服装　化学防护服通用技术要求》以及其他相关标准，化学防护服应具有安全、适用、美观和舒适的基本性能。其中，对有害化学物质的有效防护是化学防护服最重要的功能，以纺织品的防穿透性和防渗透性作为防护性能的评价指标。化学防护服通常使用特殊防护膜与聚丙烯复合面料制作而成，存在重量大、结构不合体、穿脱不方便等问题，尤其对于气密性化学防护服而言，密闭性的结构以及较差的透湿透气性能减少了人体热量和汗水的散失，引起热应激等问题的发生，因此需要引入人体工效学的设计思想，将"人-化学防护服-环境"视为思维整体，通过服装款式与结构设计优化化学防护服的工效性能与舒适性能。化学防护服的使用环境比较复杂，这就要求化学防护服还应具有一定的阻燃隔热性能以及良好的耐折曲、抗刺穿等力学性能。

四、核辐射防护服的性能要求

核辐射防护服一般由多层织物结构组成，通常选用铅、钡、钨等重金属材料来吸收屏蔽 X 射线，选用橡胶、天然纤维、聚酯、尼龙等作为提高服用性能、保护防护材料和人体的覆盖材料。随着现代多种核辐射防护技术的发展，核辐射防护研究从大型固定传统辐射防护的重质材料转向紧凑型可移动防护轻质材料；从注重核设施的辐射防护转向注重核设施的辐射防护和辐射危险人群的防护并重。因此，开发多功能复合、轻质、高效的辐射屏蔽材料将是未来的研究热点。

相比之下，防紫外线纺织品的研究已较为成熟，主要通过对光线的吸收和反射实现防紫外的功能。紫外线照射到织物上，一部分被吸收，一部分被反射，还有一部分从织物中的孔隙中透射。只有透过织物的紫外线才会对人体健康产生影响。因此，防紫外线的途径主要就是通过在织物中加入防紫外线整理剂，增强织物对紫外线的吸收和反射能力，从而减少紫外线的穿透。

制备具有防紫外线功能的纺织品的方式主要有两种，一是纤维改性功能化，二是利用后整理技术对织物进行防紫外线整理。主要影响纺织品防紫外线特性的因素有：织物结构因素，如厚度、紧密度；纱线结构因素，如截面中纤维根数、捻度等；纤维品种（包括长丝和短纤等）；染整、色泽等。一般而言，织物越厚，孔隙度越小，紫外线防护性能越好。随着织物颜色的加深，织物的紫外辐射透过率随之减少，即防紫外线性能提高。

五、电弧防护服的性能要求

目前，在 NFPA 70E 和 DLT 320-2010 中均是将所执行的各类任务按照电弧危害分为四级。NFPA 70E 中规定在一、二级危害中穿着日常工作服，包括防电弧长袖衬衫和防电弧长裤或者防电弧连身衣裤，最小电弧防护值为 8cal/m²；在三、四级危害中穿着防电弧套装，包括防电弧衬衫和长裤、防电弧连体衣裤、防电弧外套和长裤，套装中服装可根据需要进行选择，但需保证服装系统的最小电弧防护值达到 40cal/m²。内层贴身穿着的服装不应采用醋酯纤维、聚酰胺纤维、聚酯纤维、聚丙烯纤维、聚氨基甲酸酯纤维等熔融纤维，避免高温造成纤维融化，对人体造成烫伤。电弧防护服的性能要求除了必须满足的电弧防护性能外，还应考虑覆盖性、合体性等因素，需对所有易燃的服装部位和可能受到电弧伤害的身体部位进行遮盖，提高服装的热湿舒适性、作业适应性等要求。

第三节　安全防护用纺织品的应用

安全防护用纺织品的种类繁多，热防护用纺织品作为国防军工、反恐防灾、消防救援、工业生产等领域使用较为频繁的安全防护用纺织品之一，本节以热防护用纺织品为例，介绍安全防护用纺织品的实际应用和研究热点。

一、消防服

消防服主要为保护灭火抢险作业前线的消防队员免受炽热火焰、热蒸汽对流、辐射及热传导等恶劣环境对人体造成的伤害，它是保护消防队员人身安全的重要防护装备。消防服的款式结构主要分为上下分体与上下连体两种形式。分体结构的消防服运动方便，但热量容易沿开缝处进入人体造成烧伤；连体结构封闭性较好，但易造成热蓄积。

从20世纪80年代开始，世界一些发达国家开始对消防服等功能防护服装进行研究。经过几十年的发展，消防服的性能有了很大的改善和提高。其中，Krasny分析研究了消防服用织物应该具备的性能和需满足的要求。Veghte探论了消防服设计中应特别注意的一些问题，譬如火灾环境的复杂多样性、皮肤的烧伤、消防员作业中的热应激等。Forneli讨论了消防服在使用合体性方面的一些重要问题，并初步探讨了消防服上衣和裤子连体设计的防护性能和服用性能。此外，针对消防员作战环境的多样性和复杂性，一些学者对可能会给消防服防护性能造成影响的因素进行了探讨分析。M. C. Day等实验模拟了长时间暴露在氙弧灯和热箱下织物性能的变化，并和原织物进行比较分析，研究结果显示，光和热作用能够降低织物的强度，但对织物的阻燃和热防护性能的影响不明显。Bryan等研究了化学物质作用下织物强度的变化。发现某些化学物质对织物强度的影响是可测的，并且通过对热量计的对比可以测定出织物在化学物质中暴露的时间。消防员的热应激与防护服内部水分的转移密切相关，Zimmerli研究了消防服内的水分对消防服内部热量传导过程的影响。

相比之下，我国对消防服热防护性能的研究起步较晚。总后勤部军需装备研究所、上海消防研究所、四川消防研究所、陕西省纺织科学研究所以及东华大学、天津工业大学、江南大学、中原工学院等高校的学者，均对织物阻燃防护理论有一定的研究。并分别围绕阻燃防护性能的影响因素、热防护系数、阻燃热防护纤维材料、阻燃织物的加工及测试方法、服装多孔介质的热传导属性及模型、热防护性能测试装置等方面进行研究。其中，上海消防研究所利用热防护试验装置对我国现有的各类消防员防护服的整体防护性能进行了试验研究，提高了我国消防员防护服的研究水平，并通过研究国外消防服的防护性能，指导我国消防服相关标准的制定。

二、蒸汽热防护服

蒸汽热防护不同于前面所述的火场消防安全防护，它防护的热源主要是高温热蒸汽。在高温蒸汽环境中，热量传递的主要方式是热对流，当蒸汽与防护材料未接触时有热辐射，接触后则有热传导。因此，蒸汽防护是对对流、传导、辐射的综合防护。蒸汽防护服装是保护高温蒸汽环境下从业人员免受高温热蒸汽伤害的个体安全防护装备。蒸汽防护服装需具备防蒸汽透过性能、耐高温性能和隔热性能等，在此基础上，力求达到功能性和舒适性的综合平衡。

国外对蒸汽防护服很早就展开了研究。其中美国杜邦公司于1994年开发出由Nomex织物、Sontara仿丝织物夹芯、Kevlar/Nomex混纺织物以及蒸汽阻挡膜等多层材料复合而成的民用蒸汽防护服装。该装备主要供发电厂蒸汽轮机工作人员、蒸汽管道检修人员和仪表安装人员穿着。此外，美国海军也为潜艇装备了全套蒸汽防护装备，使工作人员能够安全进入充满蒸汽的潜艇舱室实施紧急维修与人员救援。日本于2007年公开过一种过热蒸汽防护面料和由该面料制成的过热防护服的专利。该套服装能耐受180℃过热蒸汽，防护时间可达10min以上。法国为避免海军工作人员尤其是核潜艇工作人员意外暴露在过热蒸汽中而造成伤亡，在海军医学院研究所建立了蒸汽实验室，通过搭建的一系列特殊试验设备，研究热蒸汽暴露对人的热生理影响。和西方发达国家相比，我国对蒸汽防护服的研究起步相对较晚。目前，我国对人体暴露于热环境下的生理变化及对蒸汽灼伤后的医学处理研究较多，但对蒸汽防护服的研究尚处于初级阶段。

三、电弧防护服

电弧防护服主要用于保护可能发生电弧伤害场所的人员，包括在发电、输电、变电、配电各环节中从事运行、调试、检测和维护的相关工作人员，所用织物要具备很好的热防护性能、抗爆裂性能、抗静电性能、良好的舒适性和耐用性。

在防电弧方面，1981年，Ralph Lee发表电弧危害计算方法。1986年，杜邦公司实行了电弧个人防护设备计划。1994年，美国职业健康与安全组织发布了电弧防护要求。2002年，美国电力规范要求提供电弧危害警示标签，电子和电机工程协会1584号文件授权使用电弧计算方法。2006年，杜邦公司研制出新一代Protera®电弧防护面料。最近几年，杜邦公司又研制出新一代Tychem电弧防护服，面料采用双层Twaron与CarbonX预氧碳纤维复合面料，达到了美国的四级防护标准。

目前，国际上防电弧的标准主要有：ASTM F1959《面料电弧火焰性能的标准测试方法》；ASTM F2178—2017《防电弧面罩产品的电弧级别和标准规格的测试方法》；IEC 61482-1-1—2009《带电作业　防止电弧热危害用防护服：第1-1部分》；IEC 61482-1-2—2014《带电作业　防止电弧热危害用防护服　第2部分》；IEC 61482-2—2018《带电作业　抗电弧热危害的防护服装　第1-2部分》等。当前一般采用ASTM F1959检测织物和系统的电弧热值或破损能量值。目前我国主要有电力行业推荐标准 DL/T 320—2019《个人电弧防护用品通用技术要求》，对电弧防护等级进行了定义，规定了个人电弧防护用品的性能要求和测试方法，指导电弧危害评估。但我国的电弧防护服国家标准尚未出台，防护服装防电弧服国标制定工作组已在起草研讨该标准，相信很快将填补我国在该领域的空白。

四、防熔融金属飞溅防护服

防熔融金属飞溅防护服主要应用在焊接行业。是焊接（包括熔融切割）作业必备的个人防护装备。在焊接过程中，飞溅的金属熔滴、火红的熔渣、灼热的焊件等都会造成人员烫伤。焊接防护服必须针对焊接工艺的特殊环境进行有效防护。焊接过程中的最大危害不在于明火的产生，而在于熔融金属滴的冲击，四散飞溅的熔融金属滴凝固释放的潜热会透过服装渗入皮肤，造成局部严重的灼伤。因此，防熔融金属飞溅防护服应具备良好的抗熔融金属冲击性能、阻燃性能、热防护性能、舒适性能和耐用性能。

国外防熔融金属飞溅产品的标准主要有：EN 348—1992《防护服　材料抗熔融金属少量喷溅影响的性能测定》；BS EN 373—1993《防护服　材料耐熔融金属飞溅物的评定》；BS EN 470-1—1995《焊接操作过程中操作工身着的防护服阻燃标准》；BS EN ISO 11611—2015《焊工及其相似场所防护服》；ISO 9150—1988《防护服　防熔融金属飞溅物性能测试》；ISO 9185—2007《防护服　材料抗熔融金属穿透性的评定》。

当前，我国与防熔融金属飞溅防护服相关的标准主要有：GB 15701—1995《焊接防护服》；GB/T 17599—1998《防护服用织物　防热性能　抗熔融金属滴冲击性能的测定》；GB 8965.2—2009《防护服装　阻燃防护　第 2 部分：焊接服》；GB 8965.1—2009《防护服装　阻燃防护　第 1 部分：阻燃服》。标准中热防护性能采用了 TPP 测试，A 级要求皮肤直接接触的面料 TPP $\geqslant 126 \mathrm{kW \cdot s/m^2}$，皮肤与服装有间隙的面料 TPP $\geqslant 250 \mathrm{kW \cdot s/m^2}$。对熔融金属的防护测试标准要求织物背面的传感器温升 40℃时，熔滴数需大于 15 滴。

五、热辐射防护服

在热功能防护服的实际应用环境中，辐射热是造成人员伤亡的主要传热形式之一，即使是火焰燃烧的环境，总热能量中也可能包括高达 80% 的热辐射，可见，热辐射防护服的应用需求之广。热辐射防护服又称为隔热服，是指在接触火焰或炽热物体时，能够防止服装本身被点燃或减缓并终止燃烧的防护服，主要应用于冶金化工、能源工业、食品加工、事故救援、消防作战、海军潜艇等领域，保护长时间在高温环境中作业的人员，降低人体的升温速率，抵御猝发性燃烧火焰以防灼伤及烧伤，提供给穿着者反应或逃离的时间，同时保持服装的完整性，以避免或减少人员伤亡。因此，热辐射防护服应具备良好的阻燃性能、隔热性能、舒适性能和耐用性能等。

当前国际上多采用 NFPA 1971—2018《建筑灭火着装全套防护装备测试标准》，NFPA 1977—2016《野外灭火防护服和设备》，ISO 9151—2016《防火隔热服装　在火苗上的热传导测定》，ISO 15538—2001《消防员用防护服　具有反射外表面的防护服的实验室试验方法和性能要求》等。一些发达国家依据标准，率先研制出了消防员在火场高温区作业的防护服，如美国 LEFRANCE 公司的铝箔隔热服、日本帝国株式会社的"百克"镀铝防火服、德国的 ROSENBNAVER 铝箔隔热服等。目前，我国热辐射防护服，采用的标准是公安部消防研究所颁布的 GA 634—2015《消防员隔热防护服》（替代 GA 88—1994），该标准适用于靠近火焰区受到强辐射热侵害时配备的防护装备，但不适用于进入火焰区或与火焰有接触、处置危险有害物质时配备的防护装备。

需要指出的是，NFPA 1971—2018 和 GA 634—2015，均采用 TPP 和抗辐射热渗透性能衡量防护服的相对隔热能力，TPP 值越高隔热性能越好。而 NFPA 1977 则是利用 RPP 装置测试热防护服的热辐射防护性能，测试过程是将织物垂直暴露在辐射热源下，在规定的距离内，热源对织物试样进行热辐射，在规定时间内通过织物试样的热通量可反映试样的防热辐射性能。通过织物试样热通量的大小可由织物试样背面的温度高低来表示。温度越高，表示通过织物试样的热通量越大，织物的防热辐射性能越差；反之，织物的防热辐射性能越好。也可通过测定造成织物背面人体皮肤二度烧伤所需要的时间来评价织物的防热辐射性能。

织物防热辐射性能与织物克重、厚度、密度以及织物表面状况有直接关系。除了织物材料本身的隔热性能外，提高织物的厚度、紧度，降低织物的透气性也有利于织物防热辐射性能的提高。此外，热辐射护服外层面料采用表面涂铝、高表面反射率的织物，或采用导电性和树脂整理相结合的阻燃织物，能更好地防护辐射热。其中，涂铝织物比相应的不涂铝织物效果好，但涂铝织物不适用于有火舌存在的场合，如进入火区的热防护，但适用于当灭火者与火区有一定距离时的热辐射防护。一般来说，表面涂铝织物的热稳定性一般，涂层与基布的结合力差，潮湿环境下易脱落。亟需开发金属氧化物和树脂整理相结合的新型高性能隔热涂层织物。

六、防高温液体喷溅防护服

高温液体飞溅物可以迅速地穿透服装并释放大量的热量，严重地破坏人体皮肤组织。通常石油化工、能源工业、食品加工行业、消防、海军、核工业的工作人员经常遭受这种环境的潜在威胁。实际工作环境中，着装者遭受的高温液体的种类、温度、流量、压力、面积与液体的冲击角度复杂多变，传统的普通热防护服装很难提供有效的高温液体飞溅防护。因此，专业的防液体喷溅防护服的研究很有必要。

目前，国际上多采用美国的 ASTM F2701《防护服装用材料接触高温液体飞溅物时热传递性能测试标准》。该测试标准可以判断在可控的高温液体飞溅物暴露下，是否有足够的热量通过防护织物系统并引起皮肤烧伤。实验过程中，将传感器测得的数据连接至数据采集器上，采集的温度变化曲线与 Stoll 曲线相交后得到皮肤产生二级烧伤的时间，也可以计算传感器吸收的总能量。阿尔伯特大学的研究者们为了便于实验操作和控制，改进了该仪器的液体加热、传输和喷射装置。

当前，国内尚无防液体喷溅防护服的专用测试标准，其性能要求仅在其他标准中有所涉及。在测试装置方面，国内卢业虎研发了新型的高温液体防护性能测试仪。该测试仪创新点在于可通过循环流量控制阀调节高温液体的流量，实现多种灾害程度的模拟、多种连续高温液体暴露的测试，并能预测各种防护系统中皮肤达到二级烧伤的时间。织物暴露在高温液体飞溅物环境下，热传递方式主要包括织物表面的对流传导、织物内的热传导、湿传递（液体和蒸汽传递）引起的能量传递。因此，防液体喷溅防护服所用面料的基本性能和液体性能（动力黏度、比热容和热传导率）对防护性能影响较大。高温液体暴露过程中，热防护面料会吸收大量液体，这些储存的液体在冷却阶段不断地释放储存热，产生潜在的皮肤烧伤，所以降低液体的吸收和传递能力是防液体喷溅热防护服装系统必须具备的条件。另外，液体的热扩散性能、湿传递的速率和传递的总量也是重要的影响因素，直接暴露在高温液体流位置的皮肤烧伤比其他位置严重，这可能与面料受到的热冲击压力和液体的渗透性等有关。此外，热防护系统应具备较高的隔热性能。降低热传递至皮肤的速率。可见，保证热防护服装面料系统的结构完整性也尤为重要。

第四节　安全防护用纺织品的发展现状与趋势

公共安全事关人民福祉，近年来我国各类安全事故频发，火灾、爆炸、危险化学品泄漏等复杂灾害事故，严重威胁广大人民群众和应急救援人员的生命安全。高端安全防护用纺织品的设计研发，对于保障工作人员生命安全、提高应急能力与救援效率等具有重要的研究价值和实际意义。我国在高端安全防护用纺织品设计开发及产业化方面需要基础理论支撑与集成设计新技术。在高性能材料开发、服装构成设计、服装性能评价等基本理论研究的基础上，进一步深入开展原创性的科学问题研究，建立高端安全防护用纺织品设计研发基础理论体系。加强研究机构与产业界的密切合作，针对复杂危害环境，将高性能、智能型材料和现代高新技术结合，应用于高端安全防护用纺织品的设计开发，提高安全防护用纺织品的综合性能。未来将从以下三方面进行拓展研究。

（1）新材料、新技术与高端安全防护用纺织品的结合。随着新型多功能纤维材料的研发，如碳纤维、相变材料、形状记忆材料、导电纤维以及防水透气面料等，高端安全防护用纺织品的性能优化应该更多依赖于纤维材料的创新研发，而不是通过后整理技术、服装结构创新设计附加，这将给多功能安全防护用纺织品的发展带来新机遇。

（2）结合环境危险评定的主动反应智能安全防护用纺织品。随着可穿戴技术和智能纺织品的发展，在传统安全防护用纺织品上添加监测设备和传感器，借助数据分析平台掌握灾害现场的危害程度，可指导应急救援人员有效开展工作。国内智能安全防护用纺织品的研究主要集中于材料科学和电子工程方面，而电子技术与安全防护用纺织品的交互融合研究尚处于初期阶段。目前针对安全防护用纺织品的工艺结构和舒适性要素的相关研究较少，现阶段市场上还缺乏成熟的智能安全防护用纺织品，主要原因包括学科交叉型研究少、研究成果尚不具备产业化要素、设计制造成本高等。

（3）高端安全防护用纺织品多功能化集成发展。灾害环境的多样化要求安全防护服装集多种防护功能于一体，在生化防护的同时，兼备阻燃性、抗静电性、抗核辐射等，同时能够提供合适的服装工效性与热湿舒适性，可满足未来高技术战争、生化恐怖袭击和突发公共事件等状况的要求。这些技术难点的突破将带动整个安全防护服装行业的发展和技术革新。

参考文献

［1］ HOLMER I. Protective clothing in hot environments ［J］. Industrial health, 2006, 44 (3): 404-413.

［2］ SU Y, HE J, LI J. Modeling the transmitted and stored energy in multilayer protective clothing under low-level radiant exposure ［J］. Applied Thermal Engineering, 2015, 93 (1): 295-303.

［3］ SU Y, HE J, LI J. A model of heat transfer in firefighting protective clothing during compression after radiant heat exposure ［J］. Journal of Industrial Textiles, 2018, 47 (8): 2128-2152.

［4］ 顾心清, 李荣杰. 海军舰艇艇员防寒服保暖性能人体试验评价 ［J］. 海军医学杂志, 2000, 21 (1): 17-20.

［5］ TANAKA M, TQCHIHARA Y, YAMAZAKI S, et al. Thermal reaction and manual performance during cold exposure while wearing cold-protective clothing ［J］. Ergonomics, 1983, 26 (2): 141-149.

［6］ 王霞. 老年女性防寒服的研究 ［D］. 大津: 天津工业大学, 2011.

［7］ 张超, 秦挺鑫, 申世飞. 国内外防护服标准比对研究 ［J］. 纺织导报, 2019 (1): 96-99.

［8］ 马新安, 陈功, 张莹. 核射线防护服的研究进展 ［J］. 服装学报, 2019, 26 (2): 95-101.

［9］ 汪秀琛, 姚丽. 电磁辐射防护服装研究进展探讨 ［J］. 中国个体防护装备, 2012, 34 (4): 21-24.

［10］ 李雪杰. 防晒衣面料的功能性及其服用性能研究 ［D］. 石家庄: 河北科技大学, 2015.

［11］ SCHAU H. The new ISSA guideline for the selection of Personal Protective Equipment when exposed to the thermal effects of an electric fault arc; proceedings of the 2014 11th International Conference on Live Maintenance (ICOLIM), F, 2014 ［C］. IEEE.

［12］ HOAGLAND IV E. Shell of Protection: Arc-Flash PPE Research Update ［J］. IEEE Industry Applications Magazine, 2012, 18 (3): 61-65.

［13］ 李俊, 王云仪, 张向辉, 等. 消防服多层织物系统的组合构成与性能 ［J］. 东华大学学报: 自然科学版, 2008, 34 (4): 410-415.

［14］ BURCKEL. Intimate fiber blend of poly (m-phenylene isophthalamide) and poly (p-phenylene terephthalamide) ［P］. Google Patents, 1980.

［15］ 王云仪, 宗艺晶, 李俊. 消防服用国产新型织物的热防护性能研究 ［J］. 纺织导报, 2008 (8): 98-100.

［16］ ALDRIDGE D. Firefighter garment with combination facecloth and moisture barrier ［P］. Google Patents, 1997.

［17］ ZHOU L Q, MENG J G. Current Situation and Development of Waterproof and Moisture Permeable Fabric ［J］. Progress in Textile Science & Technology, 2010, 13: 8-9.

［18］ 周亮. 消防服材料热舒适性与热防护性的研究 ［D］. 上海: 东华大学, 2012.

［19］ 刘美娜, 罗胜利, 王府梅. 服装保暖性的国内外检测技术研究现状与发展趋势 ［J］. 纺织导报, 2017 (4): 83-86.

［20］ KASTURIYA N, SUBBULAKSHMI M, GUPTA S, et al. System design of cold weather protective clothing

[J]. Defence Science Journal, 1999, 49（5）：457.

［21］MORRISSEY M P, ROSSI R M. Clothing systems for outdoor activities ［J］. Textile Progress, 2013, 45（2-3）：145-181.

［22］夏云. 纺织品蓄热性能及保暖性能测试方法的研究进展 ［J］. 江苏纺织, 2014（4）：47-48.
张文波, 施守孚. 服用防风涂层织物性能的分析与研究 ［J］. 纺织科学研究, 1989（2）：4.

［23］李俊, 管文静, 韦鸿发. 功能防护服装的性能评价及其应用与发展 ［J］. 中国个体防护装备, 2005（6）：22-25.

［24］Protective clothing-protection against heat and fire method of test: evaluation of materials and material assemblies when exposed to a source of radiant heat ［S］. ISO: Geneva, Switzerland: ISO/TC 94 ISO 6942, 2004.

［25］PENNES H H. Analysis of tissue and arterial blood temperatures in the resting human forearm ［J］. Journal of applied physiology, 1948, 1（2）：93-122.

［26］HODSON D A, EASON G, BARBENEL J C. Modeling transient heat transfer through the skin and superficial tissues-1: Surface insulation ［J］. Journal of Biomechanical Engineering, 1986, 108（2）：183-188.

［27］TAKATA A. Development of criterion for skin burns ［J］. Aerospace medicine, 1974, 45（6）：634-637.

［28］ZHAI L N, LI J. Prediction methods of skin burn for performance evaluation of thermal protective clothing ［J］. Burns, 2015, 41（7）：1385-1396.

［29］BARKER R L. A review of gaps and limitations in test methods for first responder protective clothing and equipment ［J］. National Institute for Occupational Safety and Health, 2005, 1-98.

［30］SONG G. Clothing air gap layers and thermal protective performance in single layer garment ［J］. Journal of industrial textiles, 2007, 36（3）：193-205.

［31］HE J, LI J. Analyzing the transmitted and stored energy through multilayer protective fabric systems with various heat exposure time ［J］. Textile Research Journal, 2015, 86（3）：235-244.

［32］崔志英. 消防服用织物热防护性能与服用性能的研究 ［D］. 上海：东华大学, 2009.

［33］朱方龙, 张渭源. 基于人体皮肤热模型的热防护服评价方法研究 ［J］. 中国安全科学学报, 2008, 17（11）：134-140.

［34］TORVI D A, DALE J D, FAULKNER B. Influence of air gaps on bench-top test results of flame resistant fabrics ［J］. Journal of Fire Protection Engineering, 1999, 10（1）：1-12.

［35］SAWCYN C M J. Heat transfer model of horizontal air gaps in bench top testing of thermal protective fabrics ［D］. University of Saskatchewan Saskatoon, 2003.

［36］FU M, WENG W, YUAN H. Effects of multiple air gaps on the thermal performance of firefighter protective clothing under low-level heat exposure ［J］. Textile Research Journal, 2014, 84（9）：968-978.

［37］REES W H. The transmission of heat through textile fabrics ［J］. Journal of the Textile Institute Transactions, 1941, 32（8）：149-165.

［38］STOLL A, CHIANTA M, MUNROE L. Flame-contact studies ［J］. Transactions of the ASME, Journal of Heat Transfer, 1964, 86：449-456.

［39］BACKER S, TESORO G, TOONG T, et al. Textile fabric flammability ［M］. MIT Press Cambridge, Massachusetts, 1976（4）：12-31.

［40］CAIN B, FARNWORTH B. Two new techniques for determining the thermal radiative properties of thin fabrics

［J］. Journal of Building Physics, 1986, 9 (4): 301-322.

［41］ DANIELSSON U. Convection coefficients in clothing air layers ［M］. Royal Institute of Technology, Division of Heating and Ventilation, Department of Energy Technology, 1993.

［42］ TORVI D A, DOUGLAS DALE J, FAULKNER B. Influence of Air Gaps On Bench-Top Test Results of Flame Resistant Fabrics ［J］. Journal of Fire Protection Engineering, 1999, 10 (1): 1-12.

［43］ ZHU F L, ZHANG W Y, SONG G W. Heat transfer in a cylinder sheathed by flame-resistant fabrics exposed to convective and radiant heat flux ［J］. Fire Safety Journal, 2008, 43 (6): 401-409.

［44］ LU Y, LI J, LI X, et al. The effect of air gaps in moist protective clothing on protection from heat and flame ［J］. Journal of Fire Sciences, 2013, 31 (2): 99-111.

［45］ WANG Y Y, LU Y H, LI J, et al. Effects of air gap entrapped in multilayer fabrics and moisture on thermal protective performance ［J］. Fibers and Polymers, 2012, 13 (5): 647-652.

［46］ PENG S, MIZUKAMI K. A general mathematical modelling for heat and mass transfer in unsaturated porous media: an application to free evaporative cooling ［J］. Heat and Mass Transfer, 1995, 31 (1-2): 49-55.

［47］ 刘伟, 范爱武, 黄晓明. 多孔介质传热质理论与应用 ［M］. 科学出版社, 2006.

［48］ CHITRPHIROMSRI P, KUZNETSOV A V. Modeling heat and moisture transport in firefighter protective clothing during flash fire exposure ［J］. Heat and Mass Transfer, 2005, 41 (3): 206-215.

［49］ SONG G, CHITRPHIROMSRI P, DING D. Numerical simulations of heat and moisture transport in thermal protective clothing under flash fire conditions ［J］. International Journal of Occupational Safety and Ergonomics, 2008, 14 (1): 89-106.

［50］ TORVI D A. Heat Transfer In Thin Fibrous Materials Under High Heat Flux Conditions ［D］. University of Alberta, 1997, 41 (3): 15-26.

［51］ FUTSCHIK M W, WITTE L C. Effective Thermal Conductivity of Fibrous Materials ［J］. ASME-PUBLICATIONS-HTD, 1994, 271: 13-34.

［52］ BERGMAN T L, INCROPERA F P. Fundamentals of heat and mass transfer ［M］. 7th ed. Hoboken, NJ: Wiley, 2011.

［53］ BARKER R L, STAMPER S K, SHALEV I. Measuring the protective insulation of fabrics in hot surface contact; proceedings of the Performance of protective clothing: second symposiu ［C］. ASTM STP, F, 1988, 71: 13-34.

［54］ MELL W E, LAWSON J R. A heat transfer model for firefighters' protective clothing ［J］. Fire Technology, 2000, 36 (1): 39-68.

［55］ JIANG Y Y, YANAI E, NISHIMURA K, et al. An integrated numerical simulator for thermal performance assessments of firefighters' protective clothing ［J］. Fire Safety Journal, 2010, 45 (5): 314-326.

［56］ SAWCYN C M J, TORVI D A. Improving Heat Transfer Models of Air Gaps in Bench Top Tests of Thermal Protective Fabrics ［J］. Textile Research Journal, 2009, 79 (7): 632-644.

［57］ LEE Y M, BARKER R L. Effect of moisture on the thermal protective performance of heat-resistant fabrics ［J］. Journal of Fire Sciences, 1986, 4 (5): 315-331.

［58］ ROSSI R M, ZIMMERLI T. Influence of humidity on the radiant, convective and contact heat transmission through protective clothing materials ［J］. ASTM special technical publication, 1996, 1237: 269-280.

［59］ LE C V, LY N G, POSTLE R. Heat and Moisture Transfer in Textile Assemblies . 1. Steaming of Wool,

Cotton, Nylon, and Polyester Fabric Beds [J]. Textile Research Journal, 1995, 65 (4): 203-212.

[60] HENRY PSH. Diffusion in Absorbing Media [J]. Proceedings of the Royal Society A Mathematical Physical \ s& \ sengineering Sciences, 1939, 171 (945): 215-241.

[61] OGNIEWICZ Y, TIEN C L. Analysis of condensation in porous insulation [J]. International Journal of Heat & Mass Transfer, 1981, 24 (3): 421-429.

[62] TONG T W, TIEN C L. Analytical Models for Thermal Radiation in Fibrous Insulations [J]. Journal of Building Physics, 1980, 4 (1): 27-44.

[63] TONG T W, MCELROY D L, YARBROUGH D W. Transient Conduction and Radiation Heat Transfer in Porous Thermal Insulations [J]. Journal of Building Physics, 1985, 9 (1): 13-29.

[64] GIBSON P W, CHARMCHI M. Modeling convection/diffusion processes in porous textiles with inclusion of humidity-dependent air permeability [J]. International Communications in Heat and Mass Transfer, 1997, 24 (5): 709-724.

[65] FAN J, WEN X. Modeling heat and moisture transfer through fibrous insulation with phase change and mobile condensates [J]. International Journal of Heat & Mass Transfer, 2002, 45 (19): 4045-4055.

[66] CHEN N Y. Transient heat and moisture transfer to skin through thermally-irradiated cloth [J]. Massachusetts Institute of Technology, 2005, 14 (3): 15-29.

[67] PRASAD K, TWILLEY W H, LAWSON J R. Thermal performance of fire fighters' protective clothing: numerical study of transient heat and water vapor transfer [J]. US Department of Commerce, Technology Administration, National Institute of Standards and Technology, 2002, 23 (13): 45-69.

[68] CHITRPHIROMSRI P, KUZNETSOV A V. Modeling heat and moisture transport in firefighter protective clothing during flash fire exposure [J]. Heat and Mass Transfer, 2003, 9 (6): 11-22.

第十二章　文体与休闲用纺织品

根据国家标准对产业用纺织品的分类，应用于文化、体育、休闲、娱乐等领域中的各种器具、器材、器械及防护用的纺织品，统称为文体与休闲用纺织品（也称体育运动与休闲用纺织品）。从原料角度考虑，主要是指使用天然纤维、化学纤维以及高性能材纤维直接制成的各种软物质制品，或者使用纤维+热固/热塑性材料复合而成的纤维增强复合材料制成的各类硬质器具，如各类运动服、健身服、帐篷、人造草坪、轮滑滑雪板、雪橇、冰球棒、赛车游艇壳体、高尔夫球杆、钓鱼竿、球拍、冲浪器材、热气球、滑翔伞、儿童滑梯等。

第一节　运动服的分类与性能

专业运动用纺织品是为专业运动项目而设计的球、棒、板、服装等。本章主要以运动服为例来详细介绍。

一、运动服的分类

运动服包括专业运动服和休闲用运动服。

专业运动服通常指直接参加专业体育运动（包括专业体育锻炼和体育比赛）时穿着的服装以及参与专业体育活动时穿着的服装（如裁判服、入场服、领奖服等）。而休闲用运动服是为日常生活的休闲运动（并非特定的运动环境下）而设计的服装，通常指日常生活中进行体育锻炼以及休闲活动时穿着的随意舒适、便于运动的服装。

二、运动服的主要性能特点

（一）舒适性

舒适性是服装的本质要求，无论是专业运动员服装，还是业余体育、休闲人员服装都对运动服的舒适性提出更高的要求。舒适性是人体生理上的一种感受，生理舒适性主要包括吸湿性、透气性、保暖性、柔软性、重量和化学性能等。大部分这些性能是由材料本身以及运动服面料的结构决定的。

目前的运动服面料舒适性特点主要以轻薄、透气、保暖、吸湿快干为主。

1. 服装材料的保暖性

目前针对服装的保暖性，主要使用热阻来表征。同样厚度的面料，热阻值的高低主要是与面料的导热系数正相关。导热系数越大，表示材料的导热性越好，热量的传递就越快。对于夏季的运动服，需要以轻薄、导热系数大为好；对于冬季的运动服，则需要稍微厚实、导热系数相对小为优。

2. 服装材料的吸湿与透湿性

服装材料的吸湿性指材料对气态水分子的吸收性能，主要取决于其中纤维的吸湿能力。服装材料的透湿性为材料透过水蒸气的能力，现在也用湿阻来表征。正常人体温度接近37℃，相对稳定，过高或者过低都会影响正常的生命活动，甚至威胁生命健康。当温度不是人体的最佳温度时，人体会通过体温调节机制进行调节。如运动会使体温上升，而人体为了维持正常的体温，会通过毛孔排汗的方式把热量散发到皮肤外。因此，散热不仅依靠材料的导热性，还依靠材料的透湿性，以免人体和服装间的空气层水蒸气过多产生的闷热感影响运动服装的舒适性。

3. 服装材料的透气性

服装材料的透气性是指材料透过空气的性能。空气能够导热，并且能实现与人体的全方位接触。因此，当服装材料中以及服装材料与皮肤之间有空隙，人体的热量就很容易传递到空气中，并通过空气交换，实现热量的传递。

4. 服装材料的吸水性

服装材料的吸水性指材料吸收水分的性能。服装材料吸收水分不仅是取决于材料的纤维种类，还取决于材料的结构。运动服装本身是为运动设计的，不仅要适体、便于运动，而且要能把汗水吸收，使汗液不至于聚集在皮肤表面，引起人体不适。

（二）多功能性

1. 调节温度功能

具有这类功能的服装面料主要是在纺织加工过程中引入相变材料，这种材料可储存、释放或吸收热量。穿着具有温度调节功能的运动或休闲服，当服装与人体接触面温度高于设定值时，服装自动吸收人体的热量供人体散热；当服装与人体接触面温度低于设定值时，服装自动释放热量供人体保暖。

2. 快速导湿功能

由于人体运动时，会产生大量的热量，人体发汗散热，导致人体衣下空间内湿度增加，穿着快速导湿服装时，可快速吸收皮肤的湿气并散发到外界环境中。目前，市场上大部分运动服都拥有快速导湿的功能，如 Nike、Adidas 等运动服饰公司，都有生产相应的速干面料，具备快速吸湿、排汗、快干的功能。

3. "三防"功能

"三防"是指产品表面经处理后，具有优异的防水、防油、防污等功能。经过"三防"技术处理后的面料手感柔软，环保健康，不易变色，透气、透湿、不透水，此外，其撕破强度、色泽风格等几乎保持与原织物一致，穿着舒适。

由于许多运动项目不可避免地会接触水，做到防水又不阻碍运动产生的湿气的散发是保证服装舒适性的前提。这类运动服装主要是经"三防"整理后改变了织物的表面性能，使亲水性变为疏水性，水滴在织物上能滚动而不能润湿。防水性和透湿性是织物服用性能中两种性质相反而又密切相关的重要特性。目前，市场中该类面料大多是由高支高密纱线织成，一方面可以阻止水分子从外界进入，另一方面又允许体内的水汽散发到外界。同时也具有拒油特性，可以防止由于人体油脂污染而导致的薄膜透湿性的降低。

4. 高强、高拉伸回弹

多数运动项目都是竞技性、对抗性很强，队员的动作幅度很大，因此，运动服需要高拉伸回弹性能。运动服拥有良好的拉伸回弹性可以增加服装的舒适性，提高运动员的速度、耐力和力量等。

5. 智能运动功能

随着纺织科技的发展，纺织品已突破了原有的保温和美化的范畴，正在逐步走向功能化和智能化。智能运动服是一类贯穿纺织、电子、化学、生物、医学等多学科综合开发的具有高智能化的纺织品，它基于仿生学概念，能够模拟生命系统，同时有感知和反应等功能。

经过多年的发展，运动智能纺织品已经可以将光学纤维、压电纤维、导电纤维、形状记忆纤维、变色纤维、柔性电池材料等很好地结合在一起，即创新实现电子组件纺织化，得到不同的产品功能，使其市场需求不断增加，市场规模不断扩大。

现有的具有心率监测、血氧含量监测、智能发热、血压监测、体温监测等功能的运动产品已经出现在市场上。

（三）专业化

1. 专业跑步类运动服

对于短跑运动员来说，0.01s 的提升对比赛成绩都是至关重要，如果运动服能提升运动员的起跑和冲刺能力，无疑对运动员获得好成绩起到巨大的作用。运动衣的设计充分考虑了这些因素，采用紧身无袖运动衫和短裤，再配上专门的运动长袜和长袖可以大幅度减少空气阻力。袜子和长衣袖的制作材料上布满凹陷的小坑可以减小风的阻力。此外，该运动衣的面料比皮肤更容易减小阻力，因此，提升领口位置以增加胸部的覆盖面积，并将接缝转移到运动服的后背以减小阻力。

对于长跑运动员来说，需要注意衣服的吸湿和耐久性。运动服必须要能快速排汗和降低温度，如把衣服设计成单项导湿，汗液一接触到面料马上被导出，即使大量出汗也不会粘在身上，从而保持躯体干爽。同时，这种面料还具有良好的降温性能，运动员在跑步过程中，不会因为出汗的问题影响运动员心情，运动员可以全身心地投入比赛当中。

2. 游泳运动服

游泳竞技运动时，要求极致速度，无疑会极大地消耗体能。要求游泳运动服具有极轻、低阻、防水和快干性能。泳衣的制作需采用无缝设计，并在泳衣的胸部、腹部和大腿外侧加上特别的镶条，令水流更顺畅地通过泳衣表面。此外，泳衣中覆盖在人体主要肌肉群上的部分使用了高弹力的特殊材质，强有力地压缩运动员躯干与身体其他部位，降低肌肉与皮肤震动，帮助运动员节省能量、提高成绩。

3. 球类运动服

球类运动具有耗能大、强度大、流汗多、时间长、技术性复杂、肢体运动幅度大等特点。球类运动服的设计要充分考虑人体运动的机能性和穿着舒适性。与跑步运动服类似，需要注意衣服的吸湿快干和耐久性，尽可能地减少后背、肩部、腿部等部位的材料（根据不同球类运动而不同），使活动便于伸展。同时，还需要加强衣服前部的支撑力，增强面料透气性，保持背部干爽、透气。

4. 冰雪运动服

参加大运动量的滑雪、登山等运动时，人体常常产生过量的代谢热，在许多环境下热量不能尽快散失，如果汗液在服装中积累，对流性降温逐渐增加。这类运动服首先要考虑滑雪服应具备的保暖、防风和防水的功能，同时通过专业设计可以将运动产生的热量和汗水有效导出，保障人体穿着的舒适性。石墨烯纤维是近年来兴起的新型纤维，具有低温远红外、抗菌抑菌、抗紫外线和防静电等优异性能。最早美国开发过一种层压织物（涤纶或锦纶面料上压合一层防水透湿薄膜），织物中有一层不透水的防水材料，既可阻挡任何湿气从外面潜入，又可以将汗水传送到外面，使穿着者保持干燥和舒适。目前，部分滑雪运动服已被民用化，市面上出售的冲锋衣正是使用了这种技术。

（四）民用与时尚化

运动已经成为一种时尚，除了体育竞技运动，体育休闲运动也是人们在工作之余的首选。所有的高科技、多功能运动服，不仅是少数运动员的专利，最终需要走进平常百姓的市场。专业运动服装主要体现其运动功能性；而休闲运动服装主要体现其舒适性、随意性和时尚性。专业运动服装追求设计上的简洁及功能性，不干扰专业运动时的视觉重点；而休闲运动服装更加注重设计的美观性和丰富性，因此其设计有更广阔的发挥空间。

同时，作为休闲穿着的运动服装也越来越受到各类群体的欢迎，在工作、学习场合穿休闲服装已经成为一种彰显运动个性的风貌。因此，市场上也充斥着各类运动品牌供大家选择，如学生最喜欢的阿迪达斯、耐克，国民最爱的李宁、安踏等。

第二节　运动器材、场所用纺织品的分类与性能

运动器材、场所用纺织品对人们在运动过程中的体验感影响较大。传统的运动器材多采用金属材料，质量较大，使用效率较低，纺织复合材料在某些性能上具有较明显的优势，并已逐渐代替金属材料用于制作运动器材。

一、球棒、球杆类

球棒、球杆类用品需要抗冲击强度高、强度质量比大。金属材料由于握持感不太适合寒冷季节等原因，一直没有被大规模使用。随着新材料技术的发展，使用纤维增强复合材料制造的球杆被研制出来。这种球杆兼有传统木质球杆的外观、手感与击球声，同时具有金属球杆的耐用性。使用碳纤维复合材料可用于制作性能优异的高尔夫球杆，并可通过调整碳纤维的排列方向和使用量来改进球杆的动力学性能。

二、球拍类

体育与休闲球拍主要是网球拍、羽毛球拍、乒乓球拍以及柔力球拍。

随着复合材料技术的发展，高档的网球拍、羽毛球拍和柔力球拍生产厂家大量采用碳纤维、硼纤维、凯夫拉纤维、陶瓷纤维以及玻璃纤维等增强树脂复合材料来设计与制作球拍拍体部分。复合材料球拍的性能良好，优于木材和铝材球拍，具有材质轻、强度高、刚性好等特点。

而高性能的乒乓球拍底板常使用夹层木板的方式来制造，在夹层中可以按照比例添加碳纤维、芳纶、玻璃纤维层，以此来减轻底板的重量，增强球拍的刚性和反弹性，大幅提高击球速度。

球拍排线也有很多种，有聚酯线、尼龙（仿肠）线、卡夫拉线等。一般仿肠线，就是软线，手感比较好，但是会跑线。聚酯线比较硬，适合进攻。凯夫拉线非常结实，线能拉得很紧，因此，通常要加入尼龙线复合以减少线的硬度。

三、球类

现代足球常常采用外包聚氨酯加天然橡胶作内胆。它的外层运用合成的泡沫层结构。改进后的泡沫层由众多超强耐压且大小相等的微型气囊构成，该结构赋予球身出众的能量回复性能及额外的受力缓冲性能，有效提高了足球的可控性及运行的精准度。

目前，常用的篮球表皮有黄牛面皮、超细纤维、合成皮、合成橡胶等。PVC 篮球所用的材料是聚氯乙烯人造革，其外皮经过防水处理，性能优于橡胶篮球，是室内外两用球。PU 篮球表面有细小的毛孔，可吸收附着在表面的水分，使表面保持干燥。世界著名的"斯伯丁"篮球采用专用丁基橡胶作内胆，用柔韧度优异的专用锦纶纱线做缠绕纱，专业厂家特供的皮料作为包裹，具有弹跳稳定、飞行和旋转准确、控球感好、球体坚固、不易变形等优点。

排球内胆大多是 PU 材质，韧性好、强度高。外层数块缝合的有 PU 和 PVC 材质，而后包覆橡胶。PU 材料弹性好，柔软，使用寿命长，价格也相对要高。PVC 相对较差，冬天容易发硬，手感不好。

而网球一般采用机织物和针刺毡材料制成，主要是橡胶和绒制作。网球的球体是橡胶，外面包覆一层绒，从而延长网球的使用寿命。

四、运动鞋类

常用运动鞋用织物一般由锦纶机织物外层、泡沫材料中间层和经编针织物里层组成。用纺织品替代皮革制作的训练鞋和慢跑鞋的材料越来越多。纺织材料较皮革材料具有很多优点，如质量一致性、均匀性好，重量相对较轻，易于洗涤和维护保养，并且不像皮革那样受潮干燥后会发硬，织物还可染成各种颜色，编织网还能增进通风透气性。非织造布如聚酰胺热熔黏合织物也可用作鞋的里衬。

在运动过程中，鞋要承受相当于人体重量多倍的压力，运动鞋的质量对参赛者能力的发挥有很重要的影响，直接影响运动员的奔跑及弹跳能力。超轻聚氨酯运动鞋是运动员的理想之选。新材料可使其适用于不同人群和运动种类的特殊需要。

轮滑运动的性质决定了轮滑运动鞋必须采用抗冲击强度高、刚度大的材料来制作。制造商开始采用抗挠曲强度、抗拉伸强度以及抗冲击强度均较大的钢材，后来采用玻璃纤维增强热塑性树脂复合材料，满足了抗冲击强度和刚度都很高的双重要求。

五、水上运动器材类

冲浪板常用泡沫和玻璃纤维材料制成，现在新开发的内部为空心结构，外壳采用石墨纤维、凯夫拉合成材料制成。为了让冲浪板内的空气膨胀和压缩过程达到最佳状态，该冲浪板的结构更坚固、速度更快，重量与其他冲浪板相比也减少许多。水上摩托艇艇身采用先进的复合材料和铝合金制作，内部可填充泡沫或者玻璃钢复合材料。

皮艇和划艇都是两头尖、船体窄而长，前者为双叶单桨，后者为单叶单桨。制作船体的材料由木制夹板、胶合板、铝合金发展到玻璃纤维复合材料。划艇主要用玻璃纤维/不饱和聚酯树脂复合材料制造，船体结构中用少量木材做骨架。现多使用芳纶增强复合材料制造，使艇体耐冲击性特别好。划艇桨、桨杆一般用木材或玻璃纤维制成，也有采用碳纤维增强塑料制作，可以使桨杆更轻便、坚固。

帆船和帆板是依靠船帆招风的动能转变为帆船的动能而实现的，因此必须使用质轻、尺寸稳定性好、模量高、防水性好、耐气候性佳的材料制作船帆。早期使用棉麻布制作，目前主要采用合成纤维如聚酯、聚酰胺、高性能聚乙烯纤维等，以及碳纤维、凯夫拉纤维和多层复合材料制作。也有一些帆船、帆板使用轻质的复合材料和硬质船帆，可以给航行提供更大的动力。

六、运动护具类

运动护具种类根据从事运动的不同而存在差异，它们的主要目的是防止从事该运动的使用者在运动时某些肌肉或者关节受到伤害，并且能保护身体的要害部位。运动护具主要采用限制某一关节的活动度、降低表皮的摩擦力或吸收冲击的能量来达到防护的目的

护具的要求是有弹性，有较高的抗冲击性，重量较轻，结构上具有整体性，可重复使用，能起到很好的保护作用，并能把对运动的影响降至最低。高性能的三维织物复合材料能够满足上述要求，制备出具有优良性能的运动型护具，其力学性能优异，如抗冲击性好、质量小和可整体织造等，能够满足不同运动的需要，其在运动护具中的应用前景广阔。

七、运动场地

运动场地是多数运动项目进行的必要前提条件。很多运动项目，都需要面积较大的运动场地。目前，PVC多层复合塑胶地板已广泛地应用于篮球、羽毛球、乒乓球、排球、手球等国际比赛用球类运动场地。它不仅具有良好的安全性、抗震性、回弹性，且具有不老化、耐磨、阻燃、抗化学污染、抗静电、能吸收行走噪声等特点。

户外人造运动场地面要求耐久、耐磨、防损伤、防污和可清洁性。作为户外场地使用的

是聚丙烯纤维、聚酰胺纤维和聚丙烯腈纤维等。表层织物要有较好的色牢度，在纤维被挤压成型之前，将染料加到熔融聚合物中，并且不会受到光和各种气候条件的影响。

第三节　户外休闲与其他用途纺织品的分类与性能

随着社会经济的迅速发展，设计安全、绿色、高性能、智能化的户外休闲用品将极大提高人们的生活质量，给使用者带来不同以往的新体验，给人们的生活带来更加深远的影响。

一、帐篷

帐篷具有防风雨、防寒暑、防蚊虫的功能，通常由帐篷织物和帐杆两部分组成。

不同类型的帐篷会选用不同特点的织物。旅游用帐篷要求具有轻便、便于携带、防水透气等特点，常选用轻薄型防水透气织物。军用轻型帐篷要求有防雨、阻燃、防老化等性能，可以采用 PTFE 层压织物，这类薄膜材料具有防水透湿、抗腐蚀、耐强酸强碱、抗老化的特点。

二、睡袋

户外运动用的睡袋要求具有轻便、保暖、透气、舒适等特点，最重要的是保暖性能，在设计睡袋时要考虑整体热阻较大为佳。

睡袋主要保暖内部材料常使用羽绒，其外层使用质地紧密、经过耐久性防水整理的高密耐磨织物，以增强睡袋的耐久性、防风性以及减少绒毛的泄露，衬里织物常使用重量较轻的亲肤材料，以便于人体睡觉时有更好的舒适性。

三、降落伞、滑翔器、翼装飞行服

降落伞的主要组成部分有伞衣、引导伞、伞绳、背带系统、开伞部件和伞包等。伞绳采用空芯或有芯的编织绳，要求结构紧凑、强度高、柔软、弹性好、伸长不匀率小。伞带采用双层或三层织物的厚型带，要求具备很高的强度和断裂功。伞线是缝合降落伞绸、带、绳各部件的连接材料，要求强度高、润滑好和捻度均匀稳定。

滑翔伞作为降落伞与滑翔翼的结合体，其伞衣是一个近似椭圆形的平面形状，可用密实的抗撕裂尼龙制成。翼装飞行服是采用韧性和张力极强的尼龙材料制成的冲压式膨胀气囊，特别是在飞行运动服双腿、双臂和躯干间缝制大片结实的、收缩自如的、类似蝙蝠飞翼的翅膀。

四、钓鱼竿

钓鱼竿趋向于轻薄、细长，抗弯曲强度大。早期采用玻璃纤维增强塑料制作，其弯曲、弯曲回复性能好，但易发生断裂；后来又采用碳纤维增强复合材料，其质量非常轻，弯曲能力好，刚性好，钓鱼竿在弯曲之后能迅速复原，使其传递诱饵的感觉较为灵敏。另外，采用高性能聚乙烯纤维制作钓鱼线，具有重量轻、强度高的特点。

五、儿童娱乐设施

儿童娱乐设施中，复合材料已大量用于游乐车、游乐船、水上滑梯、速滑车、碰碰车、儿童滑梯等产品。这些产品充分发挥了玻璃钢重量轻、强度高、耐水、耐磨、耐冲撞、色泽鲜艳、产品美观及制造方便等特点。

六、乐器用品

小提琴、大提琴等弦类乐器的琴身都是木制的，木材易遭受周围环境温湿度的影响而导致翘曲、变形，使弦的张紧度、弦和档子间的距离改变，影响乐器的音质。目前，部分厂家采用多层胶合板夹高性能纤维层的方式，来增加乐器的稳定性。

目前，用碳纤维复合材料代替云杉制作提琴、六弦琴的音板和颈身，效果很好。它不仅能有效地重现云杉木板声振动时产生的各向挠曲变形，而且由于其阻尼系数超过云杉木，使得在高频时它发出的音调比木制品更为纯正。另外，由于它不像云杉那样吸水，故音质再现性好，音调也更加优美动听。

第四节 文体与休闲用纺织品的应用

一、运动服

（一）滑冰服

近年来，中国短道速滑队多次在国际比赛中获得优异成绩，为国争光。在速度滑冰项目中出于竞速需要，对比赛服的抗风阻性能要求高，以有效减少运动过程中由于服装产生的风阻。不同于短道速滑项目中比赛服全面防切割的设置，由于速度滑冰项目中运动员之间的碰撞较少，对速度滑冰比赛服的防切割性能要求较低，主要在于抗风阻性能的提高。除此之外，由于赛场环境的限制，还需要保证比赛服防磨、耐穿及保温性能良好。安踏（中国）有限公司研制了一种速度滑冰比赛服（专利号 CN201921826572. X），该速度滑冰比赛服的抗风阻性能优异，能够有效减少小腿和小臂处产生的风阻，且比赛服的整体保温效果好，并能辅助运动，穿着体验感舒适。

该速度滑冰比赛服本体的连帽部、上装部和下装部为连体设计，为运动员全身提供了整体性的包覆以提升保温性能，适用于滑冰赛场的环境。上装部在小臂处及下装部在小腿处的局部面料层设有蜂巢结构，能够减少在高速滑冰时小臂和小腿切换摆动时所产生的边界滑移风阻。

该比赛服上装部的主面料层在脖颈处、腋下处及手腕处和/或下装部的主面料层在大腿处及脚踝处均设有防切割层，即区别于短道速滑的比赛服由于碰撞剧烈需要全身防护的设置，速度滑冰比赛服主要提升抗风阻性能，因此，仅在关键部位设置防切割层，既能具备一定的防护效果，又减轻了服装本体的重量，较为轻薄适穿。防切割层采用 Dyneema 防切割面料，如图 12-1 所示。Dyneema 防切割面料强度大、耐切割，防止运动员在滑行竞速的过程中被冰刀不慎割伤，防护效果优异，并且其该防切割面料的质地轻薄，适于穿着。

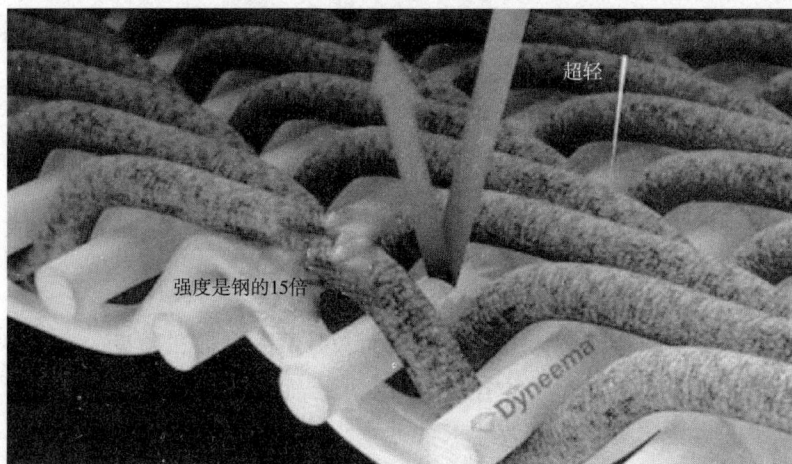

图 12-1　Dyneema 防切割面料

（二）游泳衣

澳大利亚 Speedo 公司研制出一种模仿鲨鱼皮肤制作的高科技泳衣，如图 12-2 所示。"鲨鱼皮"也被称为"快皮"，是人们根据其外形特征起的绰号，它的核心技术在于模仿鲨鱼的皮肤。生物学家发现，鲨鱼皮肤表面粗糙的 V 形皱褶可以大大减少水流的阻力，使身体周围的水流更高效地流过，鲨鱼得以快速游动，如图 12-3 所示。"快皮"的超伸展纤维表面便是完全仿造鲨鱼皮肤表面制成的。此外，这款泳衣还充分融合了仿生学原理：在接缝处模仿人类的肌腱，为运动员向后划水时提供动力；在布料上模仿人类的皮肤，富有弹性。实验表明，"快皮"的纤维可以减少 3% 的水的阻力，这在 0.01s 就能决定胜负的游泳比赛中有着非凡意义。其根本原因是"鲨鱼皮"使用了能增加浮力的聚氨酯纤维材料。同时"鲨鱼皮"还采用了当今最先进的服装缝合技术——超声缝合技术，借此技术将泳衣产生的阻力降低到最低点。该技术的工作原理是利用高频率振荡由焊头将声波传送至工作物熔接面，瞬间使工作物分子产生摩擦，

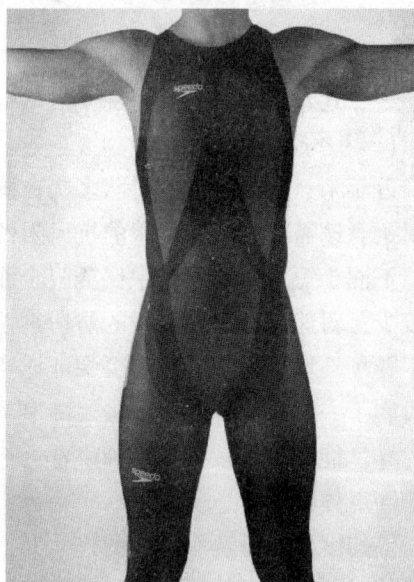

图 12-2　Speedo 公司生产的
"鲨鱼皮"泳衣

达到塑料熔点，从而完成固体材料迅速溶解，完成焊接。其接合点强度接近一整块的连生材料，只要产品的接合面设计得匹配，完全密封和无针脚是绝对没有问题的。

图 12-3　显微镜下的"鲨鱼皮"泳衣

二、运动器材

（一）足球

adidas 生产的 FIFA World Cup 是世界杯比赛官方正式用球系列，目前最新版本为 2018 俄罗斯世界杯用球 Telstar（电视之星），如图 12-4 所示。在外观设计上，Telstar 为致敬 1970 年墨西哥世界杯的比赛用球，将黑白复古颜色与马赛克图案相结合。Telstar 采用了球面几何拼接技术，能够提高足球的稳定性和速度。一般而言，足球接缝越少，球越光滑，球在空中的飞行就越难以预测。与 2014 年世界杯用球"桑巴荣耀"相比，虽然 Telstar 同样由 6 块球皮组成，但其接缝总长度比"桑巴荣耀"还要短 30%，飞行稳定性更好。NFC 技术应用使 Telstar 有了新增的功能。球迷可通过智能手机与带 NFC 芯片的足球

图 12-4　2018 年俄罗斯世界杯用球
Telstar（电视之星）

近距离接触，获取足球的接触面力度、位移速度、方向等信息，Telstar 无论是材质还是做工均属于顶配级别，环保级 PU 面料、世界先进的热贴合技术、辅助控球的球面颗粒纹理、科学的拼接设计，让其在性能上趋于完美。

MITRE 是来自英国的国际知名足球品牌，是世界上最古老的足球品牌之一，1992 年，MITRE 足球成为英超联赛官方指定用球。英国属于温带海洋性气候，全年多雨，因此 MITRE 足球的设计特别强调防水性能。如 Delta 系列的足球，就采用了 MITRE 最新的 hyperseam 技术对足球进行缝合，该技术是热贴合工艺和机缝工艺的结合，既体现热贴合工艺带来的防水性和控球性，也体现出机缝工艺带来的力量性和准确性，综合性能较强。

（二）摩托车头盔

AGV 全盔如图 12-5 所示。其中热度最高的是 PISTA GP 系列，该系列头盔所有产品都采用碳纤维材质，质量轻，强度高，用上了 AGV 目前所拥有的所有高科技。该系列头盔风道设计也十分优秀，前风道采用胶片拉脱式设计，可自主选择进风口数量，配备的 Pinlock 镜片具有防雾和防划功能，内衬和面颊垫也都可拆洗和替换；导流尾翼则可在高速骑行下增加头盔稳定性，避免漂浮感甚至掉盔。

图 12-5　AGV 全盔

SHOEI 公司的旗舰产品线 X 系列，以强韧的玻璃纤维与有机纤维复合层叠而成的 AIM+ 壳体结构，在增强头盔刚性和弹性的同时质量更轻，只有约 1.2 kg。X-Fourteen 是该系列最新型号，引入了空气动力性能，风洞试验显示，X-Fourteen 全盔的抬升力、阻力和横摆力矩都有明显改良，大幅改善骑手的疲劳感。决定骑行舒适性的重要因素在于包裹骑行人员头部的内胆的设计，SHOEI 公司研制的高级骑行全罩式头盔 GT-AIR 2，如图 12-6 所示，其内胆表面材料采用吸湿速干面料和抓绒混合面料。在容易出汗的额头及面颊等部位使用吸湿速干面料，在脱戴头盔时靠近或与皮肤接触的佩戴口部位使用抓绒面料，提高了舒适性，实现了最佳的佩戴舒适性。颊垫下端部分使用的人造革材质，使用了红色压线针脚以强调设计感，营造出动感十足的运动氛围，如图 12-7 所示。在眼镜腿接触的颊垫上部使用了部分柔软的聚氨酯材料，提高了佩戴眼镜时的舒适性。

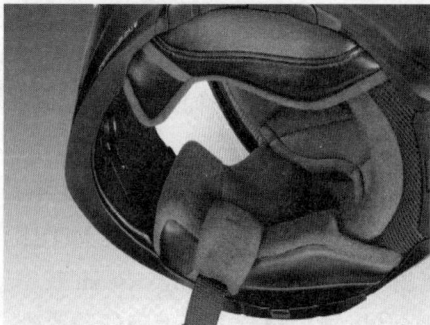

图 12-6　GT-AIR 2 的内胆设计图

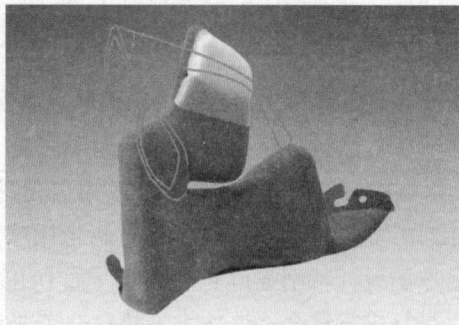

图 12-7　使用柔软的聚氨酯材料的颊垫

Bell 公司生产的摩托车头盔，使用了 FLEX 和 MIPS 两项撞击缓冲技术。FLEX 是将高、中、低三种密度材料结合，最大限度地缓冲撞击；MIPS 技术则广泛用于自行车头盔，摩托车头盔比较少见，它是一套几乎无人问津的多方位冲击保护系统，只用在了 STAR MIPS 和 QUALIFIER DLX MIPS 这两款全盔上，头盔内衬中有一种黄色保护层，可降低撞击强度。

（三）滑板

大多数滑板板面是用 7 层薄板胶合在一起的。有些公司甚至加入更多的层或者加大板的脚窝来增加板的耐久性。有些公司在板面的构造上采用不同的做法或者创新。比如，Flip 公司的"New Wave Construction"专利技术，在板子表面加上一层波纹状的硬条来增加板面的性能。Almost 公司研制生产的滑板在原有板面里加入了碳纤维，打造出的滑板质量更轻、耐用度更高。除上述碳纤维技术外，还有一类是为新手打造的滑板，采用 7 层硬质枫木加硬质胶水制成，另一类则用 7 层硬质枫木加环氧树脂胶制成，板面比传统的 7 层枫木结构整板更轻，更坚硬，弹性也不错，耐用度更高。

三、生态文体休闲纺织品

随着生活水平的提高，人们对穿衣的要求越来越高，更加注重纺织品的环保性、安全性，生态纺织品也应运而生。生态纺织品又称绿色纺织品，是指生产和制造过程中不对环境造成污染，在使用过程中对人体健康和周围环境无害的纺织品。目前已经开发出较多的生态环保纺织产品，如山毛榉生态纺织品、白松木生态纺织品、银纵树生态纺织品、欧洲红栎生态纺织品、北欧云杉生态纺织品、海藻生态纺织品、冰草生态纺织品、芦荟生态纺织品和菠萝生态纺织品等。这里主要以银纵树、海藻和菠萝三种生态纺织品为例介绍生态纺织品的相关情况和进展。

（一）银枞树生态纺织品

由加拿大 McFarlane 运动服装公司新开发的 Silver Vertical Wood 纺织品（"银纵树"纺织品），是采用北极银纵树木生产的生态型再生纤维纺织品，纤维具有良好的韧性与弹性，良好的稳定性，并且具有防缩水、防皱褶与抗起球、不易松垂和鼓包的特点，能够经受生物漂白、石磨、激光印花、树脂和高温焙烘，尤其适合牛仔面料，打破了弹性牛仔款式单一的局限。这种叫作"Silver Vertical Wood"的银枞树纤维，是依照生态纺织品与环保加工技术生产出的新一代生态型再生纤维纺织品，它在化学试剂的处理中比普通棉纤维少受 20%~40% 的污染；它的纤维特别长，可以经过高科技处理变得粗糙。在炎热或寒冷的时节，穿在身上不仅有丝绸的顺滑感，还有山羊绒的质感及亚麻的饱满度。美国纺织品协会（ATA）的验证表明：由于银纵树纤维断面具有特殊形态结构，使其具有吸湿快干能力，同时保温、隔热和抗静电，还会向空气释放湿气，人体皮肤更感舒适。

（二）海藻生态纺织品

21 世纪以来最受关注的生态型再生纤维纺织品之一是海藻纤维。德国 Alceru Schwarza 公司最早生产的 Lyocell-Sea Cell 纤维（海藻生态纤维），是利用海草内含有的碳水化合物、蛋白质（氨基酸）、脂肪、纤维素和丰富矿物质的优点所开发出的纤维，这种纤维的制法是以 Lyocell 纤维的生产制造程序为基础，在纺丝溶液中加入研磨得很细的海藻粉末或悬浮物予以抽丝而成。Lyocell-Sea Cell 纤维富含钙、镁和维生素 A、E、C 等，对皮肤有自然保健的益处，而且不会让人有过敏反应。德国克雷费尔德纺织研究中心（FFK）论证指出，Lyocell-Sea Cell 纤维可以加工成任意长度和纤度的短纤或长丝，也可以与其他纤维混纺，如与天然纤维或人造纤维混纺，只要在其中混有 25% 的 Lyocell-Sea Cell 纤维，就可感受到 Seacell 的优点。这种纺织品的终端用途可以应用在衬衣、家用纺织品、床垫等。

德国 Zimmer 公司的全资分公司 Alceru-Schwarza 利用棕藻类及红藻类新开发的一种具有抗菌功能的 Sea Cell Active 海藻酸纤维，在服装穿着、洗涤、干洗过程中不受任何影响，并能抑制大多数种类的细菌，又对人体无任何副作用。德国克雷费尔德纺织研究中心（FFK）督测认为，Sea Cell Active 是一种抗菌型产品，在纺丝时添加银与抗菌剂成分，能缓慢释放银离子，能够持久提供抗菌功能，这种织物可设计制作有抗菌运动衫、床单、被子、内衣及家饰用品。海藻纤维具有超强吸收性，它可以吸收相当于自己体积 20 倍的液体，可以使伤口减少微生物滋生及其可能产生的异味。英国的 Advanced Medical 公司为此发明了一系列以海藻纤维为主体的新型医用敷料，他们在海藻中混入了羟甲基纤维素钠、维生素、芦荟等许多对伤口愈合有益的材料，从而进一步改善了医用纺织品的性能。

青岛大学采用壳聚糖接枝海藻纤维开发的生态型再生纤维技术，可生产纺织服装用、医用、卫生护理用三大系列海藻纤维。这种纤维由于表面包覆一定的壳聚糖，因而具有良好的吸湿性和抗菌性，且无毒、无害、安全性高，生物可降解性好，在医药、环保等生态领域均有良好的应用前景。

意大利 Zegna Baruffa 纺丝公司也推出一种名为 Thalassa 的长丝，丝中含有海藻成分，用这种纤维制成的面料和服装比一般纤维制成的面料和服装更能保持和提高人体表面温度。这种含有海藻成分的面料穿着后可以让人的大脑松弛，也可以提高穿着者的注意力与记忆力，还具有抗过敏、减轻疲劳及改善失眠状况的作用。

日本 Takihyo 公司是世界首家实现海藻纤维大批量生产的厂家，其工艺属领先地位。该公司近年推出了以海藻为原料的 Sea Cell 纤维毛巾，目前已扩大到欧洲和东南亚等国家。日本京都吉忠公司采用深海蓝藻制成的海藻纤维，在内衣上的应用充分体现了海藻纤维能反射远红外线、产生负离子保暖和保健作用的特性。

（三）菠萝生态纺织品

菠萝纤维是从菠萝叶片中再生提取的纤维，以束纤维的形式存在于叶片中，是叶脉多细胞纤维。纤维细胞长 3~8mm，宽 9.4μm，可纺 20~33tex（30~50公支）纱，经过特殊处理可以纺制 12.5tex（80公支）纱。菠萝果实收获后，大量菠萝叶被废弃，造成环境污染和资源浪费。采用菠萝叶制成的生态型再生纤维，属于高强度、高模量、低伸长型纤维，但柔软性能较好，其外观洁白，手感如丝，似亚麻凉滑，开发前景非常看好。近年来，日本、印度、菲律宾等国对菠萝纤维进行了剥取、纺纱、织造研究。采用环锭纺、转杯纺、摩擦纺等设备，研制出了菠萝叶纤维/棉、菠萝叶纤维/涤及100%菠萝叶纤维的混纺或纯纺纱和包缠纱。据报道，日本钟纺公司开发的 100% 菠萝叶纤维布料，在日本非常受欢迎，售价 21 美元/m。菲律宾开发的菠萝叶纤维布料质薄耐穿，曾经作为亚太经合组织会议的礼服。我国广西绢麻研究所等已对菠萝叶纤维的纺纱利用进行了专门研究，取得了很大进展。近年来，中国热带农业科学院农业机械研究所联合国内相关单位，相继攻克了纤维脱胶技术和纺纱技术并取得成功。试纺出 31.25tex 的纯纺菠萝纤维纱和含有 30% 菠萝纤维的 16.67tex 的混纺纱，其纱条质量水平达到并部分超过日本纱水平。

第五节　文体与休闲用纺织品的发展现状与趋势

全民健身带动了体育运动领域用纺织材料产业的快速发展，纺织材料在运动服装、运动护具、运动器材、运动场地等方面得到了较广泛的应用，但也存在盲目追求高性能和功能性、性能稳定性较差和缺乏系统基础研究等问题，部分高性能纺织材料与国外同类产品相比还有较大差距。今后需不断地进行科技创新和加强对外交流，开发符合体育运动领域用产品设计要求的纺织材料，不断推进体育运动领域用纺织材料向智能化和绿色环保化的方向发展。

一、发展现状

1. 盲目追求高性能和功能性

高科技的应用可以有效提高产品的性能，其为国家经济的发展做出了巨大贡献，这也是每个产业的追求目标。但是纺织材料的性能必须依据其最终的用途进行选择或设计，只有在适应的场合使用纺织材料，才能发挥相应的作用，并达到最佳的效果。一味地追求纺织材料的高性能和功能性，忽视其最终产品的用途，这种做法并不可取，也是对纺织材料的一种浪费。

2. 高性能纺织材料的性能稳定性不高

材料性能决定产品的应用，尤其是材料性能的稳定性，它会直接影响产品的使用寿命。虽然我国的纺织技术发展迅速，但在高性能纺织材料的性能稳定性方面，与国外同类产品相比还存在不小的差距。因此，国内相关产业需不断增加研发投入，加强科技创新，逐步打破国外在相关材料研发方面的技术垄断。

3. 缺乏高档产品

高性能纺织材料极大地拓展了产业用纺织品的应用领域。但我国高性能纤维大量依赖进口，这是因为我国的高性能纤维生产企业普遍盲目追求经济效益，轻视基础理论研究，故只能生产中低档产品，在国际高端纤维市场很难占有一席之地。这便需要有关企业和高校进行更深层次的合作，加强高校基础理论研究项目的支持力度。

二、发展趋势

我国文体休闲活动种类不断丰富，水平不断提高，正在从低水平和单一化向多层次和多结构化扩展，体育运动产业的发展将迎来重大机遇。随着现代科技的发展，体育运动领域用纺织材料将逐渐向智能化和绿色环保的方向发展。

（一）智能化

科技进步使得高新技术与纺织材料结合形成智能纺织品成为大势所趋。新型储能纤维服装不仅可以提高运动效果，而且能将运动产生的动能转化成电能储存，方便运动者随身携带的手机等电子设备的电量即将耗尽时及时充电。运动场馆封顶使用的智能玻璃纤维材料能根据天气变化自主调节，为室内提供良好的采光效果。通过特殊的编程技术，在运动员训练服中植入微电子系统，可以及时了解运动员身体素质状态，且贴身穿着状态下测得的数据更加精准有效，以便对运动员身体素质及其近期运动情况进行分析，使训练更加科学化。

目前，体育运动领域用纺织材料的智能化还比较有限，具有广阔的发展和应用空间。

（二）绿色环保化

绿色环保已逐渐成为主流消费观念，是社会可持续发展的重要保障之一。体育运动领域每年需消耗大量的纺织材料，采用绿色环保或者能够回收再利用的纺织材料，符合当前社会发展的要求。积极挖掘天然纤维复合材料在体育运动领域的应用，探索废旧体育运动用纺织材料的回收再利用技术，都具有重要的现实意义和社会价值。

参考文献

[1] 孙文树. 运动服装品牌形象对消费者满意、消费者行为倾向的影响 [J]. 体育成人教育学刊, 2020, 36 (5)：28-34.

[2] 陈楠. 产业用纺织品深耕科技与绿色 [J]. 纺织科学研究, 2020 (9)：38-40.

[3] 刘涛, 孙玉钗. 基于服装松量的休闲运动服压力舒适性研究 [J]. 现代丝绸科学与技术, 2020, 35 (3)：18-21.

[4] 翟世雄, 范追, 靳凯丽, 等. 运动服装面料研究发展现状分析 [J]. 国际纺织导报, 2020, 48 (6)：42-54.

[5] 万志琴, 陈中伟. 运动服面料舒适性与面料组成的关系研究 [J]. 山东纺织科技, 2020, 61 (3)：9-11.

[6] 冯铭铭, 沈梦, 宗刚, 等. 衣下空气层对滑雪服热湿舒适性的影响 [J]. 北京服装学院报（自然科学版）, 2020, 40 (1)：1-13.

[7] 黄炳文, 国伟. 我国户外休闲运动发展现状分析 [J]. 体育世界（学术版）, 2020 (3)：49-51.

[8] 邵青青. 涤纶基防水透湿复合功能织物的成形及建模 [D]. 上海：东华大学, 2020.

[9] 北京理工大学技术转移中心. 高防水透湿水性聚氨酯织物涂层剂 [J]. 乙醛醋酸化工, 2019 (11)：48.

[10] 赵博研, 王浩. 防水透湿面料的研究趋势与功能性评价 [J]. 针织工业, 2019 (2)：65-68.

[11] 唐进单, 陈浩南. 纺织材料在体育运动领域的应用及发展 [J]. 产业用纺织品, 2018, 36 (12)：1-4.

[12] 杨晨啸, 李鹂. 智能纺织品在运动健身领域前景广阔 [J]. 纺织科学研究, 2018 (1)：18-21.

[13] 季明. 户外休闲大众化 [J]. 中国纤检, 2011, 14：76-77.

［14］ 晏雄. 产业用纺织品［M］. 上海：东华大学纺织出版社，2013.

［15］ 熊杰. 产业用纺织品［M］. 杭州：浙江科学技术出版社，2007.

［16］ 余兵生，李静. 一种亲肤轻质高强度的面料及其制备工艺［P］. 江西省：CN202010416346. 5，2020-07-28.

［17］ 卢志华，王学艺，刘伏荣. 一种速度滑冰比赛服［P］. 福建省：CN201921826572. X，2019-10-28.

［18］ 马志宏，一种降落伞用耐腐蚀锦纶线［P］. 江苏省：CN202010404708. 9，2020-05-14.

［19］ 刘树英. 生态型再生纤维纺织品开发应用动向（一）［J］. 中国纤检，2019，11：122-124.

［20］ 刘树英. 生态型再生纤维纺织品开发应用动向（二）［J］. 中国纤检，2019，12：116-119.

第十三章 其他常用高端产业用纺织品

第一节 农业用纺织品

我国是农业大国。我国农业经济在快速发展的同时，始终面临着人口多、土地少、能源缺、生态脆弱、环境污染严重、基础薄弱、综合生产能力低等诸多问题，只有通过先进科学技术的开发、应用、实现物质多层次的循环利用，才能有效提高农业综合效益。农业用纺织品种类繁多，功能丰富，特别适合在自然条件下进行强制性保护，也可以帮助人们预防因为环境污染等原因引起的各种各样的危害，已成为农业设施的重要组成部分。

一、农业用纺织品的分类

农业用纺织品的分类见表13-1。

表13-1 农业用纺织品分类

分类	用途	使用目的和使用方法
直接生产用材料	防寒纱（包括遮光帘、防风网）	以防虫、防霜、防风、遮光为目的的覆盖材料
	非织造物	保温、防草、遮光等
	育苗钵	作物移栽用
间接生产用材料	网	黄瓜吊网、防雀网、防虫网、防止花卉和草倒伏网
	带、绳	圆辣椒等吊带，干燥烟草用绳
收割装运材料	袋	米、麦及杂粮等
	带、绳	包装用带
运输保管用材料	苫布	农作物保管用（甜菜、洋葱等）
	容器	运输合理化
生活用材料	工作服、雨衣	农业操作必要的劳保用品
	帽子、口罩	
农业土木用材料	排、灌水软管	农业土木工程排水
	苫布、滤材	暗渠用
辅助材料	软管、筒管	附带喷洒农药机具
	袋、覆盖物	饲料袋、农机具覆盖物
增强材料	FRP、平板、波板	温室、干燥室、支柱等
	软质、薄膜底布	软质薄膜的增强

二、农业用纺织品的作用

1. 保温

农业用纺织品通过遮蔽隔断辐射热、减少气体对流散热、限制水分蒸发气化以及纺织品本身较少的热传导率等多项作用，产生适当的保温、防冻、御寒效果。

2. 遮光

夏季高温及过多日照超过光饱和和对一些农作物生长不利，使用纺织品后可根据作物生长的需要选择纺织品的遮光率。遮光率一般选择在35%~95%。

3. 防霜

霜冻是作物的一大灾难。应用纺织品保护作物时，霜结在纺织品上而非直接在农作物上，且纺织品具有吸湿、吸热作用，这使得霜冻对作物没有直接影响。

4. 防雨、雪、雹、风

纺织品可在透气、透湿的情况下，防止雨、雪、雹对作物的直接冲击，特制的高强防风网还能减轻风力的破坏作用。

5. 防病虫害

农作物最困难的是一些农药不能解决的病虫害，若在作物全生长期采用纺织品隧道隔离蚜虫，则可以防止这些病毒，还能消除农药的污染，保障人民的健康。

6. 水土保护及植被保护

纺织品还能控制土壤流失，促进植被的建立和生长，与植被一起解决土壤的侵蚀问题。

7. 无土栽培用载体及排水灌溉用

在现代农业生产中，农业灌溉及农业土木工程地下排水都需要管道进行输送。非织造布复合结构的排水管具有纤维组成的三维网络状结构，不仅结构牢固，而且具有良好的排水过滤和渗透性能，在现代农业中有着非常广泛的应用。

三、农业用纺织品的应用

(一) 保温被

保温被是一种新型的高端保温织物，一般具有质量轻、蓬松多孔的特点。农用保温被一般为多层复合结构，如图13-1所示。可以看到，制作保温被的材料根据所处结构位置的不同分为表层材料和芯层材料，保温被的表层材料最先遭受外界侵蚀，为了更好地使芯材保持干燥，材料应满足防水、抗弯折、防老化等要求。目前常用的表层材料有牛皮纸、化纤布、帆布、牛津布、编织布、防水布等。保温被的芯层材料主要起到保温作用。它应膨松、柔软、具有一定的强度，保证几经碾压不变形。一般选用的芯层材料多为纤维材料或多孔性膨松材料，如针刺毡、非织造布、PE微孔泡沫塑料、珍珠棉、喷胶棉（太空棉）等。沈阳农业大学最近开发出一种铝箔隔热气泡膜材料，铝箔气泡复合材料中的一种，是近年来被广泛使用的一种新型环保型保温隔热材料，该材料柔软、无毒无味、价格低廉、质轻，具有一定的防水性能和抗拉强度，导热系数一般在0.04W/(m·K)左右。这种材料作为保温被的表层材料，不仅可以满足防水、高强、抗老化的要求，还起到了一定的保温效果，这是其他常用表层材料很难达到的。

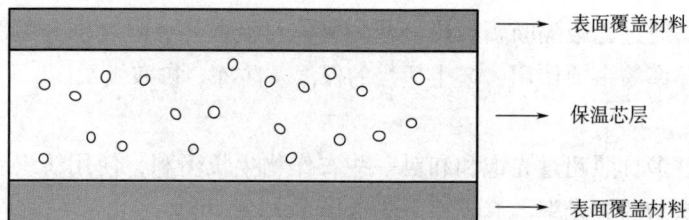

图 13-1　保温被结构示意图

（二）大型温室用墙体材料

温室大型化后，加温所需的能源大大增加，需采取节省能源、加强保温的措施。现代大型玻璃温室主要是采取室内保温的方法，常常利用针织品和非织造布作室内保温材料。温室用墙体材料是一种新型的保温材料，一般采用非织造布的形式，可以是合成纤维、天然纤维或回收纤维制成的厚型非织造布。这种非织造布除了保暖性外，还应具有抗老化性能。例如，日本尤尼吉卡公司推出的一种抗风化农用聚酯非织造布，用于温室外砌墙保温材料。该产品由高效抗风化剂与聚酯材料及黏合剂混合制成，具有高抗风化性和尺寸稳定性，大幅延长了使用寿命，同时由于该织物由椭圆形纤维制成，密度很高，保暖性极好，因此可用于温室外保温材料。

（三）水土保持、植被用织物

在农田水土保护方面，纺织品起着十分重要的作用。土壤侵蚀是指由于雨滴撞击地面而使土壤颗粒从大片土壤中分离出来，并被溅起然后被表面流动的水带走的现象。实践表明，织物覆盖了一定比例（约40%）的土壤表面，雨滴在撞击易损坏的敏感土壤表面之前便受到拦截，从而使直接受雨滴冲击的土壤面积减少。纱粗布厚的织物在减少雨滴冲击影响方面的效果更好。内蒙古农业大学刘龙等发明了一种用于坡面水土保持的构造物，其中纺织品起着重要的作用。如图13-2所示，这个构造物包括引水构件和坡面覆盖构件，引水构件与坡面覆盖构件的左侧边或/和右侧边固定连接。坡面覆盖构件包括覆盖织物层、吸水渗水织物层和挡水织物板体，覆盖织物层上设有贯穿覆盖织物层的上表面和下表面的渗水孔；挡水织物板体的下端与吸水渗水织物层的上板面固定连接，吸水渗水织物层的下板面与覆盖织物层的上板面固定连接。这种坡面水土保持物不仅利于水流经坡面时的下渗，还有利于滞留在本织物处的植物种子的生根发芽与成长，同时利用吸水渗水织物层减缓流经坡面水流速度的增大，有利于水流中泥土的沉淀以及减少水流携带泥沙的能力。

（四）排水灌溉用织物

在农业生产中，农业灌溉及农业土木工程地下排水都需要管道进行输送水。传统的排水管材有许多难以克服的缺点，如材料成本高、施工不方便、排水和过速效果不好、经常发生倒灌现象等，而产业用纺织品就能很好地解决这些问题。目前，一种新型的非织造布复合结构的排水管应用效果很好，不仅具有良好的过滤和排水性能，管体结构也十分合理、牢固，加强了非织造布过滤层的保护。这种复合管的结构由内、中、外三层组成，内层是高强塑料

(a) 引水构件

(b) 坡面覆盖构件

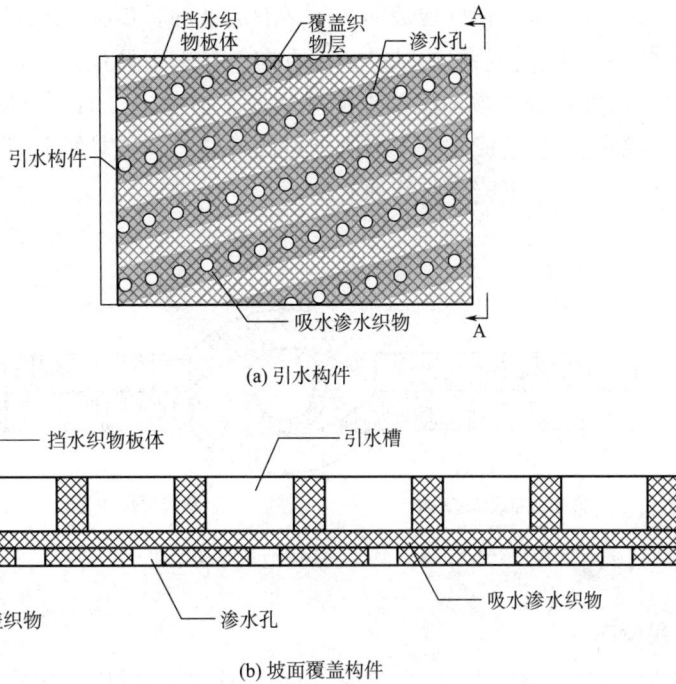

图13-2 坡面水土保持构造物示意图

管架，起支撑和加固作用，中间层为非织造布过滤层，具有良好的过滤和渗透性能，在非织造布过滤层的内外两侧采用高强丙纶纱网加强和保护，可以有效防止施工和应用中的破坏。在这种复合结构的排水管中，最关键的部分是中间层的非织造布，材料可选择聚酯、聚丙烯纤维，然后用针刺和热轧法来加固非织造布。过滤和排水层的非织造布的典型结构是纤维组成的三维网络状结构，纤网经过机械、化学或物理方法加固使其结构稳定。非织造布孔隙率大（80%~90%），而砂土的孔隙率一般不会大于50%，因此非织造布具有良好的渗透性能。在实际工程应用中，材料总是要与土壤和岩石等物质相结合，也必然会受到这些物质的压力作用。非织造布复合结构排水管除了具有良好的排水性能外，还具有良好的过滤性能。非织造布复合排水管的过滤层为非织造土工布，其纤维的网络结构形成了许多细小的孔隙，这些细小的孔隙既可以形成排水通道，也可以阻挡土壤等固体颗粒，具有排水和过滤双重功能。

（五）农用地被

地表覆盖技术具有蓄水保墒、培肥地力、减少水土流失、调节微生态系统环境等生态功能，现已成为广泛采用的土壤管理调控的关键技术。目前生产上常用的覆盖材料包括：园艺地布、非织造布、农用地膜、棉毡、草苫等，这些材料均具不同程度的保持水土功效，但都存在明显缺陷，生产推广难度大。另外，进行覆盖以后，果园的施肥灌水难度加大，因此，如何将地面覆盖技术与水肥一体化技术有效融合为一体，形成简化的地面管理系统，一直是研究热点。

最近研发的一种新型的集覆盖、灌溉于一体的农用地被，克服了上述技术缺点。该新型地被示意图如图13-3所示，包括相互叠加的下层和上层两层结构，下层设置为非织造布或园艺地布，上层设置为棉毡。在该地被的两侧、沿地被的长度方向通过缝制连接线或相互黏合进行上下两层的固定连接，沿着地被的长度方向、在上下两层之间的空腔内穿插至少一条滴灌管或滴灌带。这种新型地被不仅铺设简单快捷，易固定，而且克服了棉毡易与土壤粘连、园艺地布使用寿命短、易造成夏季土壤温度过高等缺点，成功地将地面覆盖技术、水肥一体化技术融为一体，简化了果园地面管理系统。

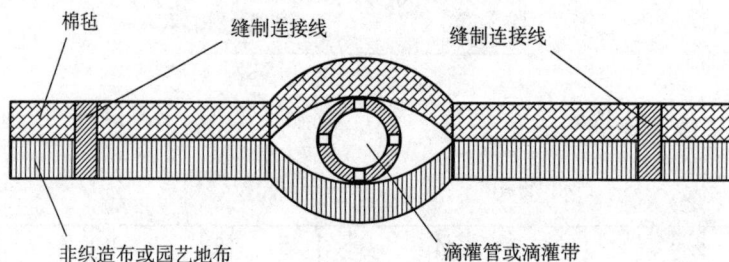

图 13-3　新型地被结构示意图

（六）农用棚布

农用棚布也是农业用纺织品使用量很大的一类产品。国内平建峰研究员带领课题组成员将损害农业生产的暴雨与大棚布巧妙结合，通过对纱线表面功能化，将摩擦纳米发电机依附在纱线上，织成智能化农用纺织品，利用降雨时雨水与纱线表面材料的接触起电以及纱线内部的静电感应产生电流，从而为智慧农业供能。该智能农用棚布的工作原理如图 13-4 所示。实验数据显示，在 9.5N 的连续作用力下，3cm 长的纱线（直径 400μm）就能产生 7.7V 的电压。不仅如此，这种智能农用棚布采用的材料具有很好的生物相容性，不会对环境造成污染，是一种环境友好型纺织品。

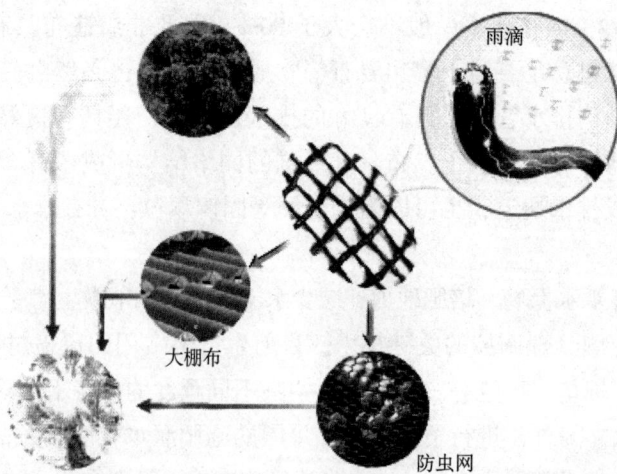

图 13-4　智能化农用棚布工作原理图

这项研究对于农用大棚的应用和发展产生了极大的促进作用，不仅能够实现农用纺织品原有的保温、遮阳、水土保持、排水灌溉、种子培育的功能，而且可以利用这种被改造的农用纺织品建成的大棚通过连接储能设备，为种植业和畜牧业提供保护以提高农畜产品质量与产量，还可以为物联网感知器件源源不断地输送电能，堪称绿色能源技术。

四、农业用纺织品的发展趋势

农业用纺织品是新型的产业用纺织品，对于促进农业生产具有非常重要的积极作用。随着我国纺织行业转型升级步伐的加快，对农业用纺织品也提出了更高的要求，在未来的发展趋势主要集中在以下几个方面。

（一）农业用纺织品的绿色化

随着人们环保意识的不断加强，绿色纺织是农业纺织将来发展的必然趋势之一。农业生产中所使用的农用纺织品的无公害化、绿色化已经成为农业生态系统健康评价的重要指标。开发出适合农业生产需要的多功能环保绿色纺织品，实现农业环境资源的高效利用和生态安全，必将成为未来高科技农用纺织品的主流。

（二）农业用纺织品生产技术的高新化

农业用纺织品的生产中如果采用高新技术，不仅能够降低生产成本，而且能大幅提高农业用纺织品的使用性能。因此，农业用纺织品生产技术的提高和创新将为企业在激烈竞争中取得胜利赢得希望，为纺织品使用性能的提高赢得保障。

（三）农业用纺织品的多功能化

随着纺织生产技术的进步和新型纤维原料的应用，农业用纺织品会逐渐由单一功能型向复合多功能型的方向发展。通过使用现代纺织技术和新型纤维原料赋予农业用纺织品更多的功能和作用，将成为我国农业用纺织品未来发展的一个重要方向。

（四）农业用纺织品的新型化

随着人们对农田种植生态安全的逐渐重视及传统纤维原料的不断枯竭，再加上纺织技术的不断提高，性能更为优越且环保的新型纤维将逐渐成为农业用纺织品的重要原料来源。

第二节　篷帆类纺织品

篷帆类纺织品，通常指应用于运输、储存、广告、居住等领域的帆布和篷布。该类纺织品最常见的应用是帐篷和篷盖布，帐篷主要用于野外施工作业、露营训练、临时会所、体育娱乐场所、部队指挥所、野战医院、抢险救灾、野营、休闲旅游等。篷盖布主要用于仓储、货运、船用设备、码头、船厂、汽车、机器设备等需要将物体表面遮盖起来的地方，从而达到防水、防火、防腐蚀等作用。涂有 PVC 的聚酯长丝织物，强度高，耐气候性好，还可用作柔性灯箱广告材料。以玻璃纤维为基布，涂以聚氯乙烯或聚四氟乙烯的织物，性能更优，可以用作户外建筑材料，一般使用寿命可以达到 15~30 年，在家居、别墅、酒店、商铺、单位、工厂、旅游休闲等领域都有应用。篷帆类纺织品常用的应用领域如图 13-5 所示。

(a) 汽车盖布　　　　　　　　　　　　(b) 帐篷

(c) 遮阳防雨篷　　　　　　　　　　　(d)临时建筑

图 13-5　篷帆类纺织品常见应用领域

一、篷盖布

篷盖布是在织物上覆盖一层高分子涂层剂或其他材料制成的复合材料。这种复合材料不仅具有织物原有的性能和功能，更增加了涂层的性能和功能。由于可供选择的基布和涂层材料品种很多，加上涂层工艺的变化，因而篷盖布的品种繁多，功能齐全，适用面很广。篷盖布结构由基布和涂层材料组成，常用的基布材料有棉帆布、维纶布、涤纶布，织物结构以机织物为主。涂层材料的选择更多，目前常用的涂层剂主要有有机硅涂层剂、丙烯酸酯涂层剂、聚氨酯涂层剂、聚四氟乙烯涂层剂以及橡胶等。帐篷布与篷盖布的性能要求和使用等类似，这里不再单独分类讲述。

（一）篷盖布的性能要求

1. 抗拉强度

篷盖布在使用时要承受各种张力，如固定时绷紧需要受到张力，使用过程中也要受到风、雨、雪等的作用。在受到这些外力的作用下，仍然要求它们保持原有形状，因此要求篷盖布要有较高的抗拉强度。

2. 撕裂强度

撕裂强度关系到篷盖布是否会因飞来外物的作用而破裂或由于某些原因在形成空洞后向四周扩展，形成大的结构撕裂。所以当张力大时要求篷盖布有较高的撕裂强度。

3. 剥离强度

对于篷盖布，涂层与基布的黏着力是非常重要的指标。在实际使用过程中，篷盖布会受到各种破坏因素的作用，涂层与基布之间会产生局部分离现象，并逐步扩展，进而影响篷盖布的外观质量和使用效果。

4. 其他力学性能要求

除上述各种力学性能外，篷盖布还需要具备一定的抗蠕变性、抗重复疲劳性、耐磨损性和耐弯曲挠折性。

5. 特殊功能要求

篷盖布在达到上述力学性能要求的前提下，还需要满足一定的功能性，如防水性、耐腐蚀性、耐气候性、阻燃性等。

（二）典型的篷盖布产品

1. 耐雨蚀 PVC 篷盖布

耐雨蚀篷盖布的底层和顶层均固定覆盖有 PTFE 薄膜材料制成的防水层，防水层的外端覆盖有机硅改性聚氨酯材料，用于增强篷盖布的防腐蚀性能。这种篷盖布的特性是能防止因酸雨或碱造成的侵蚀，从而延长篷盖布的使用寿命。

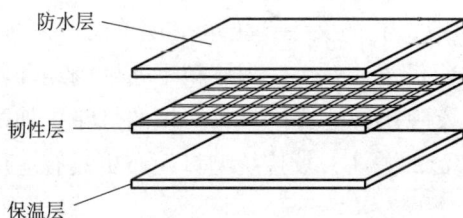

图 13-6　全遮盖耐寒阻燃篷盖布结构示意图

2. 全遮盖耐寒阻燃篷盖布

全遮盖耐寒阻燃篷盖布由复合篷布、间位芳纶阻燃层和毛毡层组成，如图 13-6 所示。复合篷布表面固定粘接阻燃层，复合篷布另一侧粘接毛毡层，阻燃层表面固定有导流槽，在雨雪天气导流槽可以加快雨水的下流速度，避免雨水成滴凝聚在篷布表面，造成渗透。间位芳纶在 350℃ 以下不会发生明显的分解和炭化，当温度超过 400℃ 时，纤维逐渐发脆、炭化直至分解，但是不会产生熔滴，在火焰中不延燃，具有较好的阻燃性，进而有效地保护复合篷布，避免受火灾蔓延影响篷布的使用效果。毛毡层在起到保温的同时可以增加篷布内部的柔软度，在作为帐篷使用时可以提高使用者的舒适度，在作为汽车篷布使用时可以对汽车漆面进行合理的保护。

3. 抗氧化、耐腐蚀彩色篷布

抗氧化耐腐蚀的彩色篷布由面料基层、碳纤维材料制成的耐腐蚀层、保温层、环氧树脂材料制成的抗氧化层、PVC 涂塑材料制成的防水层和由聚乙烯涤纶复合材料制成的抗皱层构成，其结构示意图如图 13-7 所示。因为碳纤维具有比性能高、非氧化环境下耐超高温、耐疲劳性好、耐腐蚀性好、X 射线透过性好、电磁屏蔽性好托一系列优点，所以这种抗氧化耐腐蚀的彩色篷布的抗腐蚀能力很

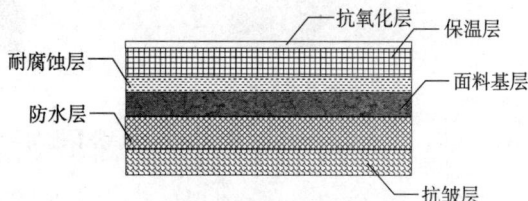

图 13-7　抗氧化、耐腐蚀彩色篷布结构示意图

强，面料基层的最顶端设置的抗氧化层，可为耐腐蚀层提供相对应的环境，加强了该种篷布的实用性。

4. 军用防红外迷彩阻燃防伪装篷布

军用防红外线迷彩阻燃伪装篷布的特别之处是设置了防雷达红外层、弹性层、热塑性聚烯烃类（TPO）材料层和图案转印层。弹性层为聚氨酯弹性体膜，使篷布耐刺穿，且由于聚氨酯弹性体膜的高弹性，能够提高篷布的耐高压能力。TPO 材料层能够有效地防水。图案转印层为 PVC 吸塑转印膜，顶面喷涂有一层防静电涂料，能够防止帐篷内的军用仪器受到静电的干扰，影响仪器的正常使用。

二、灯箱布

随着社会的进步，各种商品极大丰富，广告业迅速发展，这就势必对广告媒体提出更高的要求。传统的霓虹灯、塑胶胶片以及有机玻璃等硬质材料已不能满足广告业的需求，柔性灯箱布的出现更加符合现代社会的需求。柔性灯箱布属于纤维增强复合材料，是一种由 2 层 PVC 和 1 层高强度的网格布组成的面料，分内打光和外打光两种，基布一般为机织物或双轴向经编织物，基体以聚乙烯（PVC）薄膜为主。灯箱布因具有柔韧性好、透光均匀、寿命长、便于分割安装、着墨性好等特性，主要作为户外广告材料运用于大型广告招牌的制作。在灯箱上既可以贴透光及时贴，也可以热传印，不仅能形成漂亮的文字，更可呈现美丽的图画，不仅可以做成大型或特大型灯箱，而且可以平面、曲面任意造型。广告灯箱不断地闪动和停留，有效地提高了人们的视觉冲击力。柔性灯光布在夜晚比其他任何材料所做的灯箱更加醒目。近年来，新型高端无 PVC 绿色环保灯光布受到广泛的关注，较传统型灯箱布更具有应用优势，如图 13-8 所示。

(a) 柔性灯箱布　　　　　　　　　　(b) 高端阻燃灯箱布夜间效果图

图 13-8　高端柔性灯箱布及产品实物效果图

（一）灯箱布的性能要求

1. 高强高模

在制作灯箱的过程中，必须将灯箱布绷紧在灯箱边框架上，灯箱布会受到一定的张力，风力等也会对灯箱布产生很大的影响。在受到这些外力的同时，仍要保持硬挺，因此要求灯箱布具有高强高模的特点。

2. 高撕裂强度和顶破强力

高的撕裂强度和顶破强度可以满足灯箱布设计和加工时的严格要求。为了防止在受到意外冲击时产生空洞并向四周扩散形成大的结构撕裂，高的撕裂强度和顶破强力是必须的。

3. 高剥离强度

这一指标与蓬帆布的指标要求相同。

4. 无芯吸效应

这个特点决定了湿气是否会通过基布的纱线传递。例如，暴露在水中，如果湿气通过织物的纱线传递，湿气的冰冻和融化将引起纤维强力的恶化。

5. 耐化学性好

灯箱布暴露于户外使用，不仅有大范围的气候变化，而且有些地方气温高，大气污染严重，灯箱布上难免会沉积很多的化学离子，这对灯箱布的耐化学性、抗紫外线等性能提出了更高的要求。

6. 抗污性能好

灯箱布置于户外，常年受到日晒雨淋，又置于较高的位置，不易擦洗，故要求灯箱布必须具有很好的防污性能及灰尘易除的特点。

7. 高的透光率

为了使灯箱的广告效果在夜晚同样醒目，除了色彩鲜艳外，还要求灯箱布必须具有一定的透光性。

（二）典型的灯箱布产品

1. 双面喷绘灯箱布

双面灯箱布由布体、上喷绘层和下喷绘层构成，上喷绘层和下喷绘层分别位于布体两侧，布体内部设置有黑色聚乙烯材质的遮阳层。这种灯箱布通过在布体内部设置遮阳层，能够有效降低该灯箱布的透光率，使布面展示效果更好，在上喷绘层一侧连接耐磨层，增强其实际使用的适应性，在下喷绘层一侧连接阻燃层，提高使用的安全性。

2. 新型室外灯箱布

这种灯箱布的基础结构是灯箱布和基层，采用树脂黏结剂将灯箱布和各功能涂层黏结在一起，功能层包括保温层、疏油层、防水层、荧光层、薄膜层。薄膜层顶部又连接隔热层、抗污层和阻燃层等。在提高工作效率的前提下，又提升了使用的安全性和功能性，如疏油层与防水层，可有效防止水和油污对灯箱布的腐蚀与损坏，二者优势互补，刚柔相济，可提高灯箱布抗渗性，加强了灯箱布的使用时间，节约经济成本；荧光层上的荧光粒子可有效增强灯光的散射，提高了灯箱布的透射性；薄膜层可为荧光层提供防尘作用，并隔绝空气，进一步提高灯箱布的防腐蚀功能；阻燃层可有效抑制或延滞燃烧，增强了安全性能，纳米抗污层可有效保持灯箱布表面的清洁，提高洁净能力。这种新型的室外灯箱布是目前最具代表性的高端灯箱布，其使用价值和外观得到了显著提升。

三、其他篷帆类纺织品

除以上几种典型的篷帆类纺织品，还有一些如广告喷绘布、广告布帘、夹网布等纺织品，在日常生活中也有广泛的应用。

第三节　线绳（缆）带用纺织品

线绳（缆）带类纺织品，通常指采用天然纤维或化学纤维加工而成的细长并可曲折的纺织结构材料，其主要产品形式有线、绳（缆）、带。产业用线绳（缆）带用纺织品性能要求与服饰用纱线和织物有所不同，服饰用纺织产品主要要求织物的外观与手感，而产业用纺织品的要求主要为强度和均匀性。日常生活中人们使用了大量的绳索缆，如海洋和渔业、登山与救援、降落伞、旗杆等。随着科技的进步和应用领域的扩大，现代对线绳（缆）带产品提出了更多要求，如高强、质轻、阻燃等，并且广泛使用高性能合成纤维作为原材料。

一、线绳（缆）带的分类

（一）纱线的分类

纱线的种类非常多，其分类方法也有很多。按照纤维种类可以分为纯纺纱线和混纺纱线；按照外观形貌可以分为单纱和合股纱，单丝和复丝等；按照加工方法分为环锭纱、自由端纱、自捻纱、喷气纺纱、摩擦纺纱等。按照产业用途可将线分为缝纫线、绣花线、医用缝合线、包装袋缝纫线、透明线、编织线等。耐用性、可缝性和配伍性是缝纫线的基本要求。在产业用纺织品中，棉纱多为 29.2~14.6tex 的单纱线，麻纱线一般加工成绳、索和带等。

（二）绳（缆）索的分类

绳是纺织工业的一个特殊品种，是由多股纱或线捻合而成，直径较粗。按编织方法和直径大小可分为绳、索、缆。绳（缆）索的种类非常多，按结构还可以分为编织、拧绞和编绞等三类；按原料分有麻、绢丝、石棉、玻璃、芳纶、高强高模聚乙烯、金属等纤维；按绳索的粗细分有细号绳索（直径在 4.5mm 以下）、中号绳索（直径在 4~10mm）、粗号绳索（直径在 10mm 以上）；按绳索的断面来分主要有三股、四股、六股、花式股等绳索。绳索的共同点是直径、捻度、强度均匀，具有适合于使用目的要求的伸长、柔软性、耐磨性，而且所具有的性能有一定的持久性，加工成形方便，并具有一定的经济性。

1. 编织绳

编织而成的绳索是具有相当高捻度或编织角度的绳索。通用编织绳有三股、四股和六股铺设，中空编织物、八股和十二股编织（也称为"单"编织物）、双编织层（也称为"编织层"和"二合一编织层"）、实心编织物（也称为"平行编织物"）。它们可用于工业、海洋、娱乐和交通领域。它们涵盖了从用于绑扎包的细绳子到用于停泊油轮的大索具的所有内容，包括晾衣绳、游艇绳索、渔网拖缆、起重吊索以及许多其他应用。

2. 拧绞绳

拧绞绳是由三股或多股纱线加捻而成，用于需要高强度重量比和低延展性的特殊领域。其中包括用于宇航员的系绳、用于深海打捞的恢复绳索、用于浮动石油平台的系泊缆绳以及用于深水雷的起重电缆。

3. 编绞绳

编绞绳由八根拧绞纱分四组以 8 字形交叉编绞而成，其强度高，耐磨性好，延伸率小，不易回转退捻。

（三）带的分类

根据加工原材料不同，带可以分为天然纤维和化学织造的带，如棉、麻、丝、尼龙、涤纶、芳纶等。按照结构类型不同，可以将带分为狭幅机织带、编织带和针织带。按照织物品种不同，可以将带分为弹性带、薄型带，如电器绝缘带和重型带。

带类织物作为农用、产业用及其辅助用材料的用途非常多。如在衣料、杂品用领域，有缝纫带、拉链带、装饰带、花边带、松紧带、裙腰衬带、宽紧带、标签布片、黏结胶布、狭腰带、卷尺带等。在产业用领域，有汽车用安全带、绝缘胶带、包扎用带、色带（计算机用、打字机用）、锭绳、小包用带、降落伞用带、传送带等。

二、典型的线（绳）类纺织品

（一）缝纫线

缝纫线是指缝合纺织材料、塑料、皮革制品和缝订书刊等用的线。缝纫线具备可缝性、耐用性与外观质量好的特点。缝纫线的单纱支数范围一般为 9~80 英支，合股数大多为三股、四股、六股或以上，最多可达十二股。两股线稳定性较差，强力不均，在单薄织物中使用较多，六股以上的缝纫线一般用于皮革、篷帆和制鞋工业。缝纫线因其材料的不同可分为天然纤维缝纫线、合成纤维缝纫线和混合纤维缝纫线三种。

1. 天然纤维缝纫线

天然纤维缝纫线主要有棉缝纫线、麻缝纫线和蚕丝缝纫线，其中棉缝纫线由于其耐热性优良，适用于高速缝纫与耐久压烫而广泛应用于硬挺面料、皮革面料或需高温整烫的衣物的缝纫，蚕丝缝纫线主要用来制备各种高级丝绸服装等高档产品。麻缝纫线强度较高，经过蜡光处理后可用于纺织行业吊综、通丝线等。苎麻纤维长，成纱强度高，抗张强度比棉高 8~9 倍，耐腐、耐磨、不易发霉，天然防静电，广泛地应用于飞行降落伞、保险绳等。

2. 合成纤维缝纫线

合成纤维与天然纤维相比，强度较高，多用于高性能产业用领域。常用的合成纤维缝纫线有锦纶缝纫线和涤纶缝纫线。锦纶缝纫线也叫尼龙线，是以锦纶 6 或锦纶 66 长丝为原料制作的缝纫线。按原料长丝的形态可制成锦纶单丝线、复丝线和弹力线。锦纶缝纫线不仅强度高，耐磨性非常好，而且表面光滑，有丝般光泽，弹性好。但是它的耐光性差，长期日晒会泛黄。一般用于制鞋、皮革缝纫及服装缝制。涤纶缝纫线也叫高强线，强力高，在各类缝线中仅次于尼龙线，而且湿态时不会降低强度。此外，涤纶缝纫线的回潮率低，有良好的耐高温、耐低温、耐光性和耐水性，是使用极为广泛的品种，在不少场合取代了棉缝纫线。特制的涤纶线是鞋帽、皮革行业的优良用线。

3. 混合纤维缝纫线

混合纤维缝纫线常用的有涤棉混纺缝纫线和包芯缝纫线。主要用于全棉、涤/棉等各类服装的高速缝纫，在产业用领域应用较少。

目前国内市场上开发出的高端缝纫线产品有以下几种：

（1）邦迪线。邦迪线是采用尼龙（锦纶）长丝合股捻线、黏合定形、染色和上油卷绕等工艺制成的不散股的缝纫线，具有高拉力、耐温、耐磨等特性。按照黏合方式的不同，分为内邦尼龙邦迪线和外邦尼龙邦迪线两大类。内邦邦迪线是通过特殊工艺黏合纱线时直接进行内部黏合、定形而成。外邦邦迪线是成品线经过熔化的邦迪胶外部黏合而成。邦迪线主要应用于特硬特厚面料，如拉杆箱、汽车安全带、气囊缝纫线，也常用于双针、高速电脑车，以解决散股和断线难题。

（2）芳纶包覆钢丝缝纫线。芳纶包覆钢丝缝纫线结构上由芯线、包覆层和防火层构成。芯层是由4股或者6股不锈钢纤维丝加捻而成，包覆层由芯线外部的间位芳纶丝并捻而成的线形成，防火层是一种无机耐高温涂层。这种复合钢丝缝纫线具有强度高、耐高温以及防火等特性，能够满足一些特殊场所的使用要求，如汽车坐垫、发动机隔热布、防爆产品、耐高温隔热护套、高温管道护套、耐高温消声护罩等高温防护产品的缝纫。

（3）高弹高强复合棉缝纫线。高弹高强复合棉缝纫线由主棉线、抗拉单元和弹性单元构成。抗拉单元包含芳纶和抗拉纤维。所谓抗拉纤维其实是纺织面料的一种，因其抗拉力和韧性比较好，所以通常叫作"抗拉纤维"。芳纶和抗拉纤维交替设置，均匀缠绕在主棉线的外侧面。弹性单元包含涤纶复合纤维层、氨纶层和锦纶层。涤纶复合纤维层具有较高的强度与弹性回复能力，其坚牢耐用、抗皱免烫，氨纶层具有高度弹性，能够拉长6~7倍，随张力的消失能迅速回复到初始状态，锦纶层具有较好的回弹性和耐疲劳性，大幅度提高了高弹高强复合棉缝纫线的弹性。此外，在复合纤维层外面还包覆有阻燃层和防水层，使得高弹高强复合棉缝纫线不仅能有效提高抗拉强度，还具有一定的防火、防水功能。

（4）防静电缝纫线。防静电缝纫线又名导电线、抗静电线，是采用不锈钢金属纤维丝与锦纶/涤纶混纺而成。防静电导电混纺纱制成的织物防静电性能长期有效，不受工作环境的影响，即使在低温（干燥）条件下，同样具有优良的防静电性能。可用于易燃、易爆环境下人体、设备的静电防护，如防静电服装、鞋子、手套、帽子等防静电产品的缝纫。

（二）缝合线

伴随经济的飞速发展，人们的消费视野已经从基本的衣食住行等"外在消费"逐渐转化为美容、养生的"内在消费"，而在美容整形过程中，缝合线尤其是医用可吸收缝合线作为手术必备用品，需求量很大。中国2012~2016年可吸收缝合线的需求量及增速稳步上升，2015年需求量为848吨，2016年需求量为959.9吨，同比增长13.2%。2015年以来，聚乳酸、聚乳酸长丝等新缝合线材料不断出现，缝合方法不断改进，缝合线使用新技术不断涌现。目前出现的一种新型的高端缝合线是由超高分子量聚乙烯编织的缝合线，该材质对人体无任何副作用，拉力强，自顺滑，不吸水，抗老化，因此广泛用于临床手术、伤口缝合用线等医疗领域。超高分子量聚乙烯编织缝合线具有以下性能特点，第一，在创口愈合过程中能保持足够的强度，还能够伸长以便适应伤口水肿，并随伤口回缩而缩回到原有长度；第二，该缝合线不可降解吸收；第三，易于进行灭菌、消毒等处理，不会产生炎症，无刺激性和致癌性；第四，可以形成安全牢固的结。

（三）编织绳

编织绳是由若干根纱线以锭子循环回转作牵引，以"8"字形轨道编织而成，不同编织结构的绳子如图13-9所示。在产业用领域用的绳子，不仅对其强度有较高的要求，根据其使用环境的不同，还要求其具有耐酸碱、抗辐射、质量轻、耐磨损、阻燃、伸长小等特点。目前编织绳一般用两种材料，芳纶和高强高模聚乙烯纤维，一般接触的是芳纶。

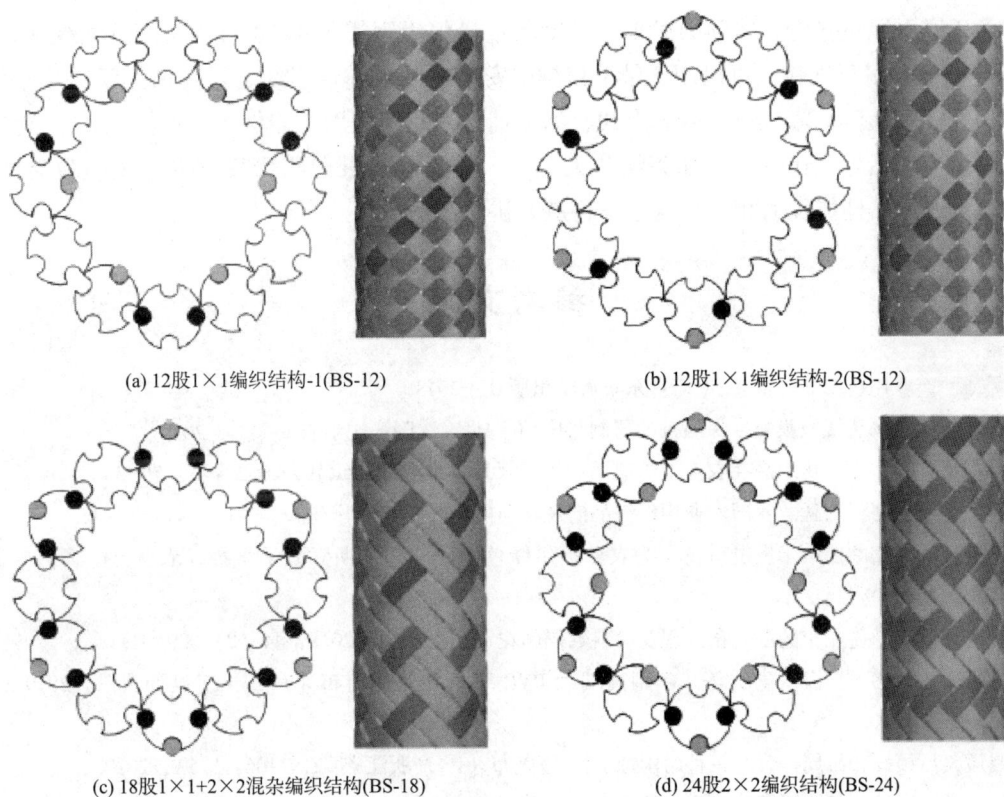

(a) 12股1×1编织结构-1(BS-12)

(b) 12股1×1编织结构-2(BS-12)

(c) 18股1×1+2×2混杂编织结构(BS-18)

(d) 24股2×2编织结构(BS-24)

图13-9 编织绳结构示意图

目前研发出的比较高端的产品有以下几种。

1. 芳纶防火绳

芳纶防火绳是以芳纶1414为原料编织而成，是一种新型复合高性能绳索。由于芳纶绳带的特殊性能，现广泛应用于工业传动、安全防护绳、工业吊装绳、玻璃钢化炉轨道绳带等对绳索有特殊要求的众多领域。

2. 安全绳

安全绳为静力绳，是一种双层结构绳，外层通过编织而成，既能起到保护内层的作用，提高绳索的整体耐磨性，也有利于绳索强度的提高。内层由一定数量的三股捻线平行排列构成，不仅可以满足绳索的超低静态延伸率的要求，更重要的是强度利用率高。安全绳主要应用于探洞、救援、工业吊装、高空速降等，也可以作为攀岩馆中起保护作用的顶绳使用。

3. 电缆牵引绳

目前电缆牵引绳主要用的材料有高强超高强涤纶、杜邦丝和超高分子量聚乙烯纤维以及目前世界上比重小、强度高的高性能纤维。电缆牵引绳属于高性能牵引绳，由十二股内芯交叉编织工艺制成，受力十分均匀。这种牵引绳重量轻、强度高，十二股编织防扭结构使得低延伸操作快速安全，同时使用周期长，抗环境能力强。电缆牵引绳可以一次将电缆牵引过长江、黄河。缆绳浮于水上，等直径时与钢缆强力相同，可以大大提高跨江河的架线效率。此外，由于牵引绳重量轻，等强力时单位长度的重量仅为钢缆的 1/10～1/8。而且绝缘性良好，已通过 640kV 耐压试验，可以用于带电跨越中安全网承载缆牵引线。目前已广泛应用于国防军工、航天、远洋运输、海军舰艇缆线、远洋捕鱼网和体育用品器材。

除以上产品外，还有一些如芳纶防火织带、超高分子量聚乙烯吊索等相关缆带类产品，由于与上述产品性能较为相似，这里不再展开讲述。

参考文献

[1] 晏雄. 产业用纺织品 [M]. 上海：东华大学出版社，2018.

[2] 谢欣. 铝箔隔热气泡膜复合保温被的研制与应用 [D]. 沈阳：沈阳农业大学，2020.

[3] 滕翠青，余木火. 纺织品在农业上的应用和发展 [J]. 产业用纺织品，2002 (4)：30-34.

[4] 薛帅，董长裕，刘猛. 我国农业用纺织品的现状与前景 [J]. 辽宁丝绸，2013 (4)：21-22.

[5] 平建峰. 利用摩擦纳米发电机技术为农业提供绿色能源 [J]. 浙江大学学报（农业与生命科学版），2020，46 (3)：封2-封3.

[6] 黄雪红. 涤纶篷盖布的激光预处理及涂料数码印花 [J]. 印染，2018，44 (2)：29-31.

[7] 宫新建，耿鹏飞，汪映寒，等. 新型高端无 PVC 绿色环保灯箱布 [J]. 化工设计通讯，2019 (2)：155-155.

[8] 吕虓，吕桢妮，吕周梓萱. 一种耐雨蚀 PVC 篷盖布 [P]. 浙江省：CN110641115A，2020.

[9] 褚月辉. 一种抗氧化耐腐蚀的彩色篷布 [P]. 浙江省：CN209289887U，2019-08-23.

[10] 廖世本，齐宏钧. 军用防红外线迷彩阻燃伪装篷布 [P]. 广东省：CN209224640U，2019.

[11] 褚月辉. 一种新型室外灯箱布 [P]. 浙江省：CN209552631U，2019.

[12] 王国和. 产业用线带绳缆类纺织品 [J]. 江苏丝绸，2000 (3)：37-38.

[13] 牛鹏霞，杨彩云. 伞绳用纺织材料发展概况. 陕西纺织 [J]. 2010 (3)：54-56.

[14] 王仁龙. 一种高强度阻燃塑料编织布的制备方法 [J]. 塑料包装，2019，29 (6)：65-68.

[15] 董传民. 医用可吸收缝合线创新态势及发展对策研究：基于专利情报的分析 [J]. 科技与创新，2020 (9)：73-74.

［16］黄婉珍，沈华，徐广标. 酸碱处理对改性聚苯硫醚缝纫线性能的影响［J/OL］. 东华大学学报（自然科学版），2020，46（5）：1-10.

［17］吴磊. 高弹高强复合棉缝纫线［P］. 湖北省：CN211394777U，2020.

［18］程欢成，程晓敏. 一种芳纶包覆钢丝缝纫线［P］. 浙江省：CN209307549U，2019.

［19］丁许，孙颖，魏雅斐，等. 芳纶纤维二维编织绳索的拉伸及应力松弛性能研究［J］. 产业用纺织品，2020，38（4）：17-24.

第十四章　产业用纺织品分析与测试技术

纤维和纺织品的生产，在国民经济和人民生活中占有重要地位。随着纤维工业的迅速发展，纤维和纺织品日益丰富多彩，品种不断增加，性能不断改善。穿着用纺织品不但要有外观美感、风格和穿着舒适性，而且还要符合生态安全要求。装饰用和产业用纺织品的需求量也在增加，对纺织品的阻燃、抗静电、隔热等性能也提出了新的要求。纺织品所表现出来的各种特性与组成它的纤维品种、纱线和织物的结构以及织物后整理工艺等多方面因素有关。为了能生产品质优良且符合使用要求的纺织品，研究开发新型纺织纤维材料，以及纤维、纱线、织物的结构和性能的测试方法十分重要。

第一节　产业用纺织品分析内容与方法

一、产业用纺织品的分析内容

随着科学技术的进步，纺织测试技术有了很大发展。新的测试方法、新型传感器以及计算机技术的应用，使纺织测试技术发展到了一个新的阶段，出现了不少功能齐全、自动化程度高、数据处理能力强以及结构精密的测试设备。由于纤维和纺织品的结构和性能是多方面的，纺织测试仪器的种类十分繁多，同一类型的仪器也在不断更新换代。如果能深入地掌握仪器的测试原理和测试技术的基本要求，就能在使用中更好地把握仪器的性能，在科学研究中更好地发挥它的作用。纤维和纺织品的测试不仅和纺织、化纤和服装工业有关，还和轻工业、建筑材料等其他工业用纺织材料有关，与农业和畜牧业的培育改良品种有关，与贸易中的商品交换验收和定价有关，与军用被服、特种纺织品以及航天服研究有关，和纺织院校教学科研关系密切。纤维和纺织品测试技术在国民经济、科学技术和国防工业等各个领域中的应用也十分广泛。

由于产业用纺织品被应用的门类多，范围广，几乎渗透到所有行业和领域，这就体现出产业用纺织品所应具备的多种特殊性能，下面概括其中几个主要内容。

（1）产业用纺织品是用于各行各业的一种生产资料，所以特别注重它的使用功能，至于外在色泽美观等无高的要求。一般而言，产业用纺织品应该具备很高的强度以抵抗外部环境的各种恶劣影响。

（2）产业用纺织品经常用在条件比较严苛的场合，各种性能要求万无一失，例如，降落伞不允许在开伞的一瞬间出现故障，宇航员在太空行走时宇航服不允许出现任何问题，否则后果不堪设想。

（3）产业用纺织品视其用途不同，要求它的使用寿命也不同。从总体上说，使用寿命应该越长越好，例如，飞机场和体育场等大型建筑中的纺织品，其寿命应该达到与之共存亡的要求。但还存在一些例外，如用在手术时植入人体内的人造器官，只希望它在任务完成后快速降解，降解物随体液尽快排出体外。

（4）产业用纺织品常被用在非一般纤维原料所能承受的场合，这就需要其具备较高的力学性能，需要采用一些高性能纤维，如碳纤维、芳纶等。

由此可见，产业用纺织品应用领域十分广泛。不同应用领域对纺织品都有各自特殊性能要求。为确保产业用纺织品性能达到使用要求，需要对其性能进行分析，如力学性能分析、水力学性能分析、环境耐受性分析和安全防护性能分析等。

二、产业用纺织品的分析方法

产业用纺织品试验分析法主要分为定性分析和定量分析两大类。在目前的发展过程中，我国鉴别纺织品的参考有 FZ/T 01057—2007《纺织纤维鉴别实验方法》系列标准。相对于定性方法，定量方法得出的结果更精确，但也有很多的局限性，尤其对于纺织材料来说，很多指标无法通过定量方法测得，只能借助定性方法进行表征，定量方法我国参照的规定主要有 GB/T 2910《纺织品 定量化学分析法》系列标准。

随着计算机技术的快速发展，产业用纺织品的分析方法已经不局限于实验分析层面，还可以通过有限元模拟等理论方法对纤维或纺织品进行更深入和全面的分析和研究，其中有限元分析法是比较典型，也是得到广泛使用的理论分析方法之一。由于篇幅有限，理论分析方法中本章仅对有限元分析进行阐述。

第二节 有限元分析法

一、有限元分析法的概念与特点

有限元分析（Finite Element Analysis，FEA）是利用数学近似的方法对真实物理系统（几何和载荷工况）进行模拟。并利用简单而又相互作用的元素，即单元，就可以将有限数量的未知量逼近无限未知量的真实系统。

有限元分析是用较简单的问题代替复杂问题后再求解。它将求解域看成是由许多称为有限元的小的互连子域组成，对每一单元假定一个合适的（较简单的）近似解，然后推导求解这个总域的满足条件（如结构的平衡条件），从而得到问题的解。这个解不是准确解，而是近似解，因为实际问题被较简单的问题所代替。由于大多数实际问题难以得到准确解，而有限元不仅计算精度高，而且能适应各种复杂形状，因此可成为行之有效的工程分析手段。

具体来说，有限元分析方法具有以下特点：

（1）可以有效模拟庞大复杂的模型，处理高度非线性问题。有限元方法不但可以做单一零件的力学和多物理场的分析，还可以分析复杂的固体力学和结构力学系统，完成系统级的分析和研究。

（2）具有自动调整性，使获得的结果具有精确性。在非线性分析过程中，有限元软件能

223

自动选择合适的载荷增量和收敛准则，并在分析的过程中不断地调整这些参数值，用户几乎不必去定义任何的参数就能控制问题的数值求解过程。

（3）可以模拟任何几何形状的工程材料。丰富的材料模型库可以模拟大多数典型工程材料的性能，包括金属、橡胶、聚合物、复合材料及地质材料等。

（4）是一种通用的模拟方法。不仅能够解决结构分析问题，还能够分析热传导、质量扩散、电子元件的热控制（热/电耦合分析）、声学、土壤力学（渗流/应力耦合分析）和压电等。

（5）计算机有限元分析方法的应用弥补实验方法中破坏时间短暂难以分析渐进破坏进程、难以从微细观角度分析破坏机理等缺陷。

因此，有限元方法除了最初在结构力学问题分析应用外，随着计算机技术的不断发展以及材料科学和工程应用领域发展的迫切需求，如今已经广泛应用于各个领域的力学、传热学、电磁学等问题分析。对于产业用纺织品而言，纺织品的使用寿命、功能性等问题可借助有限元方法进行定性甚至定量分析，以达到用户需求。

二、有限元分析法的内容

（1）静态应力/位移分析，包括线性、材料非线性、几何非线性、结构断裂分析等。

（2）动态分析，包括频率提取分析、瞬态响应分析、稳态响应分析、随机响应分析等。

（3）非线性动态应力/位移分析，包括各种随时间变化的大位移分析、接触分析等。

（4）黏弹性/黏塑性响应分析，即黏弹性/黏塑性材料结构的响应分析。

（5）热传导分析，即传导、辐射和对流的瞬态或稳态分析。

（6）退火成形过程分析，即对材料退火热处理过程的模拟。

（7）质量扩散分析，即静水压力造成的质量扩散和渗流分析等。

（8）准静态分析，求解静态和冲压等准静态问题。

（9）耦合分析，包括热/力耦合、热/电耦合、压/电耦合、流/力耦合、声/力耦合等。

（10）海洋工程结构分析。模拟海洋工程的特殊载荷，如流载荷、浮力等；分析海洋工程的特殊结构；模拟海洋工程的特殊链接，如锚链/海床摩擦等。

（11）瞬态温度/位移耦合分析，针对热/力耦合响应问题。

（12）疲劳分析。根据结构和材料的受载情况统计，预估材料的疲劳寿命。

（13）水下冲击分析。对冲击载荷作用下的水下结构进行分析。

三、有限元分析法的分析过程

有限元分析过程有三大步骤：前处理、求解和后处理。

有限元前处理通常指的是建模，建模的主要步骤有构建部件、赋予属性、装配部件、建立分析步、定义接触、施加边界条件、划分网格、提交作业。在实际建模过程中通常无需严格按照上述顺序进行，有时对于单体部件甚至无需定义接触。有限元建模方法有很多，比如，学习过高等数值分析、有限差分法等课程的人员可通过数值分析软件（如 MATLAB、FOR-

TRAN 等）自行编写程序，达到建模的目的；而以纺织专业为背景的学生通常不具备较深的数学功底，可利用目前比较成熟的商业化有限元分析软件（如 ANASYS、ABAQUS 等）进行建模。无论是自行编程还是利用成熟的商业软件，二者的原理基本相同，且建模思路也大体相同。本文以利用商业化软件建模为例，简单介绍有限元方法。

纺织结构材料通常是由微观尺度纤维材料经过一定结构组合（有时会与其他材料进行复合）形成的宏观结构材料，属于多尺度结构材料，因此在建模的过程中应该具备多尺度分析思想。多尺度分析思想是指将复杂的宏观结构材料根据其特征划分成不同尺度的多层次结构材料。三维编织复合材料在宏观尺度上是一个复杂的复合材料，它是由很多具有代表性的重复单元组成，该代表性重复单元具有最简单的组织结构，在复合材料领域里可以称其为中观单胞。单胞中的纱线本质上是由浸润了树脂基体的无数根纤维和周围树脂构成，这种纱线可定义为纤维束，因此，这种纤维束本质上是由多根碳纤维长丝和其周围的树脂形成的一种复合材料。从纤维束某一小截面来看，这种复合材料是单向复合材料，并且如果这种单向复合材料内部按照某种规律排布（如正方形或正六边形堆砌），这时在微观尺度层面复合材料又可以看成是由代表性重复单元构成，这种代表性重复单元是由纤维和树脂构成的微观单胞。因此，宏观尺度三维编织复合材料可以看成是跨越微观至中观以及宏观的多尺度结构复合材料。其物理性能分析应根据纤维和基体基本性能参数以及复合材料的多尺度结构进行计算。

有限元求解是指将建立好的模型作业提交到商业软件内核中进行求解，这一步骤通常不需要自行计算。

后处理是指研究人员查看计算后的结果，包括查看应力、应变云图，提取相关曲线等，从而对结果进行分析，给出模型的预测效果等。

这些建模步骤可通过参考相关有限元书籍进行学习，下面的计算以 T300 级碳纤维和环氧树脂构成的三维编织复合材料面外压缩性能为例。

四、有限元分析法应用实例

（一）单向复合材料力学性能计算

假设单向复合材料纤维体积含量为 80%，纤维和树脂工程弹性常数及屈服强度等参数见表 14-1，通过施加周期性边界条件方法计算每个方向的单向复合材料拉伸和剪切应力应变曲线，并求解单向复合材料的工程弹性常数。

表 14-1　单向复合材料中各组分基本力学性能参数

材料	轴向拉伸模量 E_{11}/GPa	横向拉伸模量 $E_{22}=E_{33}$/GPa	泊松比	剪切模量 G_{23}/GPa	剪切模量 $G_{12}=G_{13}$/GPa	密度/（g/cm³）	屈服强度/MPa
碳纤维	230	20	0.3	6	15	1.78	2050
环氧树脂	2.3	2.3	0.3	0.885	0.885	1.13	92

1. 几何模型构建与网格划分

建立如图 14-1 所示的单向复合材料单胞模型，模型尺寸根据纤维体积含量和纤维堆砌方式确定。此处设定纤维体积含量为80%，纤维排列方式为正六边形堆砌。模型中单胞沿 X、Y、Z 方向尺寸分别为 13.8μm×8μm×1μm。由于需要施加周期性边界条件，对纤维和树脂均采用三维6节点楔形单元进行网格划分，此处网格种子大小为 0.25μm，确保所有对立面网格节点完全对应（注：网格节点一一对应是成功施加周期性边界条件的前提）。

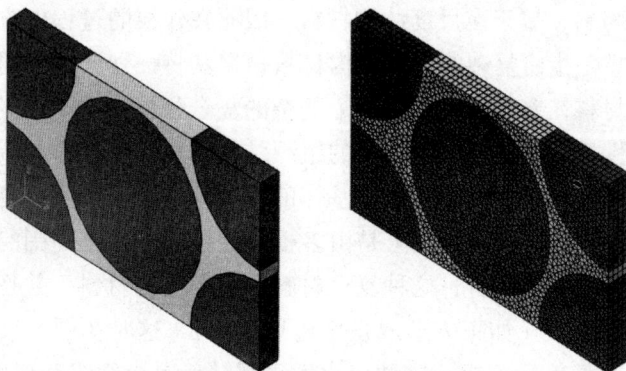

图 14-1　单向复合材料单胞结构几何模型和网格模型

2. 施加周期性边界条件

在纺织结构材料中通常可以很容易找到具有代表性的重复结构，该结构经简单的平移、镜像、旋转等复制方法可得到完整的纺织结构材料，因此施加周期性边界条件的目的是使该代表性结构（也即单胞）能够代表具有足够大体积的完整材料。周期性边界条件施加方式很多，对于应力应变分析的问题，可以通过施加位移周期性边界条件来完成。具体施加位移边界条件方式可遵循式（14-1）进行：

$$u_i^{j+} - u_i^{j-} = \bar{\varepsilon}_{ik}(x_k^{j+} - x_k^{j-}) = \bar{\varepsilon}_{ik}\Delta x_k^j，\quad (i,\ k=1,\ 2,\ 3，此处不对 k 约定求和) \tag{14-1}$$

式中：$\bar{\varepsilon}_{ik}$ 为全局坐标系下循环单元上的平均应变；x_k^{j+} 和 x_k^{j-} 分别为循环体第 j 组节点在笛卡尔坐标系中的位移；u_i^{j+} 和 u_i^{j-} 分别为循环体第 j 组节点在笛卡尔坐标系中的坐标。

本模型中，对单向复合材料单胞施加位移周期性边界条件后，模型显示如图 14-2 所示。成功施加周期性边界条件后，模型上所有外表面网格节点均会出现如图所示的浅色圆点。

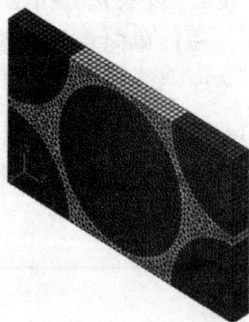

图 14-2　成功设置边界条件后的单胞模型图

3. 赋予属性

将表 14-1 中的参数分别赋予纤维和树脂截面，定义碳纤维为正交各向异性材料，需要设定如图 14-3 所示的局部坐标系，以确保 1 方向为纤维轴向，2 和 3 方向为纤维截面方向。

4. 设定边界条件

单向复合材料通常认为是横观各向同性或正交各向异性材料（取决于纤维的性能参数），其工程弹性常数一般有 9 个，包括：E_{11}，E_{22}，E_{33}，G_{23}，G_{13}，

G_{12} 以及 ν_{23}，ν_{13} 和 ν_{12}。因此，计算其工程弹性常数时需要多次单独施加边界条件。此处通过对图 14-4 所示的 N_1 点施加沿 Z 坐标系方向的位移计算 E_{11}，对 N_2 点分别施加沿 X、Y、Z 三个方向的位移计算 E_{22}，G_{23} 和 G_{13}。本模型中碳纤维的 E_{22} 和 E_{33}，G_{12} 和 G_{13} 均被定义为相同数值，因此计算后的单向复合材料的 E_{22} 和 E_{33} 应当相等，G_{12} 和 G_{13} 也相等，此处没有单独施加相应边界条件进行重复计算。

图 14-3　纤维定义局部坐标系示意图　　　　图 14-4　设定单向复合材料单胞、剪切边界条件图

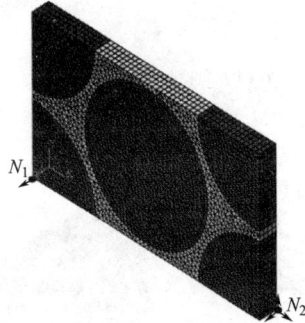

5. 其他操作

为便于计算，本模型中纤维和基体之间被定义为理想黏结，未定义界面接触形式，采用静态隐式算法建立相关分析步，最终提交到有限元求解器中求解，并经过相关处理计算，得到所需应力、应变分析云图和应力应变曲线，进而求解模型的弹性常数。

6. 结果分析

首先要对有限元模型计算结果进行分析，如有条件可通过对比实验结果对其可靠性进行验证。本模型中，没有实际实验，因此需通过对模型结果从理论层面分析，验证其可靠性。

本模型采用施加位移周期性边界条件方法进行建模，因此，从理论上讲，模型在相对应的面、线和点上的节点应力、应变和位移均需要严格一致，此处仅以应力为代表进行简单说明。本模型沿 1 和 2 方向的拉伸以及 13 和 23 方向的剪切结果如图 14-5 所示。从图中不难看出，不论是单轴拉伸还是剪切模拟，每个模型在 4 个 1/4 纤维和整个纤维表面表现出的 Mises 应力均具有很好的对称性，说明本模型在边界上满足周期性，模型的计算结果是合理的。

模型的各个方向应力应变曲线可通过历史输出的载荷位移曲线进行计算得到。通常，通过相应实验测试可验证每个方向力学性能曲线，为了方便，此处通过计算每个方向的模量与现有经典混合公式进行对比，简单验证模型的合理性。每个方向的模量可通过对四组曲线的线性阶段求导或求斜率计算。

经计算，有限元结果的四个模量 E_{11}，E_{22}，G_{13} 和 G_{23} 分别为：183.63GPa，10.39GPa，5.53GPa 和 3.45GPa。采用如式（14-2）~式（14-5）所示的经典混合定律可计算单向复合材料的相关模量。

$$E_{11} = E_{11}^{f} V^{f} + E^{m}(1 - V^{f}) \tag{14-2}$$

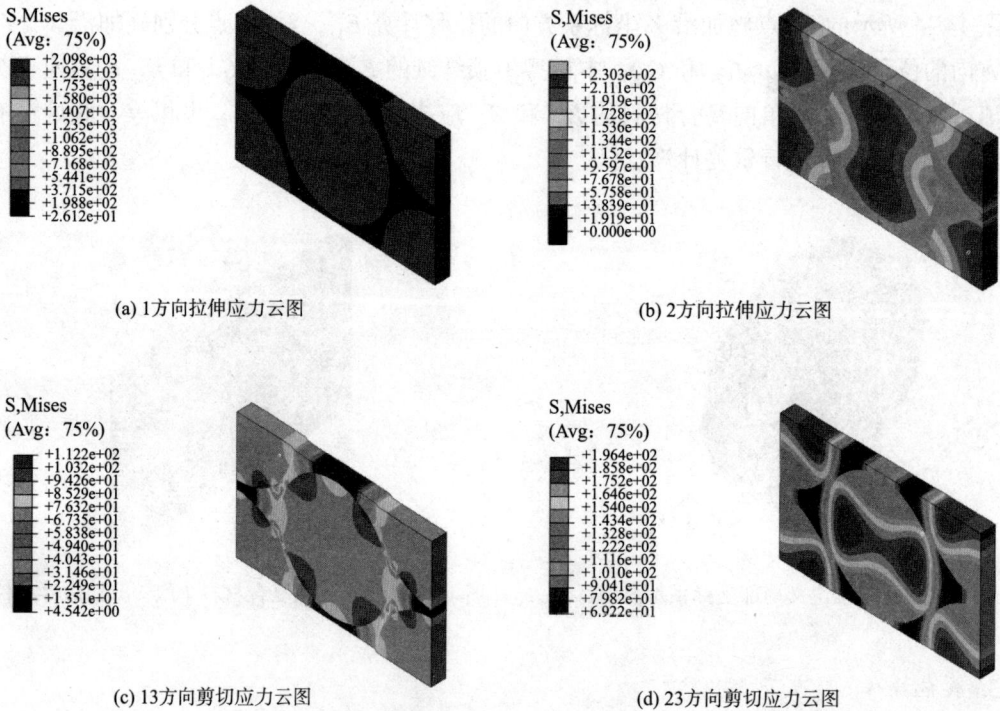

(a) 1方向拉伸应力云图

(b) 2方向拉伸应力云图

(c) 13方向剪切应力云图

(d) 23方向剪切应力云图

图 14-5　单向复合材料不同加载方式下 Mises 应力分布云图

$$E_{22} = \frac{E_{22}^{f} E^{m}}{E_{22}^{f}(1 - V^{f}) + E^{m} V^{f}} \tag{14-3}$$

$$G_{13} = \frac{G_{13}^{f} G^{m}}{G_{13}^{f}(1 - V^{f}) + G^{m} V^{f}} \tag{14-4}$$

$$G_{23} = \frac{G_{23}^{f} G^{m}}{G_{23}^{f}(1 - V^{f}) + G^{m} V^{f}} \tag{14-5}$$

式中：E_{11}^{f}，E_{22}^{f}，G_{13}^{f} 和 G_{23}^{f} 为纤维四个方向的模量；E^{m} 和 G^{m} 为树脂的杨氏模量和剪切模量；V^{f} 为纤维的体积含量。

根据上述公式分别计算 E_{11}，E_{22}，G_{13} 和 G_{23} 分别为：184.46GPa，7.87GPa，3.58GPa 和 2.78GPa。对比有限元计算结果发现，仅 1 方向模量计算结果比较接近，其余方向计算结果均存在一定误差。这是因为复合材料力学是一个复杂科学问题，复合材料在受载时存在多相和多尺度等各种问题，目前尚无较准确的理论公式能够完全将复合材料力学问题解释清楚。单向复合材料除 1 方向的模量计算公式还有很多，读者可以翻阅其他资料进行计算对比。

单向复合材料的 9 个弹性常数除了 6 个模量之外还有 3 个泊松比 ν_{23}、ν_{12} 和 ν_{13}。在有限元结果中无法直接得出泊松比参数，需要根据泊松比的定义进行求解。读者可以自行完成，此处不再详细介绍。

（二）三维编织复合材料模拟计算

三维编织复合材料中的编织预成型体具有较为复杂的空间结构，完全根据实际条件建模通常导致较高的计算成本甚至使模型无法计算，因此对其进行有限元分析时通常需先进行前处理工作，如几何模型简化、网格处理、边界条件等效处理等。具体模型尺寸参数、建模过程等不再详细列出，本节简要介绍以三维编织复合材料为例的纺织复合材料模型简化思路与方法以及本简化模型的模拟计算结果。

1. 几何模型简化

三维编织复合材料通中的纤维通常是用多根平行长丝纱线合并而成，其截面在编织结构的作用下一般呈近似六边形结构，纤维的内部空间轨迹在实际情况下由于相互挤压作用并非完全成直线型。因此三维编织复合材料的编织结构纱线通常需要近似成以六边形或圆形截面为基础的结构，其空间轨迹为直线并沿四个方向取向，如图14-6所示。图14-6（a）为三维编织结构内部纱线模型简图，本节中三维编织复合材料面外方向压缩模型如图14-6（b）所示。

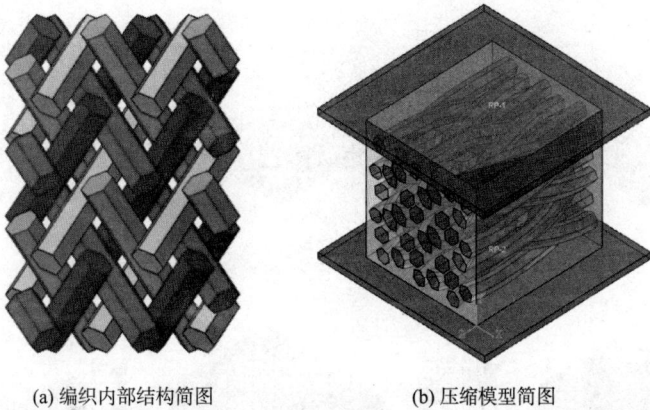

(a) 编织内部结构简图　　　　　　(b) 压缩模型简图

图14-6　三维截面以及外方向压缩简图

2. 界面简化

目前有限元法中比较好的引入界面的方法是黏结单元，但这种方法对于空间结构复杂的编织复合材料模型并不适用，因此，可以采用基于牵引分离的表面黏结力行为定义界面本构关系；此外，对于界面黏结效果比较强或者材料失效不是由界面控制的模型，可直接采用"绑定约束"方式定义复合界面黏结情况。此处为缩短计算时间，采用绑定约束简单定义纤维束和树脂之间的界面。

3. 加速计算

对于模拟静力学实验问题，在有限元计算中，由于网格、材料本构、多体接触和界面以及边界条件等问题，通常用静态隐式算法很难收敛，需要采用动态显式算法代替；而在动态显式算法中，模拟编织复合材料力学行为时，需花费很长的时间，换句话说，在动态显式算法中，1s是一个很长的分析步。在图14-6（b）模型中下压板固定，上压板以1mm/s的速度

229

压缩编织复合材料 0.25s，用 18 核并行计算花费约 35h（如以单核进行计算需更多时长）。因此，在计算复合材料力学性能时，通常需对模型进行加速处理，但需要注意的是，加速时模型动能、内能以及总能量的比例，尤其对于应变率效应显著的模型慎用加速加载，以防止模型计算结果误差过大。

4. 模拟结果

图 14-7 给出了编织复合材料在面外方向压缩时不同时刻的位移 U 和 Mises 应力 S 的分布情况。图 14-7（a）中说明了在外界压力下，由于纤维和树脂的性能差异以及纤维的内部空间结构不同，即使相同截面也会表现出微小位移差异，说明复合材料内部的位移及相关应变属于非均匀分布；同样，图 14-7（b）表明树脂和纤维表面的应力分布相差较大，这也是由于纤维和树脂的力学性能差异以及纤维束空间结构引起。因此，通常需对复合材料内部局部区域尤其是应力集中区域进行具体分析，揭示复合材料的压缩变形机制。此处不再进行具体分析，对于编织复合材料压缩应力应变曲线读者也可自行提取获得。

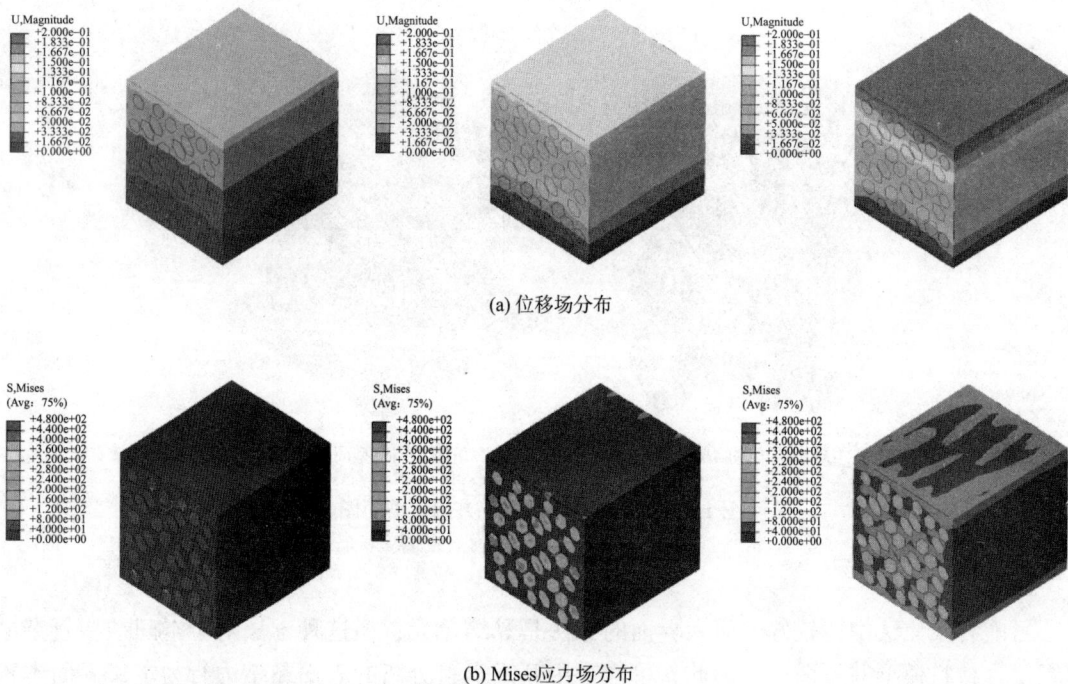

(a) 位移场分布

(b) Mises应力场分布

图 14-7　不同时刻编织复合材料位移与应力场分布情况图

在复杂的工况下，产业用纺织品的力学性能具有显著的差异。有限元方法可以模拟具体产业用纺织品在不同加载条件下的破坏状态及破坏机理，为产业用纺织品得到更好的应用提供了更完善的理论依据。利用有限元方法可以有效分析纺织结构复合材料的力学性能，对于复合材料的其他物理性质而言，从本质上来讲，可以利用相同的建模思路进行分析。但目前利用有限元方法分析复合材料的物理性能的准确性仍有待提高，一方面，纺织结构复合材料本身属于多尺度多相材料；另一方面，复合材料各组分的各项物理性质多为非线性关系，并且复合材料在服役时常面临各种复杂的多场耦合工作环境。因此，如何有效提高有限元方法预测复合材料的物理特性，使理论指导实践，进而拓宽产业用纺织品的应用市场，是我们纺织人需要共同努力的方向。

第三节　产业用纺织品力学性能测试技术

纺织产品在加工和使用的过程中，会受到各种外力的作用，因此，其力学性能的好坏对产品工程服役期间的使用工况和使用寿命有着很大的影响，这对于高端产业用纺织品也不例外。为保证产品正常使用，纯织物纺织品通常进行抗拉、撕裂、顶破、接缝强度、抗磨损性等方面测试，这些测试方法和仪器相对简单，容易操作。随着纺织学科的发展，高性能纤维增强聚合物复合材料以高比强度、高比模量和优异损伤容限等优势，在航空航天、高速列车等领域中应用越来越广泛。为了保证使用安全性和可靠性，高性能纤维复合材料的力学性能表征通常种类多、要求高、过程复杂。

一、基本力学性能测试技术

（一）抗拉强度

抗拉强度是指织物试样在无测限条件下，受拉力作用至拉伸撕裂时所获得的单位宽度上织物承受的最大拉力。单位以 kN/m 或者 N/m 表示。拉伸强度和伸长率是产业用纺织品力学性能的最重要指标。

测试方法：采用电子万能试验机。试样尺寸，宽条为宽度 200mm 或 500mm，窄条为 50mm，长度均为 200mm，两夹具间距离为 100mm；试样数量纵向取 5 块，横向取 5 块，拉伸速度为（50±2）mm/min，试样在温度为（20±2）℃，湿度为（65±2）%及标准大气压环境中调湿 24h。按式（14-6）计算试样的抗拉强度。在测定抗拉强度的同时，需按式（14-7）测定相应强度下的伸长率。

$$T_\mathrm{s} = \frac{P_\mathrm{f}}{B} \tag{14-6}$$

式中：T_s 为抗拉强度（kN/m）；P_f 为实测最大抗拉力（kN）；B 为试样初始宽度（m）。

$$\varepsilon_\mathrm{p} = \frac{L_\mathrm{f} - L_0}{L_0} \times 100\% \tag{14-7}$$

式中：ε_p 为伸长率（%）；L_0 为试样初始长度（m）；L_f 为相应最大拉力时的试样长度（m）。

（二）梯形撕裂强度

梯形撕裂强度是指采用梯形撕裂法对已剪有裂口的试样施加拉力，使其裂口扩展至试样破损所需的最大拉力，单位以 N 表示。

测试方法：采用电子万能试验机。拉伸速度为（50±2）mm/min，试样尺寸如图 14-8 所示，将试样夹在夹具内，试样数量纵向 5 块，横向 5 块，试样在温度为（20±2）℃，湿度为

（65±2）%及标准大气压环境中调湿 24h。

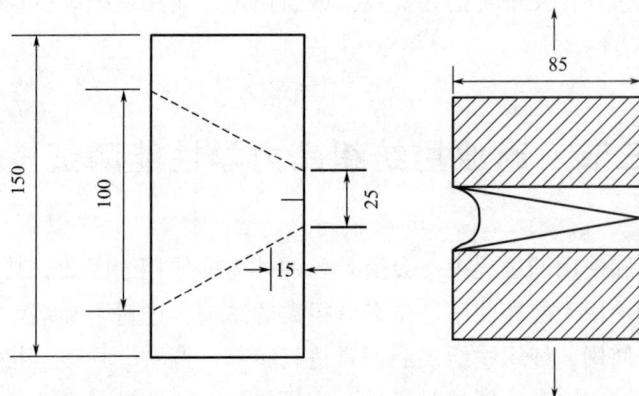

图 14-8　梯形撕裂试样（单位：mm）

（三）顶破强度

顶破强度是指织物垂直于平面方向上的顶压载荷作用，使之产生变形直至破坏时所需的最大顶破压力，单位以 N 表示。

测试方法：采用 CBR 顶破实验仪测试。环形夹具内径为 150mm，直径为 50mm，顶杆端为平头。用电子万能试验机施加载荷，顶压速率为 60mm/min，圆形试样直径为 230mm，将其固定在环形夹具上。每组 10 块试样，试样在温度为（20±2）℃，湿度为（65±2）%及标准大气压环境中调湿 24h。

（四）刺破强度

刺破强度是指试样受垂直于平面方向上的小面积高速率的集中载荷作用，直至将织物刺破时所需要的最大力，单位以 N 表示。

测试方法：将试样固定在环形夹具中，采用电子万能试验机，通过顶杆将集中载荷垂直作用在试样平面上，测其刺破时所承受的最大力。环形夹具内径 44.5mm，顶杆为金属圆杆，直径为 8mm，杆端呈半圆形。顶杆刺进速率为 300mm/min，圆形试样直径为 200mm，将其固定在环形夹具上。每组 10 块试样。试样在温度为（20±2）℃，湿度为（65±2）%及标准大气压环境中调湿 24h。

（五）动态穿孔

动态穿孔是指金属锥体从垂直织物平面上部一定高度处自由落下时，锥尖穿透织物孔眼大小，单位以 mm 表示。

测试方法：采用落锥穿透仪测试。环形夹具内径为 150mm。锥体重 1000g，锥体最大直径为 50mm，锥角 45°，锥体下落距离为 500mm，试样为圆形，直径为 230mm，将其固定在环形夹具上。每组 10 块试样，试样在温度为（20±2）℃，湿度为（65±2）%及标准大气压环境中调湿 24h。

（六）接头/接缝强度

接头/接缝强度是指由缝合或结合两块或多块平面结构材料所形成的联结处的最大拉伸强

力，单位以 kN/m 表示。

测试方法：采用电子万能试验机，拉伸速率为 20mm/min，试样长度每块不少于 200mm，且接头/接缝应在试样的中间部位，并垂直于受力方向，试样宽度为 200mm，试样数量 5 块，试样应在温度为（20±2）℃，湿度为（65±2）%及标准大气压环境中调湿 24h。

利用式（14-8）计算接头/接缝强度。

$$S_f = F_f \times C \qquad (14-8)$$

式中：S_f 为接头/接缝强度（kN/m）；F_f 为强力（kN）；C 为计算系数（对于非织造土工布、紧密型机织土工布或类似小孔结构材料来说，$C=1/B$；对于稀松机织土工布、土工网、土工格栅或类似材料来说，$C=N_m/N_s$。其中：B 为试样宽度（m），N_m 为样品 1m 宽内的最小拉伸单元数，N_s 为试样内的拉伸单元数）。

（七）抗磨损性

抗磨损性是指织物受其他表面摩擦而产生的损耗。用摩擦前后试样拉伸强力的损失分布表示。

测试方法：采用磨损实验仪（砂布/滑块法），如图 14-9 所示。磨料采用 P100 棕刚玉干磨砂布，试样为每个被试方向各 5 块，尺寸为 50mm×600mm。每个大样两端编号后沿横向剪两个长 300mm 的试样，一个作为摩擦试样，另一个用作为强力比较参照试样。织物大样尺寸为 60mm×600mm。试样应在温度为（20±2）℃、湿度为（65±5）%及标准大气压环境中调湿 24h。磨损实验仪运动频率为 90 次/min，行程为（25±1）mm，磨 750 周期。按式（14-9）计算试样的强力损失率，每组试样的强力损失百分率精确到 1%。

$$强力损失率 = \frac{F_A - F_B}{F_A} \times 100\% \qquad (14-9)$$

式中：F_A 为参照样的断裂强力（N）；F_B 为磨损样的断裂强力（N）。

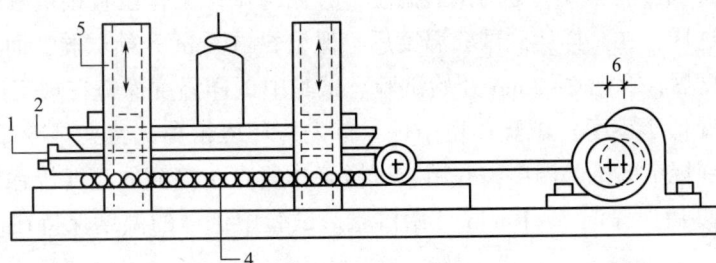

1—下平板上的棕刚玉干磨砂布　2—土工布试样　3—上平板和砝码
4—下平板　5—垂直导杆　6—12.5mm偏心

图 14-9　磨损试验仪示意图

二、静态力学性能测试技术

加载速率对高性能纤维增强聚合物基复合材料力学响应有着重要的影响。加载速率不同，复合材料的响应速率也不同。根据不同加载速率，力学测试方法可以分为静态测试和动态测试两大类。

加载速率可用应变率来评价。应变率是表征材料快速变形的一种度量，其定义为单位时间内产生的应变，即应变的变化速率，单位常用 s^{-1} 来表示。静态力学性能是高性能纤维增强聚合物复合材料的首要研究重点，是众多技术人员工作必不可少的关注点，可以测得材料力学性能的基本参数。本节以拉伸、压缩、弯曲为例进行说明。

（一）拉伸性能测试

高性能纤维增强聚合物复合材料垂直于材料厚度方向的拉伸性能测试，即面内拉伸性能测试，可参照相应的美国标准或国标。ASTM D 3039—2017 与 GB/T 3354—2014《定向纤维增强聚合物基复合材料拉伸性能试验方法》适用于单向或多向层合板材料的拉伸测试。

根据拉伸方向与纤维角度的不同，拉伸测试可分为正轴拉伸和偏轴拉伸。正轴拉伸的试件可分为0°、90°（单向层合板）和多向层合板；偏轴拉伸试件纤维方向与加载方向不平行，存在一定夹角。试件的载荷由试验机上的传感器记录测量，通过计算可得出试件的应力。应变可由引伸计或应变片测量，通过0°与90°方向各贴一个应变片记录应变，可测得试件的泊松比。应变片尽量精确取向排列，2°的排列方向偏差便可能导致测量结果15%的误差。

1. 原理与方法

将具有常规矩形横截面的薄板状直条试样安装在试验机夹头中，均匀施加拉伸载荷形成均匀拉力场并记录载荷值，测试材料的拉伸性能。由试样破坏前承受的最大载荷确定材料的极限强度。如果使用应变或位移传感器来测量试样的应变，则可以确定材料的应力—应变响应，从而得到材料的极限拉伸应变、拉伸弹性模量、泊松比和过渡应变。

2. 试验条件

（1）实验室标准环境条件。温度（23±2）℃；相对湿度（50±10）%。

（2）实验室非标准环境条件。①高温试验环境条件：首先将环境箱和试验夹具预热到规定的温度，然后将试样加热到规定的试验温度，并用与试样工作段直接接触的温度传感器加以校验。对干态试样，在试样达到试验温度后，保温5~10min开始试验；而对湿态试样，在试样达到试验温度后，保温2~3min开始试验。试验中试样温度保持在规定试验温度的±3℃范围内。②低温（低于零度）试验环境条件：首先将环境箱和试验夹具冷却到规定的温度，然后将试样冷却到规定的试验温度，并用与试样工作段直接接触的温度传感器加以校验，在试样达到试验温度后，保温5~10min开始试验。试验中试样的温度保持在规定试验温度的±3℃范围内。

（3）试验设备应满足试验机载荷相对误差不超过±1%；可获得恒定的试验速度；测物理性能用试验设备符合相应的规定与标准等条件。

3. 试样准备

（1）试样应选取在距板材边缘30mm以上的位置，最小不得不小于20mm。并且应避免在板材有气泡、分层、纤维褶皱、翘曲、树脂富集等缺陷区域进行取样。

（2）试件形状与尺寸选择如图14-10所示，尺寸测量精确到0.01mm，试件采用直边等截面矩形长条薄板。角度一般定义为试件长度方向（拉伸加载方向）与纤维方向的夹角。

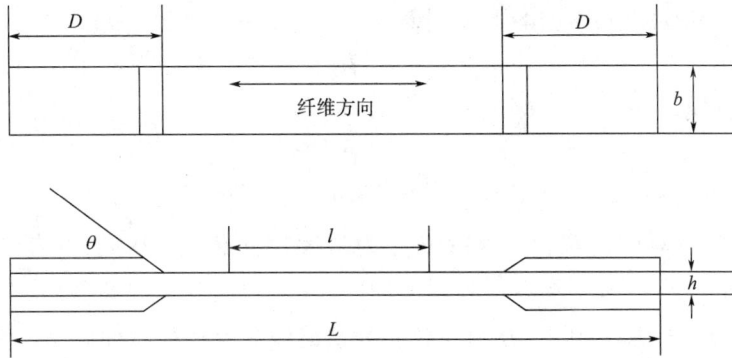

图 14-10　拉伸试样形状示意图

（3）试验前，干态试样要在实验室标准环境条件下至少放置 24h。湿态试样应在规定温湿度条件［温度（70±3）℃；湿度（85±5）%］下进行预调湿，湿态试样调湿结束之后，应将试样用湿布包裹放入密封袋内，直到进行力学试验，试样在密封袋内的储存时间不应超过 14 天。

（4）试样在状态调节后，需测量并记录试样工作段 3 个不同截面的宽度和厚度，分别取算术平均数，宽度测量精确到 0.02mm，厚度测量精确到 0.01mm。

（5）制备试样时可采用机械刀具或高压水射流进行切割。当采用干切割法制备试件时，应使用适当的水进行冷却，防止材料因高温过热造成试件加工面高温老化和局部损伤，制样后还需去除试样吸收的水分。例如，芳纶增强聚合物复合材料由于材料本身的高韧性会不可避免地产生"毛边"，因此，宜采用高压水射流进行切割。

（6）试样应具有对称均匀的铺层方式。

（7）测试前应对试件进行质量检查并进行编号，每组测试试样数量不少于 5 个。

4. 试验步骤

（1）试样安装。试样的中心线应与试验机夹头的中心线保持一致，并采用合适的夹头夹持力，以保证试样在加载过程中不打滑、不受损。

（2）试验机的准备。试样准备好后，拉伸试验可以通过拉伸试验机完成测试。试验机主要有两类：一类是通过液压给试样施加净载荷，另一类是通过千斤顶给试样施加位移来引入载荷。试验机的夹头部分一般是楔形夹头，这种楔形夹头虽然在测试时可能沿着倾斜面滑动，但夹持力会随着轴向载荷的增大而增大。夹头的夹持面一般是带有锯齿状或十字形沟槽的粗糙面。试样测试时应保持对中夹持，否则会因未对中产生的弯曲产生较大的局部应力。采用恒定横梁速度试验机测试时，位移速率为 2mm/min；采用应变控制试验时，标准应变率为 $0.01min^{-1}$。

5. 数据分析与计算

拉伸应力、最大拉伸强度、拉伸应变、拉伸模量和泊松比通常是拉伸性能评价的重要指标，其中拉伸应变通常由应变片测得。

（1）拉伸应力。某数据点（应变）对应的拉伸应力 σ_i（MPa）由式（14-10）计算，最大拉伸强度 σ_{max}（MPa）由式（14-11）计算。

$$\sigma_i = \frac{P_i}{A} \tag{14-10}$$

$$\sigma_{max} = \frac{P_{max}}{A} \tag{14-11}$$

式中：P_i 为某数据点对应的载荷（N）；P_{max} 为最大拉伸载荷（N）；A 为试样横截面面积（mm^2）。

（2）拉伸模量。通常采用 A—B 割（弦）线法确定，取试样拉伸应力—应变曲线上的两个点 A、B 做割（弦）线，ASTM 推荐选取范围为 0.001（A 点）~0.003（B 点）。如果试样的破坏应变值低于 0.006，可采用最大应变值的 25%~50% 计算拉伸模量。割（弦）线法确定拉伸弹性模量由式（14-12）计算。

$$E_{chord} = \frac{\Delta\sigma}{\Delta\varepsilon} \tag{14-12}$$

式中：$\Delta\sigma$ 为 A、B 两个点之间的应力差值；$\Delta\varepsilon$ 为 A、B 两个点之间的应变差值。

泊松比可由式（14-13）计算。

$$\gamma_{12} = \frac{\varepsilon_2}{\varepsilon_1} \tag{14-13}$$

式中：ε_1 为试样纵向（拉伸方向）应变；ε_2 为试样横向（垂直于拉伸方向）应变。

6. 破坏模式

在高性能纤维增强聚合物复合材料拉伸试验结束后，通常需要研究破坏模式和破坏位置，以便于更好地设计和使用。ASTM D3039M—2017 推荐使用三部分规则来描述试样破坏模式，示意图如图 14-11 所示。第一部分是指出破坏的类型，例如边缘层裂、劈裂、炸裂式破坏等；第二部分是指出破坏的区域，例如在加强片下、在标距内；第三部分是指出破坏的位置，例如左侧、右侧、顶部、中部、底部等。需要注意的是，受到夹头和加强贴片的影响，若破坏位置发生在加强片下或距加强片一定距离，则结果是无效的。拉伸断裂字母含义可查询该标准。

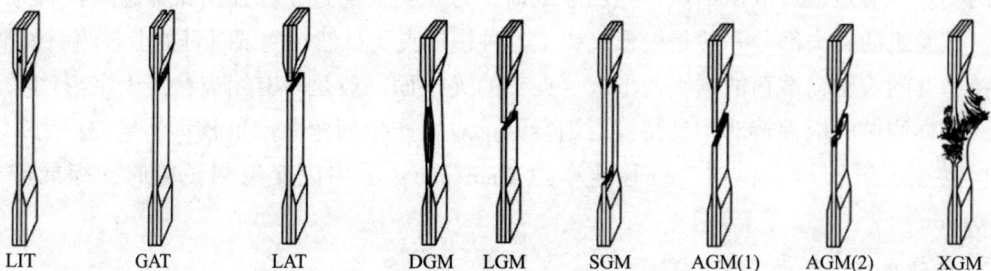

LIT　　GAT　　LAT　　DGM　LGM　　SGM　　AGM(1)　AGM(2)　XGM

图 14-11　拉伸试样断裂模式示意图

(二) 压缩性能的测试

纤维增强聚合物复合材料的压缩性能测试难度较大。复合材料试样的尺寸和形状的微小偏差、试样不对中、加载方向的微小偏心都会导致试样弯曲或过早破坏,压缩强度测试不准,因此测试过程需耐心进行。目前可参考的标准有 ASTM D3410—2016、ASTM D6641—2016 和 GB/T 5258—2008。

1. 原理与方法

通过使用压缩夹具对试样施加轴向载荷,使试样在工作段内压缩破坏,记录试验区的载荷和应变 (变形),便可求出所需的压缩性能。

2. 试验条件

(1) 实验室标准环境条件为温度 (23±2)℃,相对湿度 (50±10)%。若不具备实验室标准环境条件,应选择接近实验室标准环境条件下进行测试。

(2) 试验加载速率为 1~2mm/min。

(3) 试验机量具的精度至少要达到 0.01mm。

3. 试样

(1) 压缩测试试样采用直边等截面薄板,试样形状与尺寸如图 14-12 所示。试样长 (140±0.3) mm,宽 13mm,厚度可取 (2±0.2) mm。厚度没有明确要求,只要不发生欧拉杆屈曲即可。

(2) 为了实现均匀施加压缩载荷,试样夹持部分的长度约为试样宽度的 10 倍。试验段长度为 13mm。

(3) 应变片一定要正确贴附,以免歪斜造成测量误差。试样装载时要格外小心,保证试样对中性和平直性,同时避免弯曲损坏试样。

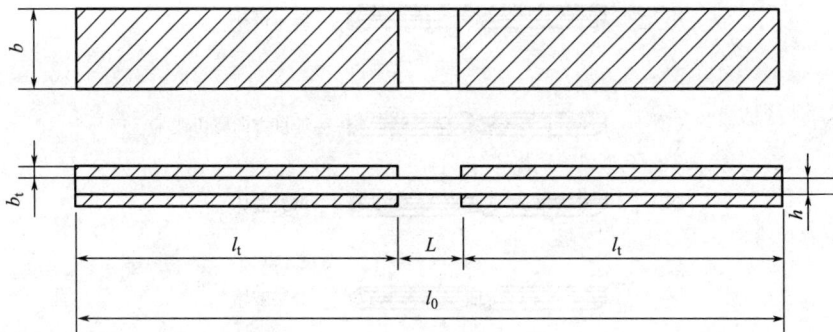

图 14-12 压缩试样形状与尺寸示意图

4. 加载方法

目前加载方法有三种形式:试件端部直接加载、剪切传递轴向加载和端部/剪切联合加载。端部直接加载适用于低性能复合材料,如纤维毡增强聚合物复合材料;剪切传递轴向加载适用于力学性能适中的复合材料,如角联锁织物增强聚合物复合材料;端部/剪切联合加载适用于高性能复合材料，如向复合材料的纤维方向压缩。

5. 数据分析与计算

（1）压缩应力。某数据点对应的压缩应力 σ_i（MPa）由式（14-14）计算，最大压缩强度 σ_{cu}（MPa）由式（14-15）计算。

$$\sigma_i = \frac{P_i}{wh} \tag{14-14}$$

$$\sigma_{cu} = \frac{P_{max}}{wh} \tag{14-15}$$

式中：P_i 为某数据点对应的压缩载荷（N）；P_{max} 为最大压缩力（N），w、h 分别为试样标距段宽度和厚度。

（2）压缩模量。压缩应变一般由应变片直接测得。压缩模量采用 A—B 割（弦）线法确定，选取应力—应变曲线上应变值为 0.001（A 点）、0.003（B 点）的两个点的压缩应力和应变差值，按式（14-16）进行计算。如果试样的破坏应变值低于 0.006，可采用最大应变值的 25%~50% 计算压缩模量。

$$E_c = \frac{\sigma_B - \sigma_A}{\varepsilon_B - \varepsilon_A} \tag{14-16}$$

式中：σ_A、σ_B 为 A、B 两点的应力差值；ε_A、ε_B 为 A、B 两点的应变值。

6. 破坏模式

压缩测试的主要破坏模式有几种形式，如图 14-13 所示。

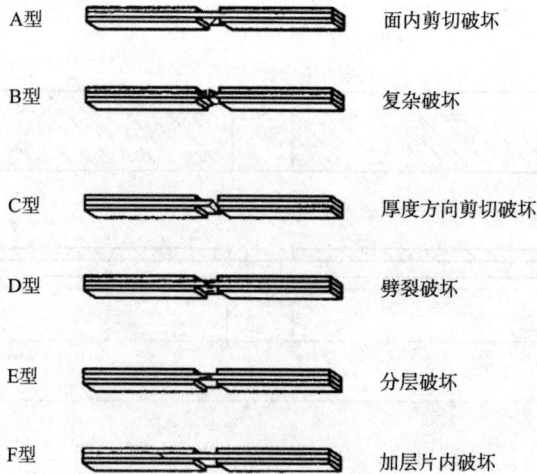

A型	面内剪切破坏
B型	复杂破坏
C型	厚度方向剪切破坏
D型	劈裂破坏
E型	分层破坏
F型	加层片内破坏

图 14-13　压缩试样破坏模式示意图

（三）弯曲性能的测试

弯曲测试是一种质量控制和鉴定的试验方法，因测试方法、仪器要求相对简单，弯曲试验在工业（尤其是航天航空）领域较多应用。弯曲测试可参照美标 ASTM D7264M—2015、

ASTM D790—2017 和 GB/T 3356—2014。层合板复合材料的弯曲试验结果取决于铺层角度和铺层顺序。

1. 原理与方法

对聚合物基纤维增强复合材料层合板直条试样采用三点弯曲或四点弯曲方法施加载荷，在试样中央或中间部位形成弯曲应力分布场，测试层合板弯曲性能。

2. 加载头与支座

扁平矩形试件两端支撑，中心处加载是三点弯曲，如图 14-14 所示，或两个载荷施加在两端支点之间，成为四点弯曲。显然，三点弯曲在加载处存在应力集中，而四点弯曲在两个内加载点之间有一个恒定的弯矩，没有剪应力，更为合理。加载头和支座的半径一般为 3mm，当测试 0° 单向纤维增强复合材料时，加载头和支座半径选取为 5mm。

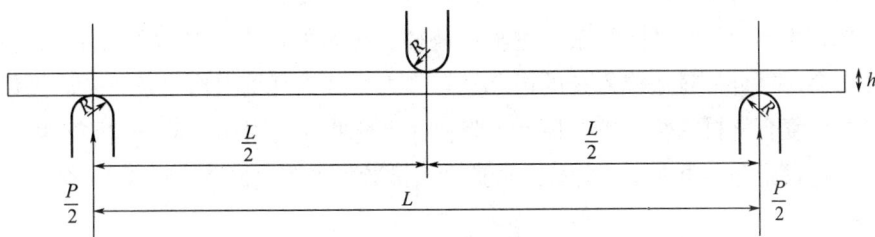

图 14-14　三点弯曲装置示意图

3. 试样

（1）试件厚度（h）一般为 2~6mm，推荐 4mm；宽度为（12.5±0.2）mm，对于织物增强聚合物基复合材料，试样宽度至少应为两个单胞。

（2）为了保证弯曲测试时试件最外层纤维先破坏，试件跨距 L：厚度 h（跨厚比）可采用 40:1、32:1 和 16:1。对于玻璃纤维和芳纶增强复合材料跨厚比为 16:1，碳纤维增强复合材料跨厚比为 32:1。

（3）试件长度比跨度超出 20% 以上。

（4）测试时，加载速度为 1~2mm/min。

4. 数据分析与计算

（1）最大弯曲应力。最大弯曲应力 σ_{max} 由式（14-17）计算。

$$\sigma_{max} = \frac{3P_{max}L}{2bh^2} \qquad (14-17)$$

式中：P_{max} 为试件破坏时最大载荷；L、b、h 分别为跨距、试样宽度和厚度。

（2）最大应变。试件跨距中点处外表面最大应变由式（14-18）计算。

$$\varepsilon = \frac{6dh}{L^2} \qquad (14-18)$$

式中：L、d、h 分别为跨距、跨距中点挠度、试样厚度。

（3）弯曲模量。弯曲模量计算方法有三种：割线法、挠度法和最大应变法。此处仅介绍割线法求弯曲模量，可由式（14-19）计算。

$$E_f = \frac{\Delta\sigma}{\Delta\varepsilon}$$ (14-19)

式中：$\Delta\sigma$ 为应变为 0.001、0.003 两点的应力差值；$\Delta\varepsilon$ 为 0.002。

三、动态力学性能测试技术

动态力学性能分析法是通过在受测高性能纤维增强复合材料试件上施加动态载荷从而获取材料的力学响应行为。本节以低速冲击损伤测试、防穿刺性测试、防弹性测试以及 Hopkinson 冲击测试为例进行说明。

（一）低速冲击损伤测试

低速冲击测试是为了表征纤维增强复合材料的损伤抵抗能力。复合材料受到的低速冲击较为常见，例如，维修工具的碰撞、搬运过程中磕碰、碎石的冲击、恶劣天气中冰雹的撞击等。这类低能冲击会对复合材料造成复杂的内部破坏，主要分为纤维损伤失效、基体损伤失效、层间分层等，导致复合材料的性能较大幅度下降，并且这些冲击损伤大部分肉眼不可见，使得复合材料在服役过程中存在重大安全隐患。低速冲击试验可参照美标 ASTM D7136M—2015。

1. 原理与方法

低速冲击通常指重锤从一定高度自由下落，完成对试样加载冲击的测试过程。层合板复合材料受到面外方向的重物施加的集中应力冲击，常用半球形冲头。同等冲击能量下，钝的半球形冲头比尖锐的冲头对试样产生的内部损伤大。冲击能力由重物的质量和高度决定。仪器传感器记录冲击载荷和位移。损伤抵抗能力可由试样冲击后损伤面积和破坏模式来评价。复合材料面外冲击响应依赖于许多因素，例如厚度、铺层序列、几何尺寸、边界条件等。

2. 试件

（1）试件形状为直边等截面矩形。

（2）试件长度为150mm，宽度为100mm。

（3）试件厚度为4~6mm，建议厚度5mm。通过单层厚度，计算好层数，设定好铺层角度，使总层厚接近目标厚度。

3. 试验要求

（1）试样制备好后，用记号笔标记中心位置。测试时，调整位置使试样中心位于冲头正下方，并用夹持夹具上的夹子固定试样。

（2）确定冲击能量，将落锤升高至预设高度，释放重锤进行冲击。防止二次冲击是获取准确冲击数据和试件损伤阻抗性能的关键。Instron 9250 带有自动气动防止二次冲击装置，其他仪器则可通过迅速插入钢板或其他人为方式阻止二次撞击。

4. 数据计算与分析

（1）冲击速度。如果冲击仪器带有测量冲头速度的传感器，则用式（14-20）计算冲击速度。

$$v_i = \frac{W_{12}}{t_2 - t_1} + g\left(t_i - \frac{t_1 + t_2}{2}\right) \quad\quad (14-20)$$

式中：v_i 为冲击速度；w_{12} 为第一（下）和第二（上）个接触点开关之间的距离；t_1 为第一（下）个触点开关通过检测器的时间；t_2 为第二（上）个触点开关通过检测器的时间；t_i 为由力—时间曲线得到的初始接触时间。

（2）冲击能量。冲头的实际冲击能量可由式（14-21）计算。

$$E_i = \frac{mv_i^2}{2} \quad\quad (14-21)$$

式中：E_i 为冲击能量；m 为落锤冲头质量。

（3）冲头速度—时间曲线。冲头速度—时间曲线可采用式（14-22）计算获得，冲头速度向下为正值。

$$v(t) = v_i + gt - \int_0^t \frac{F(t)}{m}\mathrm{d}t \quad\quad (14-22)$$

式中：v 为时间 t 时冲头的速度；t 为试验持续时间；F 为时间 t 时冲头接触力。

（4）冲击能力—时间曲线。如果测试装置能够监控接触力，则用式（14-23）对力—时间进行积分可得到冲头位移—时间曲线，向下位移为正。冲击能力—时间曲线可由式（14-24）进行计算。

$$\delta(t) = \delta_i + v_i t + \frac{gt^2}{2} - \int_0^t \left[\frac{F(t)}{m}\mathrm{d}t\right]\mathrm{d}t \quad\quad (14-23)$$

式中：δ 为时间 t 时冲头的位移；δ_i 为时间 t 为 0 时冲头相对于参考位置的位移。

$$E(t) = \frac{m[v_i^2 - v(t)^2]}{2} + mg\delta(t) \quad\quad (14-24)$$

式中：$E(t)$ 为时间 t 时试样吸收的能量。

（5）其他。冲击凹坑深度和冲击损伤区域也是试样冲击测试表征的重要指标。在水平桌面上放置两个等高的标准压块，将试样放置在压块上，采用深度计测量冲击凹坑深度，至少重复三次，取平均值。损伤区域可采用无损检测设备（NDI）进行表征。冲击后试样损伤区域可测量最大损伤直径、损伤长度和损伤宽度等指标，用来评价试样耐冲击性能。

（二）防穿刺性能测试

防护服防刺性能评价标准有美国标准 NIJ 0115.00、英国标准 HOSDB（2007）、中国标准 GA 68—2019。按照国家最新发布的警用防刺服标准 GA 68—2019 规定，我国采用单刃刀具作为刺入物来检测防刺服性能。

1. 防刺要求

（1）穿刺刀具刺入角偏差≤5°，相邻穿刺点中心距离≥50mm，穿刺点中心与试样边缘的距离≥75mm。

（2）防护服的防护面积、密封性测试和气候环境适应性测试。例如，在常温下水中浸泡 30min 或在 -20~55℃ 环境下，防刺服仍需达到原来的防刺等级。

（3）防刺服的防护面积应≥0.25m²。防刺服尽可能做到轻量化，标准规定 A 类防刺服质量应≤2.8kg，B 类防刺服质量应≤1.0kg。

2. 测试设备与材料

（1）防刺性能测试采用落锤式冲击试验机，冲头为刀具，被测试样下面有背衬材料。图 14-15 是我国标准建议的 A 类防护服测试用的单刃刀具尺寸和形状示意图，国外标准中还有用双刃刀具和长钉类型穿刺物进行测试的，可查阅相应标准。刀具材质应为 9Cr18Mo 不锈钢，刀体表面硬度为 50~55HRC。

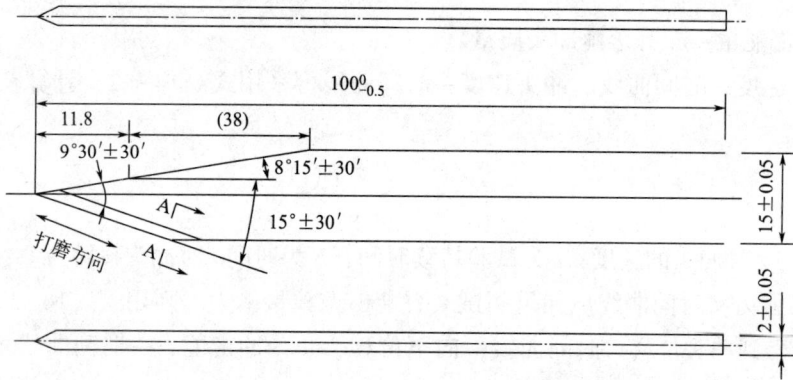

图 14-15　单刃刺刀尺寸和形状示意图

（2）背衬材料通常由多层复合材料铺叠组成。背衬材料使用前需用 1kg 钢球进行校准，若 1kg 钢球由 1.5m 自由落下，两次回弹高度应在 350~550mm。此外，防刺测试时应避开校准点，且待测防刺服须由尼龙背带固定在背衬材料上。

（3）机械传动式材料试验机加载应变率一般低于 10s⁻¹，获得高应变率加载需要采用气动或爆炸瞬态冲击装置。

我国标准规定，刺刀未穿透试样即为合格，而国外标准则允许有一定的穿透深度（7mm 或 20mm）对于待测试样是否允许穿透的情况，英、美标准在 E1 能量等级下允许穿透 7mm，E2 能量等级下允许穿透 20mm；中国标准在 E1 能量等级下不允许发生穿透。关于穿刺能量、穿透深度、性能老化等重要因素仍需进一步研究确定，以保证安全可靠性。

（三）防弹性能测试

1. 原理与方法

弹道侵彻试验是通过高压气枪或爆炸瞬态产生的冲击波，迫使子弹或其他形状弹丸高速飞出，侵彻靶板的过程。本书中弹道侵彻靶板指的是纯织物或纤维增强复合材料。

2. 数据计算与分析

尽管弹体侵彻靶板前后有精密的光传感器探测速度，但是由于空气阻力的存在，弹体在飞行过程中不可避免地出现速度衰减问题，所以光幕靶探测的速度并非弹体侵彻织物前后的真实速度，需要对测得的速度进行修正。假设记录的弹体入射速度为 V_1，记录的弹体剩余速度为 V_2，则靶板受到弹体侵彻的真实入射速度 V_i 和剩余速度 V_r 可由式（14-25）和式（5-26）

修正得到。

$$V_i = V_1 e^{-\alpha x_1} \tag{14-25}$$

$$V_2 = V_r e^{-\alpha x_2} \tag{14-26}$$

式中：α 为速度衰减系数，与弹体材料属性和形状有关；x_1 为前端光幕靶中心与靶板前表面的距离；x_2 为靶板后表面与后端光幕靶中心的距离。

总吸收能量 E_a 可由式（14-27）计算。

$$E_a = m_b(V_i^2 - V_r^2)/2 \tag{14-27}$$

式中：m_b 为子弹的质量；V_i 为子弹的入射速度；V_r 为子弹侵彻靶板后的剩余速度。

靶板单位面密度吸收能 BPI（Ballistic Performance Indicator）可由式（14-28）计算。

$$BPI = E_a/AD \tag{14-28}$$

式中：AD（Area Density）为靶板的面密度。

当弹体刚好穿透靶板，V_r 为 0，这时的弹体入射速度记为临界穿透速度 V_{r0}，由式（14-29）计算。

$$V_{r0} = \sqrt{2E_a/m_p} \tag{14-29}$$

式中：m_p 为靶板质量。

（四）Hopkinson 冲击测试技术

分离式 Hopkinson 压杆（简称 SHPB）测试技术主要用于材料在 $10^2 \sim 10^5 s^{-1}$ 高应变率下的动态力学性能研究，其测试原理如图 14-16 所示。在冲击载荷下确定材料应力—应变关系，需要在试件同一位置上同时测量随时间变化的应力和应变，这是非常难实现的。Hopkinson 杆装置巧妙避开了这一试验难题，通过测量两根压杆的应变来推导试件材料的应力—应变关系，是一种间接且十分巧妙的方法。

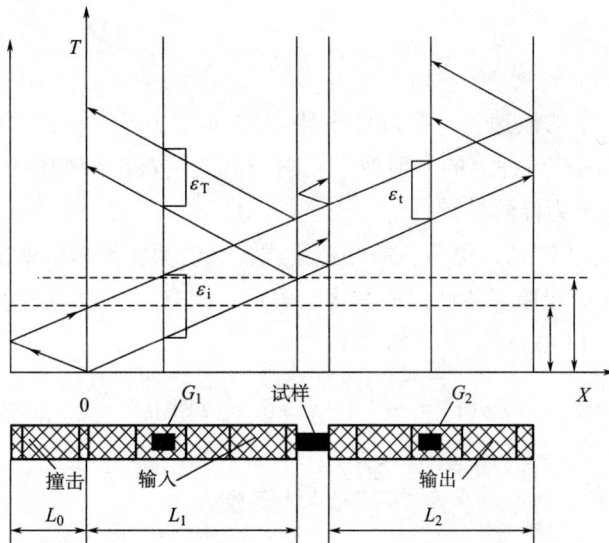

图 14-16　Hopkinson 杆测试原理示意图

分离式 Hopkinson 压杆（SHPB）和 Hopkinson 拉杆（SHTB）的试验原理完全相同，本质上都是一维的，都是基于以下两个基本假设：

（1）平截面假设。假设在应力波的传播过程中，输入杆、输出杆和试样的任意横截面始终保持平面，即为单向一维应力波传播过程；假设输入杆和输出杆中的应力波为一维线弹性波，忽略输入杆、输出杆和试样中质点的横向惯性效应。

（2）试样中应力、应变沿轴向均匀分布。假设试样中应力、应变沿轴向均匀，即 $\frac{\partial \sigma_z}{\partial z} = \frac{\partial \varepsilon_z}{\partial z} = 0$，其中 z 为试样的轴线方向。

在 SHPB 装置中，撞击杆（子弹）、输入杆（入射杆）和输出杆（透射杆）均需要处于弹性状态下，且所有杆的直径和材质相同，即弹性模量 E、波速 C 和波阻抗 ρC 均相同。冲击测试时，试样被夹置在输入杆和输出杆之间，当压缩气枪驱动一长度为 L_0 的撞击杆（子弹）以速度 v 撞击输入杆时，产生入射脉冲 $\sigma_i(t)$ 载荷，其幅值（$=\rho C v/2$）可以通过调节撞击速度 v 来控制，而其历时（$=2L_0/C$）可以通过调节撞击杆长度 L_0 来控制。短试件在该入射脉冲的加载作用下高速变形，与此同时，向输入杆传播反射脉冲 $\sigma_r(t)$ 和向输出杆传播透射脉冲 $\sigma_t(t)$。脉冲信息由贴在输入杆和输出杆上的应变片（G_1 和 G_2）测得，输入杆的应变片上测得入射波 $\varepsilon_i(t)$，输出杆的应变片上测出透射波 $\varepsilon_t(t)$。依据一维应力波理论及试件中应力、应变均匀性假设，可导出应变、应变率和应力方程［式（14-30）~式（14-32）］：

$$\varepsilon(t) = \frac{C}{l_0} \int_0^t \left[\varepsilon_i(t) - \varepsilon_r(t) - \varepsilon_t(t) \right] dt \qquad (14-30)$$

$$\dot{\varepsilon}(t) = \frac{C}{l_0} \left[\varepsilon_i(t) - \varepsilon_r(t) - \varepsilon_t(t) \right] \qquad (14-31)$$

$$\sigma(t) = \frac{EA}{2A_s} \left[\varepsilon_i(t) + \varepsilon_r(t) + \varepsilon_t(t) \right] \qquad (14-32)$$

式中：C 为弹性波在杆中的波速；l_0 为试件试验段的原长（即两夹持口纤维长度）；$\varepsilon_i(t)$、$\varepsilon_r(t)$、$\varepsilon_t(t)$ 分别为作用在试件上的入射波、反射波和透射波的应变值；A 和 A_s 分别为杆和试样的初始横截面积；E 为杆的模量。

式（14-30）~式（14-32）称为三波处理公式，又因为在大多数情况下，输入杆和输出杆均采用材料相同、截面积相等的杆，根据均匀假定，则有 $\varepsilon_i + \varepsilon_r = \varepsilon_t$，所以三波处理公式简化为波处理公式［式（14-33）~式（14-35）］：

$$\varepsilon(t) = \frac{2C}{l_0} \int_0^t \left[\varepsilon_i(t) - \varepsilon_t(t) \right] dt \qquad (14-33)$$

$$\dot{\varepsilon}(t) = \frac{2C}{l_0} \left[\varepsilon_i(t) - \varepsilon_t(t) \right] \qquad (14-34)$$

$$\sigma(t) = E \left(\frac{A}{A_s} \right) \varepsilon_t(t) \qquad (14-35)$$

第四节　产业用纺织品功能测试技术

产业用纺织品功能测试技术是运用各种仪器仪表、设备、量具等实验和检测手段，测量或比较各种纺织产品的物理和化学性质或数据，并进行系统整理分析，以确定纺织品理化性质和品质优劣的一种方法。产业用纺织品功能性测试技术所涉及的范围很广，如纺织品的水力学性能、环境耐受性和安全防护性等。对不同用途纺织品进行针对性实验测试和分析，为产业用纺织品应用和优化设计提供有效依据和参考。这里主要介绍纺织品的通透性能、环境耐受性和安全防护性等测试与评定方法。

一、通透性测试技术

（一）织物的孔径

产业用纺织品一个重要功能就是过滤和隔离，如土工织物。作为过滤层，它要在使液体通过的同时保持受液体作用的土颗粒的稳定性，作为隔离层，它要防止不同的土和填料的混合。土工布孔径的大小和数量直接影响着这些使用性能。进行工程设计时，必须根据实际使用场所的情况选择孔径适当的土工布。因此土工布的孔径是其重要的指标之一。织物的孔隙特性（孔径大小、孔隙度、孔眼分布等），是工程设计中极为重要的指标，它既关系到土工织物的渗透性，又关系到工程的稳定性，一般用等效孔径表示，写作 O_e。由于试验方法或条件的不同，各国对 O_e 的取值是不统一的。德国采用 100g 已知粒径的砂样，在筛中振动15min，并用式（14-36）来计算土工布孔径 D_w（mm）。

$$D_w = f_u + (f_0 - f_u)\frac{G_0}{G_T} \tag{14-36}$$

式中：G_0 为透过量；G_T 为砂总量；f_0 为某一粒径下限值；f_u 为某一粒径上限值。

以上所用试验砂样可分级为 0.057~0.1mm，0.1~0.2mm，0.2~0.25mm，0.25~0.3mm，0.3~0.4mm，筛的直径为 20cm。

织物孔径测量的方法有直接法和间接法。直接法包括显微镜法和投影法，用于组织简单的机织物的孔径测试。间接法包括干筛法、湿筛法、水银压入法等。由于湿筛法更接近土工布的实际使用情况，因此重点介绍湿筛法。

有效筛分区域直径至少为 130mm，筛分装置的频率为 50~60Hz，主振的垂直筛动振幅保持 1.5mm（振动高度 3mm）。颗粒应无黏性（$d_0 \geq 0.010\text{mm}$），在水中不聚集。均匀系数 Cu 应为：$3 \leq Cu \leq 20$，颗粒材料应满足 $d_{20} \leq O_{90} \leq d_{80}$，颗粒材料的干重用量等于（$7.0 \pm 0.1$）kg/m²，筛分时间为 10min，试样 5 块。在半对数坐标纸上，以通过的颗粒材料的累积百分比和相应的筛子尺寸作曲线，用计算法或作图法确定 O_{90}，即 $O_e = O_{90}$。

（二）织物的孔隙率

织物的孔隙率表示织物的孔隙体积占织物总体积的百分比。孔隙率越大，排水性越好。

孔隙率可以间接测得。计算公式见式（14-37）。

$$N = (1 - m/p\delta) \times 100\% \tag{14-37}$$

式中：N 为孔隙率（%）；m 为土工布面密度（g/cm^2）；p 为土工布纤维的密度（g/m^3）；δ 为土工布厚度（cm）。

（三）透气性

透气性是指透气仪在一定的压差条件下，测得的单位时间、单位面积内所测材料上通过的空气量。产业用纺织品中的非织造材料的透气性是材料平均孔径与孔隙率共同影响的结果。某些特殊用途的织物，如降落伞、船帆、宇航服等都有特定的透气性要求。

纺织品透气性测试可参照的标准有国家标准 GB/T 5453—1997 和国际标准 ISO 9073：2015。国内使用的 GB/T 5453—1997《纺织品　织物透气性的测定》采用了 ISO、IEC 等国际国外组织的标准。统一的标准，有利于确保各项检测结果的客观性、真实性，进而进行科学的评价。下面以 GB/T 5453—1997 为例介绍纺织品透气性能的试验过程。

在规定的压差下，测定单位时间内垂直通过试样的空气流量，推算织物的透气性。通过测定流量孔径两面的压差，就能计算得到织物的透气性。当流量孔径大小一定时，其压差越大，单位时间流过的空气量也越大；当流量孔径大小不同时，同样的压力差所对应的空气流量不同，流量孔径越大，空气流量越大。

试验面积为 20cm^2，裁取的试样面积应大于 20cm^2，也可采用大块试样测试，无需裁剪；同一样品的不同部位至少测试 10 次。

纺织品透气性测试之前要在规定的环境中进行预调湿。试样的调湿及透气性的测定需在三级标准大气下进行，仲裁检验采用二级标准大气。

将试样夹持在试样圆台上，测试点应避开布边及折皱处，夹样时采用足够的张力使试样平整而又不变形。为防止漏气在试样的低压一侧（即试样圆台一侧），应垫上垫圈。在同样条件下，同一样品的不同位置重复测定至少 10 次。

透过试样的空气流量 Q 可由式（14-38）计算。

$$Q = c\mu d^2\delta\sqrt{h\rho_2}/\rho_1 \tag{14-38}$$

式中：c 为仪器常数；μ 为流量系数；δ 为流体比重变化系数；ρ_1 为空气密度；ρ_2 为压差计 2 中液体密度；d 为气孔直径；h 为压差计 2 的压力差读数。

得知透过试样的空气流量 Q，计算纺织品透气性可用透气率 B_p，即单位时间内透过织物单位面积的空气量，由式（14-39）计算。

$$B_p = \frac{Q}{A \times t} \tag{14-39}$$

式中：A 为织物面积；t 为时间。

（四）透湿性

织物透湿性能一般用透湿率来表征。透湿率（WVT）是指纺织面料两面在规定的试验环境条件下，规定时间内垂直通过单位面积试样的水蒸汽质量。以 g/（m^2·h）或 g/（m^2·24h）表示。

把盛有吸湿剂或水并封以织物试样的透湿杯放置于规定温度和湿度的密闭环境中，根据一段时间内透湿杯（包括试样和吸湿剂或水）质量的变化，计算出透湿量。纺织品透湿性测试方法有吸湿法和蒸发法两种，蒸发法和吸湿法又可分为正杯法和倒杯法。

吸湿法也称为干燥剂法，是把装有干燥剂（如无水氯化钙）并以纺织品试样封口的密闭杯放置于规定温度和湿度的封闭环境中，测量一定时间内透湿杯质量变化，以此评价织物透湿性能。试验时将吸湿性干燥剂（无水氯化钙）颗粒（0.63~2.5）mm 置于 160℃烘箱中干燥 3h，使干燥剂保持 100% 的干燥。将干燥剂置于试验杯中，使其低于试样 4mm 左右。空白试验的杯中不加干燥剂。将试样正杯放置于测试仪器之中；放入温度为 38℃、相对湿度为 90%、气体流速为 0.3~0.5m/s 的试验箱内平衡 1h，称重，一段时间之后，再次称重。以二次称量的重量差值运用于公式之中，得出该样品的透湿率。主要依据标准为：GB/T 12704.1—2009、ASTM E96 方法 A\C\E、JIS L1099 A-1。

蒸发法（正杯法）采用量筒注入与试验条件相同温度的水，水的用量根据各标准要求。将试验样品装于测试杯上，并正杯放置于测试仪器中；平衡一段时间后称量，得到初始重量，再测试一段时间后，再次称重。将二次称量的质量差值运用于公式中，得出该样品的透湿率。主要依据标准为：GB/T 12704.2—2009 方法 A、ASTM E96 方法 B\E、JIS L1099 A-2、BS 7209。

蒸发法（倒杯法）采用量筒注入与试验条件相同温度的水，水的用量根据各标准要求。将试验样品装于测试杯上，并倒杯放置于测试仪器中；平衡一段时间后称量，得到初始重量，再测试一段时间后，再次称重。以二次称量的重量计算得出该样品的透湿率。主要依据标准为：GB/T 12704.2—2009 方法 B、ASTM E96 方法 BW。

正杯法测试时杯口朝上，织物试样与蒸馏水液面有一段距离；倒杯法测试时杯口朝下，织物试样紧贴水面。

透湿率（WVT）可由式（14-40）计算。

$$WVT = \frac{\Delta m - \Delta m'}{A \times t} \qquad (14-40)$$

式中：Δm 为试样组合体吸湿平衡前后质量之差；$\Delta m'$ 为空白组合体吸湿平衡前后质量之差；A 为试样测试面积；t 为测试时间。

（五）透水性

纺织品透水性是指液态水从织物一侧渗透到另一侧的性能，在液体过滤材料、防淤堵土工布和导湿织物中测试较多。液态水透过织物的主要途径有纤维表面浸润及毛细作用（导水）、织物中的空隙（透水）。纺织品透水性测量方法有静水压测试法、喷淋法、浸液法。纺织品透水性可参照国标 GB/T 15789—2016 土工布及其有关产品无负荷时垂直渗透特性的测定。

（1）静水压测试法又可分为静压法和动压法。静压法是在织物试样的一侧施加静水压，测量在此静压下的出水量或出水点时间；动压法则是在织物试样的一侧施加等速增加的水压，直到另一侧渗出水珠为止。

（2）喷淋法的测试原理为从一定的高度和角度以一定的流量，向放置于斜面上的织物试样连续喷水或滴水，观察停止喷淋一定时间后试样表面的润湿程度、水渍特征和沾水面积，以此评价织物透水性。

（3）浸液法是指平展的织物试样在水中浸渍一段时间后取出，两边夹持滴干后测量试样的吸水量，计算织物浸水后的增重率。

二、环境耐受性测试技术

（一）老化特性

产业用纺织品在使用中，要受到阳光辐射、温度变化、生物侵蚀、化学腐蚀、水分作用等各种外界因素的影响，使其织物强度和性能逐渐减弱，直至失去功能和作用，这个过程即是织物的老化。影响织物"老化"的因素很多，也很复杂，常常是几种因素共同作用的结果，但几乎所有的研究人员都认为，阳光中的紫外线辐射是影响织物老化的最主要因素。由于紫外线的辐射使高分子聚合物发生分解反应，老化的速度与辐射的强度、温度、湿度、聚合物的种类、颜色、织物的结构等因素密切相关。

目前老化特性研究的方法有：

（1）人工加速老化试验。采用氙气灯照射（因其光谱与紫外线光谱相接近），定间隔对试样进行喷水试验，如每隔120min进行18min的喷水，在这120min内氙气灯不断照射试样。试样一般与强度试验的尺寸相同，在光照150h、300h或500h后进行强度试验，从而测出试样的强度保持百分率，试样结果只能评价其老化的趋势。

（2）大气暴露老化试验。将织物放置在露天试验场内，直接暴露在大气环境中，直接接受各种大气因素的综合作用，定期取样进行测试。试验需要的时间很长。

（3）实际应用老化试验。主要是对已使用过织物的工程进行工程现场取样测试，了解在使用年限内织物的老化程度，也可在施工时同时放置试样，然后分阶段取样测试，了解织物老化程度。

（二）抗化学腐蚀性

产业用纺织品使用的环境很复杂，有时甚至十分恶劣，pH变化很大，因此要求织物有较强的抗化学腐蚀能力。将织物试样放在不同浓度和温度的化学试剂中，浸泡一定的时间，然后测其质量、尺寸、外观和强度的保持率。

（三）耐热性

产业用纺织品在施工时，往往会与热接触，因此纺织品的耐热性也是需要检验的一个重要参数。耐热性试验可通过将试样在一定温度的干热空气中放置3h后，测试它的强力保持率。对于在低温中使用的试样，要进行低温试验，了解材料在低温时的脆性。

（四）摩擦特性

摩擦特性的测定是使用直剪仪对砂土/织物接触面进行直接剪切试验，测定砂土/织物界面的摩擦特性。直剪仪有接触面积不变和接触面积递减两种。两种直剪仪的剪切盒的内部尺寸不应小于300mm×300mm，剪切盒厚度至少应为剪切盒长度的50%。它能均匀地对剪切面施加法向压力，并保持法向力在恒速位移中始终保持法向，相对位移 50mm。法向应力（σ）、剪应力（τ）、试样的摩擦比利用式（14-41）~式（14-43）计算。

$$\sigma = P/A \tag{14-41}$$

式中：σ 为法向应力（kPa）；P 为法向力（kN）；A 为接触面积（m^2）。

$$\tau = T/A \tag{14-42}$$

式中：τ 为剪应力（kPa）；T 为剪切力（kN）；A 为接触面积（m^2）。

$$f = \frac{\tau_{max}}{\tau_{Smax}} \tag{14-43}$$

式中：f 为摩擦比；τ_{max} 为在不同法向应力下的最大剪应力（kPa）；τ_{Smax} 为在不同法向应力下标准砂土的最大剪应力（kPa）。

如果使用接触面积递减的仪器，接触面积则为变值，每次计算均应使用与最大剪应力出现时相对应的实际接触面积。对所有试样，将最大剪应力对法向应力作图，通过各点做出最佳拟合直线，直线与法向应力轴之间的夹角即为织物和砂土的摩擦角 φ。在最大剪应力轴上的截距为织物与砂土的表观黏聚力 C。

三、安全防护性测试技术

（一）纺织品抗静电性能分析方法与指标

从物理学角度看，纺织品抗静电性能有多个测试方法与指标。采用不同的测试方法和仪器得到不同的结果，反映了织物抗静电性能的不同方面，且不同的性能指标在应用时有一定的局限性。国际标准化组织（ISO）尚未制定统一标准，各国根据具体情况分别制定了一些标准。我国纺织品静电性能测试方法常用的有 GB/T 12703 系列标准、ZB W04008—1989、ZB W04009—1989、GB/T 1410—2006 等。常用的纺织品静电性能测试指标有四种：

1. 静电压半衰期

适用于除铺地织物以外的各类纺织品，测试指标主要有静电电压（带电稳定后断电瞬间电压值）和静电压半衰期（静电电压衰减至一半的时间）。

2. 电荷面密度

适用于除铺地织物以外的各类纺织品，测试指标主要是电荷面密度（电荷量与试样摩擦面积的比值）。

3. 电荷量

适用于服装及其他纺织制品，将经过摩擦装置摩擦后的样品投入法拉第筒，测量其带电量。

4. 电阻率

适用于除铺地织物以外的各类纺织品，试样尺寸不应小于电极测量平台的面积，通电 1min 后测量其表面电阻值。

在一定的测试环境下，摩擦带电电压和电荷面密度反映了织物在摩擦状态下产生（或抗）静电的能力。它与纺织品在实际应用过程中的摩擦现象相似，但测试方法中磨料的选择、摩擦接触状态、摩擦压力、摩擦速度等对测试结果有很大影响。半衰期反映了织物带电后衰减的快慢程度，但半衰期与样品所带的静电压有十分密切的关系，并与样品的规格（如厚薄）、平挺度等也有一定的关系，且纺织品在带电后衰减速度相互之间差异较大，有部分织物衰减时间很长且可能有一定的残余量。因此从静电感应的角度来说，可增加静电感应电压来反映纺织品在静电环境中带（或抗）静电的能力；从静电消除角度来说，可增加静电残余值来反映织物经过一定衰减时间后的静电带电量。极间等效电阻反映了织物的静电泄漏能力，测试结果表明，其与导电材料（纤维）的种类（包覆型或裸露型）、分布及测试接触点位置有很大关系。

（二）纺织品防电磁波辐射性能分析

纺织品防电磁波辐射的测试指标常用的有两种。通过对屏蔽前后的辐射强度进行测试，一项是计算屏蔽率 A 或透过率 B，另一项是计算屏蔽效果 SE（dB）。计算公式见式（14-44）和式（14-45）。

$$A = \frac{P_0 - P}{P_0} \times 100\% \text{，或 } B = \frac{P}{P_0} \times 100\% \tag{14-44}$$

$$SE = -10\log\frac{P}{P_0} \tag{14-45}$$

式中：P_0 为屏蔽前所测辐射强度；P 为屏蔽后所测辐射强度。

目前国际上对电磁波辐射强度还未制定统一的安全标准。在由世界卫生组织（WHO）和国际辐射防护协会（IEPA）发表的环境卫生准则中，认为 $0.1 \sim 1 \text{mW/cm}^2$ 的辐射强度在整个频段范围内可以有相当高的安全系数，允许连续照射。这为不同国家根据各自的地理环境、行业、使用的频段范围等制定相应的标准或参考依据。

国标 GB 8702—2014 电磁辐射防护规定的内容为：当公众暴露在多个频率的电场、磁场、电磁场中时，应综合考虑多个频率的电场、磁场、电磁场的影响，以满足以下需求。

在 1Hz~100kHz，应满足式（14-46）和式（14-47）：

$$\sum_{i=1\text{Hz}}^{i=100\text{kHz}} \frac{E_i}{E_{L,i}} \leq 1 \tag{14-46}$$

和

$$\sum_{i=1\text{Hz}}^{i=100\text{kHz}} \frac{B_i}{B_{L,i}} \leq 1 \tag{14-47}$$

式中：E_i 为频率 i 的电场强度；$E_{L,i}$ 为频率 i 的电场强度限值；B_i 为频率 i 的磁感应强度；$B_{L,i}$ 为频率 i 的磁感应强度限值。

在 0.1MHz~300GHz，应满足式（14-48）和式（14-49）：

$$\sum_{j=0.1\text{MHz}}^{j=300\text{GHz}} \frac{E_j^2}{E_{L,i}^2} \leq 1 \tag{14-48}$$

和

$$\sum_{j=0.1\text{MHz}}^{j=300\text{GHz}} \frac{B_j^2}{B_{L,i}^2} \leq 1 \tag{14-49}$$

式中：E_j 为频率 j 的电场强度；$E_{L,j}$ 为频率 j 的电场强度限值；B_j 为频率 j 的磁感应强度；$B_{L,j}$ 为频率 j 的磁感应强度限值。

对紫外线等光波而言，对地面的辐射能量根据天气的阴晴变化而变化。有关研究资料表明，其昼夜辐射量阴天时为 $40 \sim 60\text{kJ/m}^2$，晴天时为 $80 \sim 100\text{kJ/m}^2$，炎夏烈日时为 $100 \sim 200\text{kJ/m}^2$。而皮肤能接受紫外线的安全辐射量全天应在 20kJ/m^2 内（普通纺织品的紫外线屏蔽率约为 70%）。

（三）纺织品热防护性能分析方法与指标

纺织品热防护性能测试主要有纺织品的耐热性能测试（如动态燃烧测试法、TPP 测试法）和纺织材料的热学性能测试（如比热容、导热性、熔孔性、耐热性）等方面。

1. 纺织品耐热性能测试

（1）动态燃烧测试法。在火源的强度和纺织品所承受的张力相对稳定的情况下，测定纺织品破裂的最短时间。它表示了纺织品的耐高温、耐燃性能。

（2）TPP 测试法。采用热量直接冲击纺织品面料（50% 的热对流，50% 的热辐射），通过热传感器测定穿透织物的热量大小，用计算机计算热量并模拟人体受热皮肤烧伤的情况。测试指标有 TT 值（热量冲击后在人体皮肤上形成二度烧伤所需的时间）、TPP 值（形成二度烧伤时的所需热量）及 FFF 值（单位质量的 TPP 值）。这些指标表示纺织品的隔热性能。

2. 纺织材料热学性能测试指标

（1）比热容。在温度变化 1℃ 时，质量 1g 的材料所吸收或放出的热量称为比热容 $[\text{J/（g·℃）}]$。纺织品的比热容在不同温度下测定时具有不同的数值，一般随着温度的提高纺织品的比热容相应增加，且温度越高比热容值增加得越多。纺织品吸湿后是干纺织材料与水的混合物，其比热容为两者的混合值。

（2）导热性。在有温差的情况下，热量从高温向低温传递（传导、对流、辐射）的性能称导热性。热传递的能力常用导热系数 $[\text{J/（m·℃·h）}]$ 表示，即在表面温差为 1℃ 时单位面积（1m^2）、单位厚度（1m）、单位时间（1h）内传递的热量（J）。材料的导热系数小表示导热性差，热绝缘性（保暖性）好。纺织品的导热系数是纤维、空气和水分三者混合体的导热系数，其中水的导热系数较大，静止空气的导热系数最小。因此纺织品的导热系数随着纺织品中含水率的增加而增大，随静止空气含量的增加而减小。

（3）熔孔性。纺织品在热体溅落时被熔成孔洞的性能称为熔孔性。纺织品抵抗熔孔性的能力称抗熔性。当热塑性纺织品遇到烟灰、火星、电焊与砂轮等的火花，瞬时接触温度超过其熔点时，接触部位吸收热量并开始熔融扩散形成孔洞，当火花熄灭后孔洞周围熔断纤维端相互凝结，孔洞不再扩大。而非热塑性纺织品受热后不熔融，温度过高后即分解燃烧，出现破洞而不产生熔孔。从热量消耗方面来说，前者比后者所吸收的热量要少。纺织品吸湿后对抗熔性有较大影响，因水的比热容较大，且吸收热量后水首先发生升温和汽化现象，增加了纺织品的抗熔性。

（4）耐热性。在制造或使用过程中发生热裂解和热氧化裂解的现象，反映了纺织品（纤维）的耐热性能，一般用高聚物发生化学分解的温度来表示，但同时要考虑温度和作用的时间。纺织品在长时间受到低于分解点或熔点的高温作用后，性能逐渐降低，且与温度的高低、作用时间的长短密切相关。

3. 热防护用服装的性能影响因素

热防护用服装对纺织品的要求极高，其主要性能影响因素有以下几点。

（1）面料基本性能。国外对面料基本性能与热防护性能之间的关系研究较早。研究结果发现，热防护用纺织品各层面料的基本参数对服装整体的热防护性以及舒适性有重大的影响，如面料结构、克重、厚度、密度、纤维类型、透气性、比热容和导热系数等。同时，Song，Baker 等研究了热防护用纺织品在热暴露过程中的蓄热量对热防护性能的影响，研究发现，热防护用纺织品在热暴露过程中能够吸收大量的热量，在冷却阶段热量会迅速释放到人体皮肤表面，导致或者加重皮肤的烧伤，尤其对于外界加压、短时间热暴露的情形。

国内也进行了面料基本性能与防护性能之间关系的探究。崔志英利用 TPP 测试仪，分析了面料的 TPP 值与面料厚度、面密度、纤维极限氧指数以及热源种类之间的关系，同时综合国内外常用热防护用纺织品进行正交实验设计，得出了热防护服系统最优的组合设计，即认为 Nomex ⅢA、三维阻燃间隔织物和阻燃棉布是最优的热防护服组合，并指出外层的防护性能对热防服组合织物系统的热防护性能影响最大，防水透气层对组合织物系统的透湿性能影响最大。朱方龙基于 RPP 测试设备，建立圆柱形态的热模拟箱，运用皮肤模拟器以及热波皮肤模型调查了热防护用纺织品的隔热能力与织物厚度、重量、透气性之间有显著性的相关性，织物密度对其热防护性能没有明显的影响。李俊课题组在热防护服多层织物系统的组合构成与性能研究中，提出了两步法筛选热防护服系统的最优组合设计是 60%PBI/40%Kevlar、阻燃棉/PTFE、50%Nomex/50%Kevlar，其中隔热层对多层织物整体的热防护性能、隔热性能以及透气性能影响最大，其次是外层织物。另外也探究了面料的种类、厚度、克重以及形变量等因素对热防护用纺织品热防护性能的影响。

（2）空气层厚度。在热防护服系统热量传递的过程中，服装各层织物之间以及服装与人体之间的空气层能够减缓热量向人体的传递，增加面料的热量蓄积，从而对于提高热防护用纺织品的热防护性能具有重要意义。不同热暴露条件下的空气层厚度对热防护性能具有不同程度的影响。在热流密度为 80kW/m² 的闪火条件下，空气层厚度的增加能够促进热防护用纺织品的热防护性能；当面料暴露在 84kW/m² 的辐射热源时，随着空气层厚度的增加，皮肤发生二级烧伤时间呈现先增加后减小的趋势。同时，有学者调查了低水平热辐射以及冷却阶段空气层对纺织品热防护性能的影响，计算了热暴露时间为 20min、冷却时间为 10min 的面料系统热阻、各层面料的正反面温度以及热流量，结果表明，在低热流暴露下，随着空气层厚度的增加，可以延长皮肤烧伤的时间；多层织物系统中不同位置的空气层对服装整体的热防护性能有不同程度的影响，在热防护性能的评价中需要重点考虑。

根据以上结论可知，空气层对面料热防护性能具有复杂的影响。随着空气层厚度的增大，空气层的热阻增大，但是增加到一定程度，便会产生自然对流，从而增加空气层的热量传递，同时空气层的厚度大小也会影响辐射热传递过程。因此，国内外研究学者对面料与传感器之间的最优空气层厚度产生了兴趣，目前许多研究学者通过实验模拟或数值模拟的方法得出了最优空气层厚度，如表14-2所示。可以发现，目前最优空气层的厚度并没有一个统一值，这可能是由于空气层的各向异性所导致的传热差异，因为对流传热是通过温度差产生的浮升力引起空气的流动而发生传热。同时对于不同面料类型、不同热暴露条件，服装的最优空气层厚度也具有差异性。因此，针对不同的火场环境，探究服装空气层厚度对热量传递的影响规律，提出最优空气层厚度，对于提高服装整体的热防护性能具有重要意义。

表14-2 热防护用纺织品的最优空气层厚度

研究人员	年份	最优空气层厚度/mm	说明
Rees	1941	8.9	伴随着空气层厚度的增加，隔热性能先增加后减小
Stoll，Chianta	1964	4	在各层面料之间的空气层发生了对流传热，火焰穿过了面料
Morse 等	1973	2.5	空气层的厚度已经超过了防护性能升高，传热发生在无限大热平板之间
Backer	1976	随着空气层方位的变化而改变	不同空气层厚度与方位对传热方式有不同的影响
Cain，Farnworth	1986	10	空气层厚度已经达到了使对流发生的大小
Veghte	1988	18	在消防服多层系统中空气层厚度已经达到了使对流发生的大小
Danlelsson	1993	2	如果超过这个厚度，空气层发生对流传热
Torvi	1999	6.4	利用流动可视化和数值模拟的方法研究
Song	2007	8~9	单层热防护服在衣下空气层厚度为7~8mm时热防护性能最佳
Zhu	2008	6	调查了圆柱坐标系下的最优空气层厚度
Li	2012	12~15	不同微气候湿度下的最优空气层厚度
Lu	2013	9~12	面料不同含水量下的最优空气层厚度

（3）面料的含水量与含水位置。水分对纺织品内部的热湿传递过程有重大的影响，这是因为水分能够改变纺织品的热学性能（如热容、导热系数等）与光学性能（如辐射吸收率、穿透率），同时水分的传递过程中会发生相变，吸收或者释放热量，甚至导致皮肤的烫伤。因此，国内外研究学者分别从热暴露强度与类型、面料基本性能以及空气层厚度三方面展开了面料的含水量与含水位置对热防护性能影响的研究。

Barker 等调查了在 $6.3kW/m^2$ 的辐射热暴露下，水分对面料热防护性能的影响，研究结果发现，当多层面料系统的含水量达到面料克重的15%时，服装的热防护性能最差，呈现先减小后增长的变化趋势。Mäkinen 等的研究发现，在 $20kW/m^2$ 的辐射强度下，随着面料含水量的增加，面料的热防护性能呈现下降趋势。在 $84kW/m^2$ 的辐射热暴露下，含水量达到70%~80%的单层面料热防护性能减小35%，然而在 $84kW/m^2$ 的混合热流暴露下（50%辐射/50%对流），水分对面料的热防护性能具有促进作用。导致以上实验结果差异的主要原因是，对流热传递能够加快面料内部水分的蒸发，带走一部分热量，相反，不同强度的辐射热暴露对水分的传递过程具有复杂的影响。另外，有学者调查了多层面料系统不同位置的含水量对面料整体热防护性能的影响，其中外层面料水分蒸发速度大于隔热层水分的蒸发速度，从而外层面料中的水分对面料的热防护性能具有促进作用。

4. 热防护用纺织品的传热传质模型

随着计算机技术的发展，数值计算方法的研究得到了极大地推动，数值方法逐渐成为与理论分析、实验研究相并列的三大科学研究手段之一。一方面，研究学者利用热湿传递模型模拟热量"外界热源—多层织物—空气层—皮肤组织"的传递过程，预测不同条件下皮肤发生的二级烧伤情况；另一方面，研究学者基于热湿传递模型进行各项参数研究，如热源大小、面料各项参数、空气层参数等，从而可以判断不同参数对热防护用纺织品防护性能的影响，为热防护服的优化设计提供理论基础。

根据多孔介质的定义，当一种物质中有很多互相连通的孔隙时，就可以当作多孔介质。因此，热防护用纺织品可被看成多孔介质结构，其热湿耦合传递过程如图14-17所示。在热暴露过程中，由于湿气压差和温度差的驱动力作用，使"人体—服装—环境"之间的热湿传递过程处于动态变化过程之中。外界环境热量向人体的传递主要通过对流、传导、辐射三种方式进行，由于热防护用纺织品系统被看成多孔介质连续体，因此在纺织品内部存在辐射传热与导热现象，假设对流传热仅发生在织物表面；但是对于空气层热传递来说，一般简化为无限大平板之间的传热，同时衣下空气层中对流与传导的发生与否取决于空气层的厚度大小。

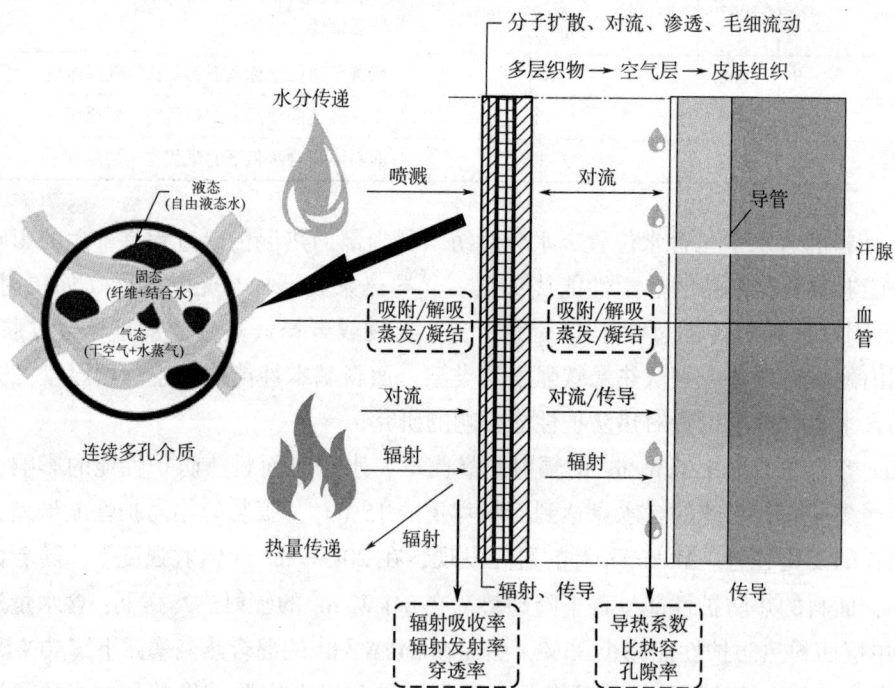

图14-17 "热湿环境—纺织品—空气层—皮肤组织"的热湿传递过程

　　根据传热传质学原理，任意系统内的热量传递和水分传递都不是相互独立的过程。服装内外表面以及人体皮肤表面水分的蒸发、冷凝都存在吸热与放热的现象，纺织品与皮肤吸附不同体积的水蒸气也会影响热量的传递。同时服装中的水分以及皮肤表面的水分可改变辐射吸收率、发射率、导热系数、比热容、孔隙率等，热防护用纺织品的热湿传递过程是一个复杂的非线性动力学变化过程，其热湿传递机理的研究是进行热防护研究的基础，也是几十年来科技工作者研究的难点问题。目前，热防护用纺织品的热湿传递模型大致可分为干态热传递模型和传热传质耦合模型两类。干态热传递模型是不考虑织物内部水分对热传递影响的一类比较简单的模型，而传热传质耦合模型将综合考虑水分传递对能量转换的影响，复杂度高。

　　（1）干态热传递模型的发展。在热暴露过程中，外界环境热量向人体的传递主要通过对流、传导、辐射三种方式进行，彼此之间相互耦合。为了简化火灾环境下热防护用纺织品的热传递数值模型，根据实际情况可做如下假设：

　　① 整个纺织品系统的热传递是沿厚度方向的一维热传递，忽略质传递的影响；

　　② 纺织品内部存在辐射传热与导热的耦合现象，假设对流传热仅发生在纺织品表面；

　　③ 考虑纺织品热学性能随温度的变化，但假定纺织品的光学参数恒定。

　　基于能量守恒定律，热防护用纺织品的热传递方程见式（14-50）：

$$(\rho c_{\mathrm{p}})_{\mathrm{fab}} \frac{\partial T}{\partial t} = \frac{\partial}{\partial x}\left(k_{\mathrm{fab}}(T) \frac{\partial T}{\partial x}\right) - \frac{\partial q_{\mathrm{rad}}(x)}{\partial x} \tag{14-50}$$

式中：ρ_{fab}、$(c_{\mathrm{p}})_{\mathrm{fab}}$、$k_{\mathrm{fab}}$ 分别为纺织品的密度、比热容与导热系数；T 为不同时刻、不同位置的温度值；q_{rad} 为辐射传递热流密度。纺织品的导热系数随温度的改变而变化，取决于纤维与纺织品孔隙内空气的比例。

$$k_{\mathrm{fab}}(T) = V_{\mathrm{air}}k_{\mathrm{air}}(T) + (1 - V_{\mathrm{air}})k_{\mathrm{fiber}}(T) \tag{14-51}$$

式中：V_{air} 为纺织品孔隙内的空气百分比；k_{fiber} 和 k_{air} 分别为纤维与空气的导热系数，随温度变化的关系式见式（14-52）和式（14-53）：

$$\begin{cases} k_{\mathrm{fiber}}(T) = 0.13 + 0.0018(T - 300) & T < 700\mathrm{K} \\ = 1.0 & T > 700\mathrm{K} \end{cases} \tag{14-52}$$

$$\begin{cases} k_{\mathrm{air}}(T) = 0.026 + 0.000068(T - 300) & T < 700\mathrm{K} \\ = 0.053 + 0.000054(T - 700) & T > 700\mathrm{K} \end{cases} \tag{14-53}$$

　　纺织品中空气百分比（V_{air}）可利用纤维与空气的密度进行计算，计算关系式见式（14-54）：

$$V_{\mathrm{air}} = \frac{\rho_{\mathrm{fiber}} - \rho_{\mathrm{fab}}}{\rho_{\mathrm{fiber}} - \rho_{\mathrm{air}}} \tag{14-54}$$

式中：ρ_{fibre} 和 ρ_{air} 分别为纤维密度与空气密度。据文献报道，广泛应用于热防护用纺织品的阻燃纤维 Nomex 的密度为 $1443\mathrm{kg/m^3}$，常温条件下空气的密度为 $1.2\mathrm{kg/m^3}$。

　　由于热防护用纺织品暴露在热流密度为 $8.5\mathrm{kW/m^2}$ 的辐射热源条件下，纺织品系统的最高温度通常不会超过 425℃，并未达到阻燃织物 Nomex IIIA 和 Kevlar/PBI 的热降解温度，故每层织物的比热容随温度的变化可通过式（14-55）获得：

$$c_{\mathrm{p}} = 1300 + k_c(T - 300) \tag{14-55}$$

式中：k_c 为织物的比热与温度曲线斜率，其中广泛应用于热防护用纺织品的阻燃织物 Nomex ⅢA 和 Kevlar/PBI 的斜率值分别为 1.8 与 1.6。

为了简化多孔介质传热的复杂性，Stoll 等基于 TPP 测试仪，利用硅胶代替多孔性的面料，忽略了纺织品内部的辐射热传递。虽然在纠正原始偏差之后，模型预测的误差控制在 4% 以内，但是对于火场环境下非稳态热流量暴露以及各向异性的纺织品来说，模型预测的结果将会出现较大的偏差，这是因为大量研究证明了多孔介质中辐射热传递的重要性。Morse 利用喷气燃料 JP-4 模拟飞机发生火灾的现场，建立了"面料—皮肤"之间的热反应模型。该模型首次模拟了燃料点火、燃烧以及纺织品热分解、水分蒸发潜热的过程，考虑了纺织品各项性能随温度的动态变化，基于有限差分的方法得出了数值模拟的结果，但是 JP-4 火场条件并不适用于其他热暴露环境。

早期的传热模型由于实验条件的理想化、特殊化以及辐射计算方式的复杂性而未得到广泛的应用。基于热传递模型的前期探索，1997 年，Torvi 利用理论知识证明了多孔介质中辐射热传递的过程，探究了空气层热传导与对流传热的机理，提出了偏微分方程中各边界条件的计算方法。该模型研究的是闪火条件下单层面料的一维热传递过程，对于多层面料系统、不同火场暴露以及冷却阶段的热传递过程具有一定的局限性。根据 Torvi 模型的相关理论，大量研究学者建立了不同火场条件下的热传递模型。Mell 研究了低辐射暴露下（2.5kW/m²）多层热防护用纺织品的传热模型，考虑了纺织品吸收与发射辐射的能力，但是作者是利用向前向后辐射模型求解辐射在多层热防护用纺织品中的传热过程。同时，Kukuck 基于 TPP 测试装置建立了一维瞬态传热方程，通过改变热源中辐射/对流的比例，调查了不同热源条件下面料热防护性能的变化规律。

由于人体着装形态的曲面变化，一维平面的热传递模型并不能代替着装人体的传热过程，研究人员通常利用圆柱体以及燃烧假人近似评价热防护用纺织品的热传递过程。Zhu 等在 21kW/m² 辐射热暴露下建立了一维热传递柱形模型，通过自行搭建的柱形实验仪器证明了模型的有效性。Song 等基于 PyroMan 燃烧假人测试系统，采用一维有限差分方法模拟了闪火暴露中单层防护服、衣下空间和人体皮肤的传热过程。Jiang 等使用 CFD 方法对燃烧假人实验室内的火场环境进行了三维传热模拟，但是由于没有建立着装假人的三维形态几何网格模型，因此在服装、衣下空间以及皮肤内的传热模拟仍然是一维的。

随着新技术、新材料的研发，多功能智能热防护用纺织品得到了快速的发展。Mercer 将相变材料嵌入了消防服系统中，模拟了相变材料的热量吸收与传递的过程。研究结果发现，虽然相变材料能够吸收大量热量，减小皮肤烧伤，但是随着热暴露时间的延长，相变材料会重新凝固，释放大量热量到人体皮肤。

基于以上对面料、服装热传递模型发展过程分析，将热传递模型发展历史总结于表 14-3。由表可知，目前纺织品的热传递模型以 Torvi 模型为主，解决了纺织品中的辐射与热导问题，以及纺织品的热化学反应和动态参数变化，同时提出了偏微分方程边界条件的推导方程，为后人的研究奠定了基础。同时大量实验证明，水分对热防护用纺织品的热防护性能具有重大影响，既能促进纺织品的热防护性能，又能减小纺织品的热防护性能，取决于纺织品的结构、含水量、含水位置、热源种类等。因此，建立多维热湿耦合传递数值模型是未来研究的重点方向。

表 14-3 纺织品热传递模型发展历史

作者	年份	热暴露条件	解决问题	模型缺陷
Stoll	1964	84kW/m² 闪火	提出了单层面料无间隙的一维传热模型	不适用于非稳态表面热流暴露与多孔介质
Morse	1973	JP-4 闪火	首次预测了面料的点火、燃烧以及热分解过程，面料热物性的动态变化	JP-4 火场的限制性
Bamford	1995	辐射热暴露	辐射的传递与反射，水分的相变与面料的热反应	辐射传热复杂程度高
Torvi	1997	84kW/m² 闪火	单层面料一维热传递、辐射传热的简化方法、面料的热化学反应、面料热物性的变化	面料外边界条件近似算法
Mell	2000	2.5kW/m² 低辐射	多层面料一维传热模型、向前向后辐射模型	简化了面料辐射传热的计算方法、未考虑实际人体几何形态
Kukuck	2002	84kW/m² 混合热源	不同辐射/对流比的混合热源的一维传热模型	
Zhu	2008	21kW/m² 混合热源	单层、多层面料的一维柱形传热模型	未考虑水分传递的影响以及多维热传递过程
Song	2002	84kW/m² 闪火	单层服装燃烧假人一维热传递模型	未考虑水分传递的影响以及多维热传递过程
Jiang	2010	84kW/m² 闪火	燃烧假人实验室整个火场三维传热模拟	未考虑水分传递的影响
Mercer	2008	83.2kW/m² 闪火，1.2kW/m² 低辐射	嵌入相变材料的多功能消防服的一维传热模型	

（2）传热传质耦合模型。热防护用纺织品中热湿传递以复杂的形式被耦合，一般把热防护用纺织品当作连续体，在热防护用纺织品中能量传递的方式包括所有相的传导、辐射和液相、气相的对流。水分的传递过程包括水蒸气由于内外压力差产生的流动，水分的蒸发与冷凝过程，同时液态水的流动取决于外部驱动力（如压力差、重力）和内部驱动力（如毛细作用、分子之间作用力和渗透作用），如图 14-18 所示。水分对面料热传递过程的影响，主要是通过以下三个方面：①水分的相变潜热；②水分的吸附、解吸显热；③水分对面料热学性能以及光学性能的影响。

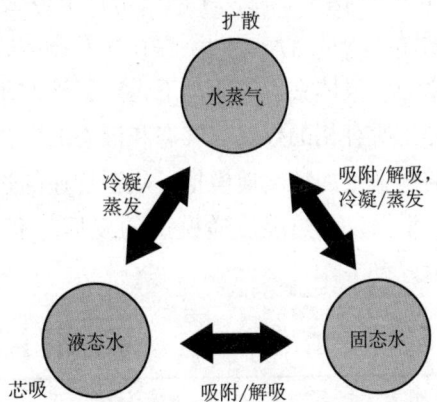

图 14-18 水分在面料中的传递与相变过程

到目前为止，用于计算多孔介质内部热湿耦合传递的模型多种多样，主要有场驱模型、连续介质模型和混合模型。但应用最广泛的是 20 世纪 60～70 年代 Whitaker 发展的连续介质模型，该模型主要是从多孔介质的每一相（固相、气相、液相）的守恒关系入手，采用容积平均法计算多孔介质内部热湿传递。

在热防护领域比较早进行热湿传递模型研究的是 Chen 在 1959 年提出的中低等辐射热暴露下面料的一维热湿传递模型，考虑了面料中辐射热传递、水分的分子扩散、体积流动以及水分的吸附、解吸作用。但是由于当时计算机技术的限制，作者进行了大量的模型简化，假设水分的传递仅仅由扩散驱使，也忽略水分的相变潜热影响。研究发现，水分随着面料温度的升高会发生蒸发作用，在皮肤表面冷凝，导致皮肤温度上升，但是如果热暴露水平较低，水分将作为蓄热物质，减缓皮肤的热量上升。Chen 的模型虽然没有通过实验的方法得到有效的验证，但是此热湿传递模型为后人的研究奠定了理论基础。

2002 年，Prasad 基于热防护用纺织品热湿传递机理，提出了低水平热辐射条件下的热湿耦合方程，包括水分对面料热物理性能的影响、水分的蓄热、所有相的热传导、气态与液态的对流传热以及水分的相变潜热、吸附显热等。由于多孔介质热湿耦合传递的过程比较复杂，与通过服装的热传导和水分的吸附/解吸热传递相比，水蒸气的相变潜热很小，忽略了水蒸气的相变潜热影响，同时忽略通过面料内部空气的体积流动，不考虑水分在服装表面的扩散以及毛细作用。从而结合吸收等温线（有关面料的吸湿和空气中水蒸气体积分数的关系方程）、湿传递偏微分方程，计算了多层面料、多层空气层的热湿传递方程。

另外，Vafai 和 Sözen 总结和比较了多孔介质的热湿传递模型，调查发现，最适合强热流下的热湿传递模型是 Gibson 模型，然而 Gibson 模型并没有解释面料中辐射热传递。在 Torvi 所建的织物热传递模型中，考虑了水分的蒸发对织物热容的影响，Vafai 等利用显热容的方法将水分蒸发所带来的能量变化考虑在模型中，但是模型中忽略了水分的传递，解释了面料中辐射热传递。因此，Chitrphiromsri 基于前人所建立的热湿传递模型的优缺点，结合 Gibson 模型和 Torvi 模型，建立了闪火条件下多层面料的热湿传递模型。该模型中假设各层织物之间互相紧贴，内部各层之间不存在相互影响，且认为织物内部的压力介于外层与衣下空气层的压力之间，气体在压力驱动下运动，液态水在总压和毛细力的驱动下运动。同时 Vafai 和 Sozon 解释了所有相的导热、气态和液态的对流以及相变（液态到气体）的潜热变化，因此，所建立的模型更加精确地模拟了热湿传递的过程。

根据以上热湿传递模型的发展过程，可总结纺织品热湿传递模型研究进展如表 14-4 所示。

表 14-4　纺织品热湿传递模型研究进展

作者	年份	热暴露条件	解决问题	缺陷
Chen	1959	100%红外辐射 低—中等热流	单层面料热湿耦合模型，水分的扩散与蒸汽的体积流动	未考虑水分在面料表面或者毛细孔的传递、忽略水分相变潜热与蓄热影响，忽略辐射热传递

作者	年份	热暴露条件	解决问题	缺陷
Gibson	1994	普通纺织服装材料	模型解释了所有相的导热，气态和液态的对流以及相变的潜热变化，计算了水分吸附的显热变化，尝试了二维热湿传递模型	忽略液态水的存在，同时不考虑气态的对流，质传递仅发生在固体骨架的孔隙中，忽略辐射热传递
Torvi	1997	84kW/m^2 闪火	利用显热容的方法计算了水分蒸发所带来的能量变化，解决了面料的辐射热传递	未考虑水分的传递以及面料的含水变化
Prasad	2002	2.5kW/m^2 热辐射及冷却阶段	隔热层的热湿传递模型，考虑了闪火与冷却阶段水分在纤维内部的扩散以及水分的蓄热	未考虑在服装表面的扩散以及毛细作用，忽略水分相变潜热以及面料中空气的体积流动
Chitrphiromsri	2005	84kW/m^2 闪火及冷却阶段	多层面料的热湿传递模型，考虑了自由水的存在、水分的蒸发、冷凝潜热	忽略了水分的吸附、解吸过程

（四）纺织品阻燃性能分析方法与指标

纺织品的阻燃性能，可从引燃、火焰的蔓延与持续性、能量与燃烧产物等方面考虑进行测试。如引燃的容易程度、引燃方式、熔融性、各个方向的蔓延速度、极限氧指数、燃烧程度、样品消耗速率、火焰熄灭速率、放出的总能量、热传导、燃烧气体产物、发烟性、气体的毒性、燃着残骸与焦炭的性质等。一般有针对性地选择一些重要的参数进行测定。

我国纺织品阻燃性能测试方法常用的有 GB/T 5454—1997《纺织品 燃烧性能测定 氧指数法》、GB/T 5455—2014《纺织品 燃烧性能测定 垂直方向损毁长度、阴燃和续燃时间的测定》、GB/T 5456—2009《纺织品 燃烧性能 垂直方向试样火焰蔓延性能的测定》、GB/T 8745—2001《纺织品 燃烧性能 织物表面燃烧时间的测定》、GB/T 8746—2009《纺织品 燃烧性能 垂直方向试样易点燃性的测定》、GB/T 14644—2014《纺织品 燃烧性能 45°方向燃烧速率的测定》、GB/T 14645—2014《纺织品 燃烧性能 45°方向损毁面积和接焰次数的测定》等。

最常用的纺织品阻燃性能测试指标为极限氧指数，用 LOI 表示。其含义为纺织品点燃后置于氧气和氮气的混合气体中能维持其继续燃烧所需的最低含氧体积百分率。计算公式见式（14-56）。

$$LOI = \frac{[O_2]}{[O_2] \times [N_2]} \times 100\% \tag{14-56}$$

式中：$[O_2]$ 为氧气流量（L/min）；$[N_2]$ 为氮气流量（L/min）。

参考文献

[1] 贺向清. 当前力学性能测试技术发展概况 [J]. 科学家，2017, 5 (11)：11, 21.

[2] 史昱，韩啸. 汽车复合材料层合板准静态力学性能的试验测定 [J]. 工程塑料应用，2016, 44 (9)：

92-95.

[3] 鲍佳伟，潘月秀，程兴旺，等. T800 碳纤维增强树脂基单向复合材料动态力学性能测试研究 [J]. 新技术新工艺，2018（11）：1-5.

[4] 颜景莲. 高分子材料实验室老化试验技术详解 [J]. 电子世界，2013（4）：107-108.

[5] 韩军仕. 农膜老化性能测试方法探讨 [J]. 广东化工，2015，42（3）：37-38.

[6] 丁文瑶，李静，李建林. 高强度阻燃涤纶军用篷布的研制 [J]. 棉纺织技术，2018，46（3）：41-44.

[7] 孙宝忠. 三维纺织结构复合材料压缩性能的应变率效应及动态特性分析 [D]. 上海：东华大学，2006.